NOUVEAU TRAITÉ

DE GÉOLOGIE,

OU

EXPOSÉ DE L'ÉTAT ACTUEL DE CETTE SCIENCE,

CONSIDÉRÉE DANS SES RAPPORTS AVEC LA MINÉRALOGIE, L'AGRICULTURE, L'INDUSTRIE, LES ARTS ET LA TRADITION BIBLIQUE,

A l'usage des colléges, des séminaires et des maisons d'éducation.

PAR Alex. GIRAUDET,

LAURÉAT DE L'INSTITUT,

Docteur en médecine, membre de plusieurs sociétés savantes, nationales et étrangères.

Ouvrage orné de planches.

TOURS,

A[d] MAME ET Cie, IMPRIMEURS-LIBRAIRES.

1843

BIBLIOTHÈQUE

DE LA JEUNESSE CHRÉTIENNE

APPROUVÉE

PAR Mgr L'ARCHEVÊQUE DE TOURS.

INTRODUCTION.

Soit que l'on considère la géologie dans son vaste et harmonique ensemble, soit qu'elle déroule à nos regards les traces des grandes révolutions qui ont agité le globe, les innombrables débris des races éteintes qui l'ont habité, elle nous apparaît également comme une science immense par le nombre et la variété des objets qui sont de son domaine, immense encore par le nombre et la variété des connaissances qu'elle exige pour être étudiée avec fruit.

De même que dans toutes les sciences naturelles, son enfantement a été long et pénible, ses premiers pas incertains, quelquefois rétrogrades; mais, en dépit de tous les obstacles, chaque génération de travailleurs a apporté sa part de matériaux à l'édifice commun, jusqu'à ce qu'enfin, comme il l'est aujourd'hui, le plan de son ensemble fût nettement tracé, le but clairement signalé aux efforts de tous.

Dans l'antiquité la plus reculée, époque de confusion des sciences, des lettres et des arts, où le prêtre est à la fois le seul philosophe, le seul savant, le seul lettré, la géologie est sinon distincte, du moins cultivée à l'égal des autres branches des connaissances humaines : on entrevoit quelques lueurs de son existence dans les témoignages de l'histoire sur la religion égyptienne. Quelle était son importance? Nul ne peut le dire. Les notions scientifiques, les faits observés, précieusement conservés dans les temples, n'arrivaient au peuple que sous le voile de l'allégorie, et comme des mystères que l'on devait révérer, sans chercher à les comprendre.

Moïse, à la parole inspirée, raconte, dans la Genèse, la création du monde et l'origine des êtres; Hésiode, Ovide, Virgile, Plutarque, parlent d'un chaos qui préexistait à l'univers; d'autres auteurs, contemporains de Plutarque, disent quelques mots des mines métalliques qu'on exploitait de leur temps, et des débris organiques fossiles qu'on rencontrait dans certains terrains; Pline, dans son histoire naturelle, ouvrage écrit plutôt dans le but d'amuser que dans celui d'instruire, cite, à plusieurs reprises, des observations qui sont du ressort de la géologie; plus tard, les théologiens, les astrologues, les physiciens se hâtent de recueillir des faits dans toutes les directions et les entassent sans ordre et sans choix; puis, au lieu de chercher à saisir les rapports inaperçus que ces faits ont entre eux, à les comprendre dans une formule générale, ils perdent leur temps à enfanter, pour leur explication, des systèmes, œuvres brillantes, mais fragiles, souvent ridicules, et dont la singularité étonne plus qu'elle n'instruit. Bizarre condition de l'esprit humain, de ne pouvoir échapper à la loi qui le condamne à s'exercer sur des erreurs, avant qu'il lui soit permis d'aborder la vérité!

Durant tout le moyen âge, la géologie reste stationnaire. Privée du secours que lui prêteront plus tard la minéralogie, la chimie, la botanique, la zoologie et l'anatomie comparée, elle laisse entasser sophismes sur sophismes, pour démontrer que notre planète n'est pas ronde, que l'univers a la forme d'un coffre dont la terre serait le fond plat entouré de murailles, et qui aurait le ciel pour couvercle; selon les idées cosmographiques du VIe siècle, la terre doit ressembler à une table ayant une longueur double de sa largeur, et par conséquent à celle du tabernacle qui avait à chacun des angles, trois pains de proposition, symbole des trois mois de chaque saison... Plusieurs cieux sont placés l'un sur l'autre, comme les étages d'une maison.... Au moyen des réservoirs d'eau dont quelques-uns seraient pourvus, on explique la chute des cataractes d'eau tombant sur la terre pour en diminuer la chaleur...; la formation de tous les terrains, sans distinction, est regardée comme un seul dépôt contemporain et instantané...; l'enfouissement des végétaux des houillères est attribué au déluge mosaïque...; les coquilles trouvées au sommet des montagnes y ont été apportées par des voyageurs....; les ossements fossiles des mammifères sont les restes des animaux employés à la guerre ou dans les spectacles par le peuple romain....

Telle est la science de la terre du Ier au XVe siècle! Dans les siècles suivants, Agricola, en Saxe, publie les traités *De artu et causis subterraneis* et *De re metallicâ*: Bernard de Palissy, son contemporain, simple potier de terre, aussi grand physicien que la nature seule peut en créer, déduit de l'observation des coquilles fossiles, des idées pleines de justesse sur la formation des couches du globe; Léonhard Gasmer s'occupe, avec beaucoup de zèle, des pétrifications; Frascatoro, revenant sur ce sujet, fait remarquer que ces vestiges ne doivent pas avoir été enfouis à la même époque; plus tard, Sténon laisse entrevoir qu'ils peuvent servir à faire connaître l'âge relatif des terrains qui les renferment.

Cependant, l'apparition de plusieurs grandes comètes, les éruptions de l'Etna, du Vésuve et d'autres volcans excitent une attention plus sérieuse, plus générale de la part des savants, et Leibnitz, Burnet, Woodward, Scheuchzer, Whiston, Reich cherchent à expliquer les changements généraux que la terre a subis. Les ouvrages de ces philosophes contiennent peu ou point d'observations positives, mais quelques-uns sont remarquables par des idées ingénieuses, par des opinions avancées sans preuves, reposant quelquefois sur des suppositions erronées, et qui, deux siècles plus tard, sont reconnues vraies. Quelle que soit la vogue dont ils ont pu jouir, nous passerons sous silence les principaux systèmes proposés par les naturalistes les plus célèbres du XVIIe siècle sur l'origine de notre planète et sur les modifications qu'elle a éprouvées avant d'arriver à son état actuel. Nous avons hâte d'aborder une époque où il ne suffit plus d'imaginer des systèmes, ou de croire aveuglément les anciens sur parole, pour enrichir la science de notions utiles et pour contribuer à ses progrès.

Au XVIIIe siècle, une ère nouvelle se prépare, les préceptes de Bacon sont compris, l'analyse veut tout voir, tout vérifier par elle-même, les observations spéciales se succèdent aussi rapidement qu'elles étaient rares d'abord; les barrières qui tenaient éloignés chaque ordre de faits et d'idées tombent, et les sciences, si longtemps séparées pour l'étude des faits de détail, s'unissent pour la découverte des grandes lois de la nature : c'est tout à la fois l'époque des temps fabuleux qui se clot et celle de l'observation qui s'ouvre; c'est le passé qui finit et l'avenir qui commence.

L'analyse des faits, la division du travail, tel est le double caractère dont nous allons désormais trouver l'empreinte dans les œuvres des géologues les plus éminents de cette époque et de ceux de l'école moderne. Linnée, Buffon, Bergmann, Pallas, Saussure, Werner, Dolomieu, Deluc rassemblent un grand nombre d'observations, en déduisent les généralités, en recherchent les lois, et donnent une vive impulsion à la marche progressive d'une science jusque-là sans base, sans principes et sans nom.

Linnée (1), homme aussi patient, aussi sagace dans la recherche des faits qu'ingénieux à les coordonner, plus

(1) *De telluris habitabilis incremento.*

prudent que hardi dans ses conclusions, émet l'opinion que notre globe est composé de couches déposées successivement les unes sur les autres par une mer universelle dont la retraite graduelle a mis à découvert nos continents; Buffon (1), qui par la richesse et la poésie de son style, eut le mérite de répandre dans toutes les classes le goût de l'histoire naturelle, adopte le sentiment de Linnée sur la formation des couches superficielles de la terre; Bergmann (2), savant d'un haut mérite, expose dans un ordre méthodique tous les faits géognostiques connus de son temps; Pallas (3), observateur ingénieux, voyageur infatigable, enrichit la science de ses importantes recherches sur les grands ossements fossiles du nord de l'Europe; Guettard, Monnet, Gensanne, Faujas, Desmarets, naturalistes distingués, font connaître la structure du sol des contrées qu'ils parcourent; Saussure (4), esprit éclairé, observateur judicieux et sans prévention, assure, par ses travaux et par des recherches géologiques d'un haut intérêt, la marche des idées nouvelles; Deluc (5), son compatriote et son émule, avide de contempler la nature dans son ensemble, de s'élever vers les hautes régions de la science, mais s'égarant quelquefois dans les espaces inconnus où il s'élance sans guide, éclaire divers points de la physique du globe; Werner (6), que Cuvier a nommé le plus habile des minéralogistes, un de ces hommes puissants par la synthèse, qui, franchissant d'un pied hardi les limites de leur époque, marchent seuls en avant vers le but qu'ils veulent atteindre, crée la géologie positive, et imprime à cette nouvelle branche de l'histoire naturelle le mouvement qui lui a fait faire de si grands progrès dans ces dernières années;

(1) Discours sur l'histoire et la théorie de la terre.
(2) Géographie physique.
(3) Voyages en Sibérie, etc.
(4) Voyages dans les Alpes.
(5) Mémoires et observations.
(6) Géognosie.

Dolomieu (1), naturaliste d'un talent supérieur, étudie dans ses voyages les principaux volcans de l'Europe, et, par ses beaux travaux sur la nature de leurs produits, se place au rang des observateurs les plus sagaces; Voigt décrit les basaltes, etc.

De la science telle que ces naturalistes l'ont faite, nous arrivons sans autre transition à la science de l'école moderne. Voyez comme elle a marché rapidement! comme depuis son point de départ elle a franchi l'espace, et laissé loin derrière elle les découvertes du siècle qui précède le nôtre! Admirable exemple de ce progrès continu qui entraîne les sciences avec une vitesse toujours croissante, comme la pierre qui tombe s'élance, de plus en plus rapide, vers le point qu'elle doit atteindre.

Nous aurions aimé à continuer cette esquisse, faite à grands traits, de la part plus ou moins grande que nos devanciers ont prise aux progrès de la géologie; nous aurions voulu payer à toutes les gloires contemporaines, à tous les services rendus, le tribut d'éloges qui leur appartient; mais cette tâche est au-dessus de nos forces. Nous ne saurions apprécier, avec un esprit dégagé de toute prévention, les travaux des hommes éminents au milieu desquels nous vivons, qui ont été nos maîtres, et dont quelques-uns sont restés nos amis. Quoi que nous fassions, ils ne peuvent nous apparaître sous le point de vue où ils apparaîtront à la postérité, et pour ne parler ici que de ceux dont nous déplorons la perte récente, la vérité à laquelle ils ont droit n'est encore, en quelque sorte, que provisoire. Nous nous bornerons donc à dire que les progrès les plus importants dont la science est redevable à l'école moderne doivent être attribués au savoir étendu et profond des Humboldt, des Léopold de Buch, des Cuvier, des Brongniart, des Elie de Beaumont, des Lyell,

(1) Voyages et Mémoires.

des Buckland, des Labêche, et d'une foule d'autres savants d'un mérite reconnu. Grâce à leur puissant concours, la géologie, liée de la manière la plus intime avec toutes les sciences physiques, n'est plus le roman de la nature, mais bien son histoire avec ses dates, ses événements, ses révolutions, gravés en caractères plus durables que ceux qui nous retracent l'histoire des nations, monuments informes de l'instabilité des choses humaines, en regard desquels on éprouve le besoin de placer une pensée d'immortalité qui rafraîchisse et qui console. Appuyée sur l'induction philosophique des faits, elle peut parcourir, en tous sens, l'horizon immense qui s'étend autour d'elle, sans craindre de voir ses efforts rester infructueux, ou livrés aux railleries de la foule. C'est elle qui nous montre, à travers les changements et les révolutions que notre planète a subis, un ordre qui ne peut être dû à des causes fortuites, mais bien à une intelligence régulatrice qui a tout prévu, tout disposé, tout coordonné d'après un petit nombre de lois dont l'action se continue encore de nos jours. Elle prouve jusqu'à l'évidence, à tout homme de bonne foi, que cette intelligence suprême dont nous lisons le nom inscrit partout, est le Dieu que nos pères nous ont appris à connaître, celui dont les œuvres se montrent dans le plus parfait accord avec ce que nous enseignent les livres sacrés : le même hier, aujourd'hui et toujours.

La pensée que nous venons d'exprimer a été constamment présente à notre esprit durant le cours de ce travail, elle naissait à chacun de nos pas ; nous reconnaissons avec une grande joie qu'elle a rempli notre âme de ce sentiment de haute vénération et de reconnaissance profonde que l'intelligence humaine doit avoir pour le suprême Créateur de toutes choses.

S'il nous est pénible d'avouer que le temps n'est pas encore venu où une théorie de la formation et de la structure du globe puisse être établie d'une manière complète et incontestable, nous n'en éprouvons pas moins un véritable plaisir à montrer à la jeunesse studieuse et chrétienne, dans l'ensemble des faits qui servent de base à notre ouvrage, une série de preuves non interrompue de l'existence de Dieu, de sa sagesse et de sa puissance.

Plein du désir de rendre l'étude de la géologie aussi facile que possible, et de voir le goût de cette science se répandre dans toutes les classes, nous avons fait tous nos efforts pour la présenter sous la forme la plus simple. Les détails trop longs et peu importants ont été mis de côté, mais nous avons formulé, toutes les fois qu'elles ont été jugées utiles, des conclusions générales sur les principaux sujets. Nous déclarons sincèrement avoir choisi les faits partout où nous avons pu les rencontrer, donnant la préférence à ceux qui ont été rapportés par des hommes de conscience et de savoir. Nous avons, autant que possible, cité les sources auxquelles ils ont été puisés; lorsque nous nous sommes dispensé de cette formalité, c'est que, sans doute, les faits appartenaient au domaine public de la science.

Dans ce résumé de l'état de la science en 1842, nous avons cherché à exprimer beaucoup de choses en peu de mots. Les figures des fossiles caractéristiques des formations principales et quelques coupes importantes du sol, nécessaires à l'intelligence du texte, ont été retracées avec soin. Peut-être serons-nous assez heureux pour n'avoir rien omis de ce qu'il importe de faire connaître aux commençants; c'est au lecteur d'en juger; toutefois, nous ne le laisserons pas prononcer ce jugement sans avoir sollicité la grande somme d'indulgence dont nous avons besoin.

NOUVEAU TRAITÉ

DE GÉOLOGIE.

CHAPITRE PREMIER.

DE LA GÉOLOGIE EN GÉNÉRAL.

DÉFINITION. — La GÉOLOGIE, ou *science de la terre*, est cette branche de l'histoire naturelle qui a pour objet principal la connaissance de la constitution physique et minérale du globe.

DE LA TERRE.

Figure. — Dimensions. — Origine. — Densité. — Chaleur centrale.

La terre est un sphéroïde légèrement aplati vers ses extrémités que l'on nomme pôles, et renflé à sa partie moyenne (l'équateur).

Comme toutes les planètes, elle est douée d'un mouvement de rotation qu'elle exécute sur son axe en 23 heures 56' 4''; elle décrit en 365 jours 5 heures 48' 45'' une ellipse autour du soleil.

Ses différentes dimensions peuvent être exprimées par les nombres suivants :

Rayon de l'équateur au demi-grand axe de l'ellipsoïde terrestre.	6,376,851 m
Demi-petit axe de la terre.	6,355,943
Différence de ces deux rayons ou aplatissement aux pôles.	20,908
Rayon à la latitude de 45°	6,366,407
Longueur d'un degré de latitude sous la même latitude.	111,115
Longueur d'un degré de longitude sous le même parallèle.	78,828
Pour les méridiens ou grands cercles passant par les pôles.	39,940,745
Superficie en myriamètres carrés	5,098,587
Volume en myriamètres cubes.	1,082,634,000
Il résulte de ces calculs, que le diamètre équatorial est de.	12,753,702
Et que la circonférence de la terre est de. . . .	40,072,131

Il faudrait pour plus d'exactitude, sans doute, avoir égard aux élévations des montagnes qui forment les grands reliefs du globe ; cependant comme les plus considérables n'excèdent pas 8,000 mètres de hauteur verticale, on peut se dispenser d'en tenir compte ; elles troublent, il est vrai, la forme générale de l'ellipsoïde, mais elles ne se trouvent là que comme les rides de la peau d'une orange, tant elles sont petites, comparées au rayon terrestre.

Les plus grandes profondeurs où l'homme a pénétré, n'étant que de 4 à 500 mètres au-dessous du niveau des mers, sont trop faibles pour être prises en considération ; rapportées au demi-diamètre de l'équateur, elles équivalent à 0^{mm}, 188, sur un globe de 3 mètres 24 centimètres de diamètre, c'est-à-dire à l'épaisseur d'une feuille de papier.

La figure réelle de la terre s'approche donc beaucoup de sa figure théorique. Sa sphéricité est démontrée par un concours de preuves telles, que nous croyons pouvoir nous dispenser d'examiner comment les expériences faites sur divers points du globe par MM. Arago, Biot, Borda, Freycinet, Duperré et autres savants ont mis en lumière la vérité de ce fait.

Du reste, la surface de la terre est loin d'avoir toujours eu la configuration que nous lui connaissons aujourd'hui; il y a tout lieu de croire qu'elle était plus sphérique, moins aplatie vers ses pôles, et que, lorsqu'elle a été lancée dans l'espace par la volonté du Tout-Puissant, la déperdition incessante de la chaleur, en permettant aux différentes molécules minérales de se rapprocher et de cristalliser, a dû lui faire éprouver une certaine diminution dans ses diamètres, puisque tout corps qui perd de sa température tend à se contracter et à revenir sur lui-même.

Nous n'avons aucun moyen de précision pour nous assurer si l'on doit considérer les éléments du globe terrestre comme ayant été primitivement dans un état de liquidité aqueuse, ou mieux encore, à l'état de gaz, qui, en se refroidissant, se seraient combinés, auraient formé de grandes masses et seraient venus constituer, pêle-mêle, le noyau de la terre; nous ne savons pas mieux si celle-ci n'a été formée que par trois substances gazeuses, l'oxigène, l'hydrogène et le calorique, ou s'il faut voir en elle un fragment détaché du soleil par le choc d'une comète revenant de son périhélie, ou bien enfin, si elle était une comète inhabitable dont l'atmosphère, tantôt liquéfiée, tantôt glacée, constituait le chaos désigné dans l'Écriture.

Peut-être ne devrions-nous pas nous occuper ici de conjectures de ce genre, car elles appartiennent à la cosmogonie plutôt qu'à l'histoire de notre globe; l'impuissance de notre esprit à connaître d'une manière exacte ce qui se passe autour de nous, est d'une vérité désespérante lorsque, en présence de cette admirable mécanique céleste et des lois immuables qui la régissent, nous cherchons à établir la possibilité d'une théorie de la terre. Cependant, quoiqu'il soit vrai de dire que toutes les hypothèses qui tendent à expliquer l'origine de notre globe, aboutissent en dernier lieu à des difficultés insolubles, nous ne croyons pas pouvoir nous dispenser de présenter la seule hypothèse vraisemblable qui ait été émise jusqu'à ce jour sur la formation de notre monde planétaire; elle est due au génie de Laplace; convaincu, comme nous le sommes, que cette investigation de l'œuvre de Dieu dépasse les limites de notre intelligence, nous protestons donc de toutes nos forces, contre ceux qui verraient dans les déductions scientifiques qui vont suivre, une révélation complète de tout ce qu'il y a de mystérieux dans les mécanismes des mondes matériels et dans les forces qui les mettent en mouvement.

Le premier acte de la création paraît avoir été de remplir l'incommensurable espace d'une matière éthérée, qui, d'abord, dans un état de diffusion, s'est condensée en masses globulaires, et a formé les étoiles, les planètes, les comètes, etc., corps que celui dont la puissance infinie crée les mondes, a soumis à des lois qui ne gouvernent qu'eux seuls. Chacune de ces masses que l'on appelle *nébuleuse* est considérée comme le germe d'un système de mondes futurs, analogue au système dont notre soleil et le globe de la terre font partie. Ceci posé, on est irrésistiblement entraîné à admettre que notre planète a appartenu originairement à une de ces nébuleuses, amas isolés dans les cieux, qui peuplent par myriades l'immensité de l'univers, et que, par conséquent, toutes les substances solides ou liquides qui la composent se sont trouvées disséminées à l'état de vapeur dans un espace beaucoup plus étendu que celui qu'elle occupe maintenant. Cette idée de condensation d'une matière gazeuse qui aurait constitué les sphères ou sphéroïdes de notre système solaire, grande et simple, parce qu'elle s'accorde parfaitement avec l'unité de plan dans les œuvres du Créateur, trouve un puissant appui dans les découvertes récentes d'Herschell.

Cet illustre astronome, en observant les nébuleuses au moyen de ses puissants télescopes, a suivi les progrès de leur condensation, non sur une seule, ces progrès ne pouvant devenir sensibles pour nous qu'après des siècles, mais sur leur ensemble, comme on suit, dans une vaste forêt, l'accroissement des arbres sur les individus d'âges divers qu'elle renferme. Il a d'abord observé la matière nébuleuse répandue en amas divers dans les différentes parties du ciel, dont elle occupe une vaste étendue; il a vu, dans quelques-uns de ces amas, cette matière faiblement condensée autour d'un ou de plusieurs noyaux peu brillants; dans d'autres nébuleuses les noyaux brillent davantage relativement à la nébulosité qui les environne. Les atmosphères de chaque noyau venant à se séparer par une condensation ultérieure, il en résulte des nébuleuses multiples formées de noyaux brillants très-voisins et environnés chacun d'une atmosphère ; quelquefois la matière nébuleuse, en se condensant d'une manière uniforme, produit les nébuleuses que l'on nomme planétaires. Enfin, un plus grand degré de condensation transforme toutes ces nébuleuses en étoiles.

Les nébuleuses, classées d'après cette vue philosophique, indiquent, avec une extrême vraisemblance, leur transformation future en un système analogue à notre système solaire, et l'état antérieur de nébulosité des étoiles existantes. Ainsi, l'on descend, par le progrès de la condensation de la matière nébuleuse, à la considération du soleil environné autrefois d'une vaste atmosphère. L'évidence de cette ancienne atmosphère solaire a conduit le célèbre Laplace (1) à donner, de notre monde planétaire, une théorie qui se rapproche de beaucoup de celle d'Herschell, mais qui diffère entièrement de la théorie de l'auteur des époques, la seule qui ait joui en France d'une certaine faveur.

Selon cet habile physicien, la nature de la cause qui a produit ou dirigé les mouvements des planètes a nécessairement embrassé tous ces corps, et, vu la distance prodigieuse qui les sépare, elle ne peut avoir été qu'un fluide d'une immense étendue. Pour leur avoir donné dans le même sens un mouvement presque circulaire autour du soleil, il faut que ce fluide ait environné cet astre comme une atmosphère. La considération des mouvements planétaires nous conduit donc à penser qu'en vertu d'une chaleur excessive, l'atmosphère du soleil s'est primitivement étendue au delà des orbes de toutes les planètes, et qu'elle s'est resserrée successivement jusqu'à ses limites actuelles.

(1) Laplace. Exposition du système du monde.

Dans l'état primitif où ce savant suppose le soleil, il ressemblait aux nébuleuses dont nous venons de parler, et si l'on conçoit, par analogie, toutes les étoiles formées de cette manière, on peut imaginer leur état antérieur de nébulosité, précédé lui-même par d'autres états dans lesquels la matière nébuleuse était de plus en plus diffuse, le noyau étant de moins en moins lumineux; on arrive ainsi, en remontant aussi loin qu'il est possible, à cette matière éthérée, diffuse, premier acte de la création, à cette espèce de chaos qui précéda la séparation et la formation de notre nébuleuse, avant que la puissance de Dieu y ait établi l'attraction.

Comment l'atmosphère solaire a-t-elle déterminé les mouvements de rotation et de révolution des planètes?

Si ces corps avaient pénétré profondément dans cette atmosphère, sa résistance les aurait fait tomber dans le soleil; on peut donc conjecturer que les planètes ont été formées à ses limites successives, par la condensation des zones de vapeurs, qu'elle a dû, en se refroidissant, abandonner dans le plan de son équateur. L'atmosphère solaire ne pouvant s'étendre indéfiniment, sa limite est le point où la force centrifuge due à son mouvement de rotation balance la pesanteur. Or, à mesure que le refroidissement resserre l'atmosphère et condense à la surface de l'astre les molécules qui en sont voisines, le mouvement de rotation augmente; car, en vertu du principe des aires, la somme des aires décrites par le rayon vecteur de chaque molécule du soleil et de son atmosphère, et projetée sur le plan de son équateur, étant toujours la même, la rotation doit être plus prompte quand ces molécules se rapprochent du centre du soleil. La force centrifuge due à ce mouvement devenant ainsi plus grande, le point où la pesanteur lui est égale est plus près de ce centre. En supposant donc, ce qu'il est naturel d'admettre, que l'atmosphère s'est étendue à une époque quelconque jusqu'à sa limite, elle a dû, en se refroidissant, abandonner les molécules situées à cette limite et aux limites successives produites par l'accroissement de la rotation du soleil. Ces molécules abandonnées ont continué de circuler autour de cet astre, puisque leur force centrifuge était balancée par leur pesanteur. Mais cette égalité n'ayant point lieu par rapport aux molécules atmosphériques placées sur les parallèles à l'équateur solaire, celles-ci, par leur pesanteur, se sont rapprochées de l'atmosphère, à mesure qu'elle se condensait, et elles n'ont cessé de lui appartenir qu'autant que, par ce mouvement, elles se sont rapprochées de cet équateur.

Les zones de vapeurs successivement abandonnées ont dû, selon toute vraisemblance, former, par leur condensation et l'attraction mutuelle de leurs molécules, divers anneaux concentriques de vapeurs circulant autour du soleil. Le frottement mutuel des molécules de chaque anneau a dû accélérer les unes et retarder les autres, jusqu'à ce qu'elles aient acquis un même mouvement angulaire. Ainsi les vitesses réelles des molécules, plus éloignées du centre de l'astre, ont été plus grandes.

Rarement les molécules d'un anneau de vapeurs ont continué de se condenser sans se désunir; chaque anneau a dû se rompre presque toujours en plusieurs masses, qui, mues avec des vitesses très-peu différentes, ont continué de circuler à la même distance autour du soleil. Ces masses ont dû prendre une forme sphéroïdique, avec un mouvement de rotation dirigé dans le sens de leur révolution, puisque leurs molécules inférieures avaient moins de vitesse réelle que les supérieures; elles ont donc formé autant de planètes à l'état de vapeurs; mais si l'une d'elles a été assez puissante pour réunir successivement, par son attraction, toutes les autres autour de son centre, l'anneau de vapeurs aura été ainsi transformé en une seule masse sphéroïdique de vapeurs, circulant autour du soleil avec une rotation dirigée dans le sens de sa révolution; ce dernier cas a été le plus commun.

Maintenant, si nous suivons les changements qu'un refroidissement ultérieur a dû produire dans les planètes en vapeurs, dont nous venons de concevoir la formation, nous verrons naître, au centre de chacune d'elles, un noyau grossissant sans cesse par la condensation de l'atmosphère qui l'environne. Dans cet état, la planète ressemblait parfaitement au soleil à l'état de nébuleuse où nous venons de la considérer; le refroidissement a donc dû produire, aux diverses limites de son atmosphère, des anneaux et des satellites circulant autour de son centre dans le sens de son mouvement de rotation, et tournant dans le même sens sur eux-mêmes. La distribution des anneaux de Saturne autour de son centre et dans le plan de son équateur résulte naturellement de cette hypothèse, et sans elle devient inexplicable. Ces anneaux paraissent être des preuves toujours subsistantes de l'extension primitive de l'atmosphère de Saturne et de ses retraites successives; ainsi les phénomènes singuliers du peu d'excentricité des orbes des planètes et des satellites, du peu d'inclinaison de ces orbes à l'équateur solaire, de l'identité du sens des mouvements de rotation et de révolution de tous ces corps, avec celui de la rotation du soleil, découlent de l'hypothèse que propose l'auteur de la mécanique céleste, et lui donnent une grande vraisemblance.

Cependant les siècles s'écoulent, des phénomènes de refroidissement, dus au rayonnement incessant de la chaleur à travers l'espace, se manifestent par des réactions et des combinaisons chimiques vraiment prodigieuses; les éléments si nombreux, si variés, mêlés à l'état de vapeurs dans l'immense atmosphère qui environne le noyau condensé, se rapprochent, se réunissent sous des combinaisons nouvelles; les corps les plus pesants sont précipités les premiers, et forment un bain métallique au centre du noyau, d'où résulte un foyer de chaleur énorme qui s'oppose à la condensation des autres matières. La température continuant à baisser, la vapeur d'eau passe à l'état liquide et se précipite à la surface de la croûte solidifiée. Alors commence une série nouvelle de réactions chimiques, dans lesquelles le potassium et le sodium jouent un rôle principal, à cause de leurs affinités chimiques pour un grand nombre de corps. L'eau, en pénétrant en abondance dans l'intérieur du sphéroïde, détermine par son contact avec les bases métalloïdes une immense oxidation, et donne lieu à un énergique dégagement de chaleur qui volatilise de nouveau plusieurs des corps déjà solidifiés. Sous l'influence de ces réactions successives et du refroidissement, le bain métallique se recouvre d'une croûte molle, flexible, qui tantôt est soulevée et brisée par de fréquentes éruptions ignées, tantôt se contracte, se plisse dans différents sens; ces soulèvements, ces dislocations, ces rides, forment les inégalités de la surface, les continents et les bassins au fond desquels roulent les flots acides d'un océan brûlant, sans cesse agité par les courants et les marées.

A ce terme si éloigné de l'histoire du globe commencent, sous des températures encore très-élevées, les premières précipitations atmosphériques, phénomènes suivis de cette multitude de formations qui composent aujourd'hui l'écorce minérale, leurs caractères principaux, leur arrangement. Leurs rapports mutuels, le rôle plus ou moins important qu'elles jouent dans la constitution de notre planète, seront bientôt l'objet de nos investigations.

DE LA DENSITÉ DE LA TERRE.

On entend par densité d'une planète la quantité de matières que ce corps renferme sous un volume donné. Ainsi le soleil, qui est un million trois cent mille fois plus gros que la terre, n'est pas un million trois cent mille fois plus pesant qu'elle, il s'en faut des deux tiers. Mercure, dont le volume est un quinzième de celui de la terre, n'est pas quinze fois moindre en matière, puisqu'il est plus compact que notre globe.

Il est naturel de penser que la densité des couches terrestres augmente de la surface au centre; il est même nécessaire, pour la stabilité de l'équilibre des mers, que leur densité soit plus petite que la moyenne densité de la terre, autrement les eaux agitées par les vents et par d'autres causes sortiraient souvent de leurs limites pour inonder les continents.

Les lois de la pesanteur nous conduisent à reconnaître que le globe est composé de couches concentriques à peu près elliptiques, et disposées symétriquement autour du centre de gravité. Une telle disposition ne peut exister que dans le cas où la terre entière a été primitivement fluide. En admettant que la diminution dans la densité des couches s'étend jusqu'au centre du globe, suivant une progression arithmétique, Laplace a trouvé que la densité moyenne du sphéroïde est de 1,55, celle de la surface solide étant 1 mètre.

Des expériences répétées un grand nombre de fois par Cavendish, et faites avec un soin et des précautions extraordinaires, nous autorisent à conclure avec d'Aubuisson de Voisins « que la densité moyenne du globe terrestre est environ cinq fois plus grande que celle de l'eau, et par conséquent presque double de celle de l'écorce minérale. »

CHALEUR CENTRALE.

TEMPÉRATURE DE LA TERRE. — Dès les temps les plus reculés, les savants qui se sont occupés de la physique du globe ont été portés à admettre que les phénomènes de température que présentent les couches du globe ne peuvent être attribués entièrement à la chaleur solaire; des expériences directes, faites à des profondeurs qui ne sont plus soumises aux influences atmosphériques, s'accordent pour fixer cet accroissement à un degré du thermomètre centigrade par vingt-cinq mètres environ de profondeur. Cette augmentation de la chaleur intérieure, constatée dans les lieux profonds et à différentes élévations du sol au-dessus du niveau des mers, est telle que, d'après les estimations de M. Cordier, il doit y avoir, à une profondeur moyenne d'environ dix myriamètres, c'est-à-dire à un peu moins de la soixantième partie du rayon terrestre, une température suffisante pour fondre la plupart des roches qui forment l'écorce du globe.

Les moyens les plus propres à déterminer ces températures sont le sondage et les puits forés. L'opération du sondage, qu'elle soit pratiquée à l'aide de la sonde ou d'un *foret* de mineur, demande certaines précautions qu'on ne saurait se dispenser d'observer. Ainsi, avant de commencer les expériences, il est nécessaire d'attendre que le développement de la chaleur due à l'action de l'instrument perforant, soit entièrement dissipé. Il faut aussi que, pendant toute leur durée, l'air ne puisse pas se renouveler dans le trou. Un corps mou, tel que du carton recouvert d'une grande pierre, forme un obturateur suffisant. Le thermomètre devra être enveloppé d'une manière lâche, dans une feuille de papier de soie formant sept tours entiers, et renfermé dans un étui de fer-blanc. Il séjournera dans la cavité pendant une heure, et sera muni d'un cordon à l'aide duquel on le retirera. Si le forage doit être pratiqué à une faible profondeur, il faut y procéder dans des lieux où le sol se trouve à l'abri de l'échauffement direct produit par l'absorption de la lumière solaire, d'un rayonnement nocturne et de l'infiltration des pluies.

Il serait superflu d'exposer en détail les données fournies à M. Cordier par les nombreuses observations directes qu'il a faites dans différentes localités. Nous nous bornerons à faire connaître les résultats auxquels ce célèbre géologue est arrivé :

1° L'existence d'une chaleur interne indépendante de l'influence des rayons solaires, conséquemment propre au globe terrestre, et croissant rapidement avec la profondeur ;

2° La probabilité que l'augmentation de la chaleur souterraine ne suit pas partout la même loi, qu'elle peut être double et même triple d'un pays à un autre;

3° La certitude que ces différences ne sont en rapport constant, ni avec les latitudes ni avec les longitudes;

4° Enfin un accroissement de chaleur beaucoup plus rapide qu'on ne l'avait supposé, puisqu'il peut aller à un degré pour quinze et même pour treize mètres, dans certaines contrées, et que provisoirement son terme moyen, ainsi que nous l'avons dit plus haut, ne peut pas être fixé à moins de vingt-cinq mètres.

Or, nous pouvons tirer de ces données deux conséquences susceptibles de jeter quelque lumière sur la question qui nous occupe : la première, c'est qu'il existe au centre de la terre un foyer dont la température est à plus de deux cent cinquante mille degrés du thermomètre centigrade; la seconde, c'est que la partie extérieure de la masse à l'état de fluidité ignée tend continuellement à passer à l'état solide, et à se réunir à la partie inférieure de l'écorce, dont l'épaisseur s'accroîtra journellement jusqu'à ce que le globe ait perdu assez de chaleur pour être entièrement passé à l'état solide. Ces deux conséquences une fois établies, on conçoit aisément que la croûte terrestre s'étant consolidée par le refroidissement de la couche la plus superficielle, il suit de là que les *roches* qu'on a appelées *primordiales*, au lieu d'être les plus profondes et les plus anciennes comme la plupart des auteurs l'ont admis, sont au contraire les plus récentes. Du reste, ces phénomènes de chaleur et de refroidissement expliquent parfaitement la température des eaux thermales, la composition constante des eaux minérales, les éruptions volcaniques et tous les dégagements de matières gazeuses.

Suivant M. Cordier, la chaleur propre que le sol de chaque lieu dégage, est l'élément fondamental de son climat; cette chaleur, n'étant pas égale partout, est une cause nouvelle à ajouter à celles qui font que les pays situés sous la même latitude ont, toutes choses égales d'ailleurs, des climats différents.

Comme il ne peut entrer dans notre plan d'examiner, sous toutes ses faces, la question de la chaleur centrale, nous terminerons ce qui lui est relatif, en faisant observer que si, dans nos climats, la couche terrestre, douée d'une température toujours la même, se trouve située à une grande distance de la surface du sol, il n'en est pas ainsi dans les régions équinoxiales : là, d'après les observations de M. Boussingault, il suffit de descendre un thermomètre à la simple profondeur d'un tiers de mètre, pour qu'il marque constamment le même degré, à un ou deux dixièmes près.

CHAPITRE II.

DES MONTAGNES ET DES COLLINES.

Chaînes. — Groupes. — Plateaux. — Forme. — Direction. — Largeur. — Hauteur. — Versants. — De l'origine des montagnes. — Système de M. de Beaumont. — Des vallées. — De leur origine. — Vallées de dénudation. — Vallées sèches. — Plaines.

Les soulèvements de couches dont nous ferons bientôt connaître le mode de formation, l'ancienneté relative et la direction, constituent les parties saillantes des continents. On les nomme *montagnes* ou *collines*, selon que leur élévation est plus ou moins grande. Lorsqu'elles sont disposées en ligne et qu'elles occupent une certaine étendue, les montagnes prennent le nom de *chaînes*. L'assemblage de celles-ci dans un lieu déterminé forme un *groupe*. Un *système* se compose de plusieurs groupes liés entre eux, quelles que soient leur étendue et leur élévation.

On distingue par des noms différents les diverses parties d'une montagne. L'espace qu'elle occupe est la *base*, la partie inférieure qui commence à s'élever au-dessus du sol environnant est le *pied;* les plans inclinés sur lesquels coulent les eaux sont les *flancs ;* ils répondent à tous les points de l'horizon; lorsqu'ils sont verticaux, on les appelle *escarpements;* les *versants* sont les flancs d'une chaîne; les parties les plus élevées se nomment *sommet, crête, cime* ou *faîte.* La *crête* ou le *faîte* comprend dans leur ensemble les sommets de toute la chaîne; il détermine la ligne de partage des eaux; les protubérances qui s'élèvent sur les diverses parties d'une chaîne ont reçu le nom de *cimes;* elles n'en occupent pas toujours le *faîte.* (Mont-Perdu, etc., etc.)

Les *plateaux* sont de grandes masses de terre élevées, formant ordinairement le noyau des continents ou des îles, mais qui ont des pentes longues et étendues. Ce mot s'emploie dans une acception plus large que celui de *plaine.* Quelquefois il sert à désigner une portion de la surface du globe qui renferme des montagnes, des plaines et des vallées : ainsi, le centre de l'Afrique est occupé par un immense plateau; en Asie, l'Arabie, l'Asie-Mineure et l'Arménie sont des plateaux élevés; quelquefois, sa signification indique seulement une surface plane, qui termine un sommet.

Les pointes de rochers plus ou moins aiguës qui, parfois, hérissent les sommets des montagnes, ont reçu des dénominations qui se rapportent plus ou moins exactement aux formes variées qu'elles présentent. Telles sont celles de *ballon*, de *dôme*, de *tour*, d'*aiguille*, de *corne*, de *dent*, de *pic* ou de *puy*. La *forme*, la *direction*, la *largeur* et la *hauteur* des chaînes de montagnes n'ont rien de bien déterminé.

La *forme* dépend, en général, de la nature minéralogique des montagnes et de la position des couches.

Ainsi, celles qui ont pour élément principal des rochers granitiques à couches verticales, présenteront des crêtes déchirées, des pyramides gigantesques, des arêtes tranchantes (Alpes, Haut-Vivarais, etc.). Les Pyrénées, dont la structure est due à un mélange de granits et de schistes, auront une forme plus arrondie, des pics moins déchirés; les montagnes de gneiss tendres, de schistes phyllades, ne seront, en quelque sorte, qu'un terrain mollement ondulé; celles formées par des calcaires disposés en couches horizontales, seront comme de longs plateaux découpés par des vallons. Il résulte de ces considérations de forme, qu'en tenant compte de l'action des modifications atmosphériques, il est possible, en voyant de loin une montagne, de juger de sa composition et de son âge géologique.

La *direction* des chaînes est très-variable; quelquefois elle change brusquement en décrivant un angle très-prononcé; cependant, on remarque qu'en général elle est dans le sens de la plus grande dimension des terres, dans lesquelles les chaînes se trouvent. Selon Buffon, cette direction a lieu du nord au sud dans le nouveau continent, et de l'est à l'ouest dans l'ancien.

La *largeur* des chaînes de montagnes n'est assujettie à aucune règle constante; ainsi, une même chaîne présente assez fréquemment des alternatives de renflement et de gonflement, est très-large dans un lieu, étroite dans un autre.

La *hauteur* des chaînes offre des irrégularités aussi nombreuses que leur direction et leur largeur. Les mesures trigonométriques ou prises à l'aide du baromètre, en Europe, en Amérique et en Asie, semblent indiquer que la plus grande hauteur d'une chaîne est ordinairement vers son milieu. On a cru reconnaître que, si une chaîne n'est qu'un rameau ou une dépendance d'un système de montagnes tel que les Vosges et le Jura, relativement à la grande chaîne des Alpes, la partie la plus élevée se trouve à l'extrémité voisine du centre ou du nœud principal, et le faîte s'abaisse graduellement depuis ce centre jusqu'à l'autre extrémité.

Les plus hautes montagnes du globe se trouvent en Asie, dans la chaîne des monts Hymalaya ; il en est qui dépassent 8,000 mètres. En Europe, le sommet le plus élevé est le Mont-Blanc ; il atteint 4,754 mètres.

On considère aussi les montagnes sous le rapport de position entre elles : tantôt elles sont *isolées*, tantôt elles sont disposées en *groupes* plus ou moins étendus.

La Chine et l'Irlande offrent des exemples assez nombreux de pics volcaniques, de montagnes calcaires *isolés*. Le rocher de Gibraltar doit être rangé dans cette classe.

Les montagnes disposées en *groupes* se rencontrent plus fréquemment; alors les chaînes partent d'un noyau commun en directions angulaires ; souvent, aussi, le noyau est lui-même une haute chaîne courbée ou droite, d'où sortent çà et là des branches secondaires (Alpes). Quelquefois, on voit des groupes irréguliers de plusieurs chaînes, parmi lesquelles aucune ne peut être considérée comme la principale (montagnes de l'Asie-Mineure et de la Perse).

Lorsque les sommets s'abaissent, la dépression qu'ils forment reçoit le nom de *col* ou de *port*. Ces dépressions sont toujours les points de départ de deux vallées opposées, elles servent de passage pour communiquer d'un versant à l'autre de la même montagne. En Europe, les principaux cols sont : le Saint-Gothard, le grand Saint-

Bernard, le petit Saint-Bernard, que traversa l'armée d'Annibal; le Mont-Cenis, le Puy-Morin; dans les Pyrénées, le passage du Paramo; en Amérique, celui d'Assuai, entre Quito et Cuença.

Rarement les deux versants d'une chaîne sont également inclinés; presque toujours la pente de l'un est très-douce et se termine au loin et à une distance de plusieurs myriamètres, tandis que l'autre est escarpée et finit peu éloignée du faîte (Alpes, Pyrénées, Mont-Blanc, Cordilières, etc.). On a remarqué que le côté abrupte des pentes était toujours tourné vers les vallées occupées par des bassins vastes et profonds. Ainsi, il est constant que les montagnes qui environnent le lac de Genève, le lac Majeur, ceux de Côme, de Lucerne, et la Méditerranée ont leurs versants beaucoup plus rapides que ceux qui regardent le continent.

DES COLLINES. — Les collines sont de petites gibbosités du sol dont la hauteur n'excède pas 2 à 300 mètres; elles doivent être considérées comme des groupes qui s'étendent presque autant en largeur qu'en longueur, et qui n'ont rien de déterminé dans leur faîte, rien de constant dans leur direction.

DE L'ORIGINE DES MONTAGNES.

S'il est constant que des soulèvements du sol ont encore lieu de nos jours, on ne peut se refuser à admettre que des phénomènes de même nature se sont manifestés à des époques antérieures séparées par des intervalles de repos plus ou moins longs. En effet, en examinant ce qui a dû se passer dans le refroidissement du globe, on voit que son écorce solide a été beaucoup moins épaisse, plus chaude et plus flexible qu'elle ne l'est actuellement ; cette donnée établie, il est permis de supposer qu'il y a eu un moment où elle offrait une épaisseur telle, qu'il était plus facile aux matières poussées de bas en haut et de dedans en dehors, de la soulever que de la traverser. La résistance étant devenue de plus en plus grande, on a dû avoir, au lieu de soulèvements étendus, des éruptions volcaniques dont la tradition s'est perdue, mais qui, par leurs caractères géographiques et géognostiques, ne diffèrent en rien de celles des volcans en activité. Si, maintenant, nous jetons un coup d'œil sur l'état actuel du globe, nous verrons que sa surface se trouve modifiée comme elle doit l'être, dans la supposition où ces phénomènes auraient eu lieu, et que même il y a un grand nombre de faits impossibles à expliquer dans toute hypothèse autre que celle des soulèvements successifs.

Ce que nous avons déjà dit de la structure de la croûte du globe et des phénomènes qui s'y passent, suffit pour nous avoir appris qu'une grande partie des roches qui composent cette croûte ont été formées dans un liquide. Dans les pays de plaines, la disposition des couches est à peu près horizontale. En approchant des contrées montueuses, cette horizontalité, en général, s'altère ; enfin, sur les flancs des montagnes, certaines de ces couches sont très-inclinées ; elles atteignent même quelquefois la verticale.

Les couches de sédiment inclinées qu'on voit sur les pentes des montagnes ont-elles pu s'y déposer dans des positions obliques ou verticales? n'est-il pas plus naturel de supposer qu'elles formaient primitivement des bancs horizontaux, comme les couches contemporaines de même nature dont les plaines sont recouvertes, et qu'elles ont été redressées au moment de la sortie des montagnes sur les flancs desquelles elles s'appuient? Il est impossible que les pentes des montagnes aient été encroûtées sur place et dans leur position actuelle, par des dépôts sédimenteux; des catastrophes postérieures à l'époque de leur formation ont déterminé l'inclinaison que ces dépôts présentent, et ces catastrophes doivent avoir été des soulèvements. Deux genres de considérations totalement différents viennent à l'appui de cette théorie que l'autorité de MM. Arago, Élie de Beaumont, etc., etc., ont généralement fait admettre.

Des observations géologiques incontestables ont montré que les couches calcaires qui constituent les cimes élevées de 3 à 4000 mètres, du Buet en Savoie et du Mont-Perdu dans les Pyrénées, ont été formées en même temps que les craies des falaises de la Manche. Si la masse d'eau d'où ces terrains se sont précipités s'était élevée à une hauteur de 3 à 4000 mètres, la France en aurait été entièrement couverte, et des dépôts analogues existeraient sur toutes les hauteurs inférieures à 3000 mètres; or, on observe, au contraire, dans le nord de la France où ces dépôts paraissent avoir été très-peu tourmentés, que les craies n'atteignent jamais une hauteur de plus de 200 mètres au-dessus de la mer actuelle. Elles présentent précisément la disposition d'un dépôt qui se serait formé dans un bassin rempli d'un liquide, dont le niveau n'aurait atteint aucun des points élevés aujourd'hui de plus de 200 mètres.

Passons à une seconde preuve empruntée à Saussure, et qui semble encore plus convaincante.

Les terrains de sédiment renferment souvent des galets

ou espèces de cailloux roulés, d'une forme à peu près elliptique. Dans les lieux où la stratification du terrain est horizontale, les plus longs axes de ces cailloux sont horizontaux, par la même raison qui fait qu'un œuf ne tient pas sur sa pointe; mais là où les couches sédimenteuses sont inclinées sous un angle de 45°, les grands axes d'un grand nombre de ces cailloux forment aussi avec l'horizon des angles de 45°, et quand les couches deviennent verticales, les grands axes de beaucoup de cailloux sont verticaux.

Les terrains de sédiment, l'observation des cailloux le démontre, n'ont donc pas été déposés sur la place et dans la position qu'ils occupent aujourd'hui; ils ont été relevés, plus ou moins, au moment où les montagnes dont ils recouvrent les flancs, sont sorties du sein de la terre.

Cela posé, il est évident que les terrains sédimenteux dont les couches se présenteront sur la pente des montagnes, dans des directions inclinées ou verticales, existaient avant que ces montagnes surgissent. Les terrains également sédimenteux, qui se prolongeront horizontalement jusqu'à la rencontre des mêmes pentes, seront, au contraire, d'une date postérieure à celle de la formation de la montagne; car on ne saurait concevoir qu'en sortant de terre, elle n'eût pas relevé à la fois toutes les couches existantes.

Toutefois, il ne faut pas induire de ce qui précède que les couches horizontales n'ont pas éprouvé d'exhaussement, il est constant que si elles reposent sur des couches inclinées, on doit en conclure que celles-ci avaient déjà subi leur redressement quand les autres ont été déposées.

Les recherches de la science ne se bornent pas à faire

connaître si tel soulèvement s'est opéré avant ou après le dépôt des terrains de sédiment, elles indiquent aussi que la plupart des redressements sont dus à des mouvements violents et prompts, ou à des successions de mouvements semblables, et cette dernière hypothèse devient d'autant plus probable que les redressements sont plus étendus (Pyrénées, chaînes de l'Écosse et de la Suède).

Toutes les grandes chaînes ont-elles surgi à la même époque? telle est la question dont la solution, il y a peu d'années encore, regardée comme impossible, vient d'être présentée avec une grande supériorité de talent, par un de nos plus habiles géologues, M. Élie de Beaumont. Son mémoire sur l'ancienneté relative et sur la direction des différentes chaînes de montagnes de l'Europe, que, dans sa modestie, ce savant présente comme un essai destiné seulement à prendre date et à provoquer des recherches ultérieures, est, sans contredit, ce que la science possède de plus curieux et de mieux établi. Il nous servira de guide dans l'aperçu rapide que nous allons donner de ces grands phénomènes.

Une étude sérieuse, approfondie des terrains stratifiés ou de sédiments en Europe, a conduit M. de Beaumont à distinguer, les uns des autres, treize systèmes de montagnes d'âges différents et de directions généralement différentes; en effet, ces terrains, composés de couches successives bien visibles, peuvent être considérés comme une espèce de chronomètre pour toutes les recherches de ce genre, car ils présentent des caractères qui, dans certaines circonstances, équivalent à une démonstration rigoureuse. Formés en tout ou en partie de détritus charriés ou déposés par les eaux, semblables à la vase de nos rivières ou aux sables des rivages de la mer, on ne saurait nier qu'ils ont changé de nature à des époques différentes, et que, malgré leur superposition dans une même localité, le passage d'une espèce à la suivante se fait, non pas par des nuances insensibles, mais bien par des variations subites et tranchées dans la nature physique du dépôt comme dans celle des êtres organisés dont on y trouve les débris. Ainsi, il est évident qu'entre l'époque où le calcaire du Jura se déposait, et celle de la précipitation du système du grès-vert et de la craie qui le recouvre, il y a eu à la surface du globe un renouvellement complet dans l'état des choses. On peut en dire autant de l'époque qui a séparé la formation de la craie de celle des terrains tertiaires, comme il est également manifeste qu'en chaque lieu l'état ou la nature du liquide d'où les terrains se précipitaient a dû changer complétement entre le temps de la formation tertiaire et celui des anciens terrains de transport.

Ces variations considérables, tranchées et non graduées dans la nature des dépôts successifs formés par les eaux, sont considérées comme les effets de grandes perturbations qui se sont manifestées à des époques différentes et que l'on a désignées sous le nom de *révolutions du globe.* Quoique, au premier abord, il semble difficile de dire bien précisément en quoi ces révolutions consistaient, il y a tout lieu de croire cependant qu'elles ont été le résultat nécessaire de l'apparition successive de chaînes de montagnes. Les modifications que nous présentent les terrains de sédiment ou d'alluvion dans leurs niveaux doivent donc se trouver en rapport avec les causes qui les ont produites.

Cette conséquence, que la théorie montre comme indispensable, M. de Beaumont a cherché à l'établir par l'observation. Déjà ce savant est parvenu à déterminer l'époque relative de douze soulèvements qui auraient donné naissance à des chaînes de montagnes reconnaissables par des caractères particuliers. Nous regrettons que les limites d'un ouvrage de cette nature ne nous permettent pas d'indiquer, avec quelque étendue, les observations qui ont conduit M. de Beaumont à mettre en rapport ces douze systèmes de dislocation avec un pareil nombre de lignes de partage que présente la série des terrains de sédiment. Nous nous bornerons à faire connaître l'ordre chronologique probable dans lequel ces soulèvements ont eu lieu.

1° Système du West-Moreland et du Hundsruck. — Le professeur Sedwick rapporte à cette époque le surgissement de la chaîne méridionale de l'Écosse depuis Saint-Abss-Head jusqu'au Mull de Galloway; la chaîne de grauwacke de l'île de Man; les crêtes schisteuses de l'île d'Anglesea; les principales chaînes de grauwacke du pays de Galles et la chaîne de Cornouailles.

Les couches de schiste et de grauwacke des montagnes de l'Eiffel, du Hundsruck et du pays de Nassau; les couches schisteuses du Harz; les couches de schiste, de grauwacke et de calcaire de transition des parties septentrionales et centrales des Vosges; celles de même nature qui constituent en grande partie le groupe de la montagne Noire, entre Castres et Carcassonne; les gneiss, les micaschistes, les schistes argileux, les roches quartzeuses et calcaires de la plupart des montagnes de la Corse, des Maures (entre Toulon et Antibes), du centre de la France, d'une partie de la Bretagne, de l'Erzgebirge, des Grampians, de la Scandinavie et de la Finlande appartiennent, selon M. de Beaumont, à ce système.

2° Système des ballons (Vosges) et des collines du Bocage (Calvados). — Ce système comprend les masses de syénite et de porphyre qui, dans le S.-E. des Vosges, forment les cimes jumelles du ballon d'Alsace et du ballon de Comté; toute la partie méridionale du groupe central de la Forêt-Noire et des Vosges, depuis Plombières jusqu'à la vallée de Massevaux, la Lozère (partie sud), le

Harz (N.-N.-E.), les grauwackes du N.-N.-O. de Magdebourg, et enfin le terrain de transition des collines du Bocage (Calvados) et de l'intérieur de la Bretagne.

3° Système du nord de l'Angleterre. — Le soulèvement de la grande chaîne carbonifère du nord de l'Angleterre, la côte occidentale du département de la Manche, le massif central de la France (chaîne de pierre sur Haute, chaîne de Tarare), les montagnes des Maures (Var), les montagnes primitives de la Corse, doivent probablement leur origine première aux dislocations violentes et de courte durée qui caractérisent cette époque.

4° Système des Pays-Bas et du sud du pays de Galles. — La quatrième révolution a pour fait principal la dislocation des couches de terrain houiller qui se dirigent de l'est à l'ouest, depuis les environs d'Aix-la-Chapelle jusqu'aux petites îles de la baie de Saint-Bride dans le pays de Galles, dans une étendue de 112 myriamètres.

5° Système du Rhin. — Les montagnes qui appartiennent à ce système sont les plateaux escarpés qui bordent la vallée du Rhin, entre Bâle et Mayence. On observe des traces de fractures analogues à celles qui ont produit ce système, dans les montagnes comprises entre la Saône et la Loire, dans celles du centre et du midi de la France et jusque dans les parties littorales du département du Var.

6° Système du Thuringerwald, du Bohmerwald-Gebirge, du Morvan. — M. de Beaumont attribue à une sixième révolution le redressement des couches d'un système de montagnes qui comprend le Thuringerwald et la partie du Böhmerwald-Gebirge, située entre la Bavière et la Bohême. Le Morvan est contemporain de cette époque.

7° Système du mont Pilas, de la Côte-d'Or et de l'Erzgebirge. — La septième révolution aurait donné naissance à une série presque continue d'accidents du sol qui semblent s'être opérés dans une seule et même convulsion.

L'Erzgebirge (en Saxe), la Côte-d'Or (en Bourgogne), le mont Pilas (en Forez), les Cévennes et les plateaux de Larzac (dans le midi de la France), font partie de ce système.

8° Système du mont Viso. — M. de Beaumont propose de nommer *système du mont Viso*, les élévations qui constituent les Alpes françaises et l'extrémité sud-ouest du Jura, depuis les environs d'Antibes et de Nice jusqu'aux environs de Pont-d'Ain et de Lons-le-Saulnier.

9° Système des Pyrénées. La neuvième révolution a produit la chaîne des Pyrénées et les chaînons des Apennins. M. de Beaumont pense que la convulsion qui accompagna ce soulèvement, fut une des plus fortes que le sol de l'Europe eût jusqu'alors éprouvées; ce ne fut qu'à l'apparition des Alpes qu'il en éprouva de plus terribles encore. Indépendamment de plusieurs rameaux qui se remarquent dans l'Allemagne, l'Illyrie, la Hongrie, la Turquie, on peut rapporter à cette grande époque géologique quelques chaînons de l'Atlas en Afrique; la chaîne du mont Carmel en Syrie; les montagnes de Mésopotamie; plusieurs chaînons du Caucase; peut-être même la chaîne des Gates dans l'Inde; celle des Alleghanis dans l'Amérique méridionale, etc., etc.

10° Système des îles de Corse et de Sardaigne. — Le soulèvement de ce système de montagnes comprend les îles de Corse et de Sardaigne, ainsi que d'autres élévations qui, dans le centre de la France, bordent les hautes vallées de la Loire, de l'Allier et de la Bresse. Quelques rameaux qui présentent la même direction (du nord au sud) dans l'Italie, l'Illyrie, la Hongrie, la Turquie, la Grèce, ainsi que les chaînes du Liban, sont probablement dus à cette révolution.

11° Système des Alpes occidentales. — La réunion des montagnes qu'on désigne sous le nom unique d'Alpes, n'a pas été formée d'un seul jet. Il est facile de reconnaître que cette vaste agglomération résulte du croisement de plusieurs systèmes indépendants les uns des autres, distincts à la fois par leur direction et par leur âge, et dont l'apparition successive a, chaque fois, considérablement modifié le relief antérieur.

La partie occidentale des Alpes, comprise entre Marseille et Zurich; les montagnes de la Scandinavie; celles des côtes occidentales d'Espagne et de Maroc, et celles des côtes orientales du Brésil appartiennent au système de soulèvement dont il s'agit ici.

12° Système de la chaîne principale des Alpes (depuis le Valais jusqu'en Autriche). — En portant un coup d'œil général sur les Alpes et sur les contrées qui les avoisinent, on voit que M. de Beaumont a dû rapporter à une même époque de formation plusieurs chaînons des montagnes de la Provence, tels que le Ventoux, le Léberon, Sainte-Victoire, le Poet, la Sainte-Beaume.

La crête principale des Alpes qui court du Valais vers l'Autriche; la crête, moins haute et moins étendue, qui comprend en Suisse le mont Pilate et les deux Myten, etc.; la Sierra-Morena et plusieurs autres chaînes de l'Espagne; le Balkan en Turquie; le Caucase et l'Himalaya en Asie, les principaux chaînons de l'Atlas en Afrique présentent une analogie de rapports telle, qu'il y a de fortes présomptions de croire que tous ces chaînons de montagnes ont pris naissance en même temps, et ne sont que les différentes parties d'un système de fracture unique, opéré en un moment.

Après avoir établi que les montagnes terrestres n'ont pas toutes percé le globe aux mêmes époques, il était naturel d'examiner si les montagnes contemporaines n'offriraient point entre elles quelques rapports de position. Cette recherche ne pouvait pas échapper à la perspicacité de M. de Beaumont; or, voici la conséquence à laquelle l'observation l'a conduit:

Quelle qu'ait pu en être la cause, les montagnes qui, en Europe, sont sorties de terre à la même époque, forment à la surface du globe des chaînes, c'est-à-dire des saillies longitudinaires, toutes parallèles à un certain cercle de la sphère.

Ce parallélisme, caractère distinctif des montagnes contemporaines, se vérifie avec une exactitude remarquable dans les douze systèmes ou révolutions que nous venons de faire connaître. Peut-être s'étonnera-t-on de ce que les chaînes de même date sont simplement parallèles à un grand cercle de la sphère, et ne se trouvent pas les unes sur le prolongement des autres. Nous ferons remarquer à ce sujet, que tout ce qu'on peut inférer de ce manque d'alignement, c'est que la cause, quelle qu'en soit la nature, qui a soulevé les différentes chaînes de montagnes, tout en propageant son action dans le plan d'un grand cercle, embrasse une zone d'une certaine largeur, et que les points de moindre résistance sur la croûte solidifiée ne se sont pas rencontrés (ce qui, du reste, aurait été bien étrange) dans la direction d'une ligne mathématique.

Un fait sur lequel les géologues s'accordent généralement, c'est que les couches de sédiment qu'on voit fréquemment dans les pays de montagnes, inclinées sous de très-grands angles, ou placées verticalement, et dont certaines parties se trouvent même dans une situation renversée, n'ont pu, ainsi que nous l'avons déjà fait observer, être formées dans cette position, mais qu'elles y ont, au contraire, été placées par suite de phénomènes qui se sont passés plus ou moins longtemps après l'époque de leur dépôt originaire.

L'étude comparative des couches de sédiment les plus récentes, dont les unes s'étendent horizontalement jusque vers le pied des montagnes, et dont les autres, au contraire, se redressant ou se contournant plus ou moins sur les flancs des montagnes, s'élèvent, en quelques points, jusqu'à leurs crêtes, a fourni à M. de Beaumont le moyen le plus sûr de déterminer l'âge géologique de celles-ci. Il est, en effet, évident que la date de l'apparition d'une chaîne est intermédiaire entre la période du dépôt des couches qui y sont redressées, et celle du dépôt des couches qui s'étendent horizontalement au pied de ses pentes.

Pour reconnaître l'âge des montagnes, il suffit donc de bien observer sur les lieux quelles sont les couches qui sont encore horizontales; quelles sont celles qui sont redressées, et d'avoir sans cesse présent à l'esprit l'ordre dans lequel elles ont été formées. (Planches Ire et IIe, fig. 1, 2, 3, 4, 5, 6.)

Citons quelques exemples pris au hasard dans les douze systèmes créés par M. de Beaumont. Ils donneront la clef du procédé que cet habile géologue a employé dans ses recherches sur les révolutions de la surface du globe.

Les terrains de sédiment les plus récents peuvent être rangés en quatre grandes divisions qui seront, suivant leur ancienneté :

Le calcaire oolithique, ou calcaire du Jura ;

Le système du grès-vert ou de la craie ;

Les terrains tertiaires ;

Enfin, les premiers dépôts d'atterrissement ou de transport. De ces quatre espèces de terrains, trois, et ce sont les plus élevées, les plus voisines de la surface du globe, ou les plus modernes, se prolongent en couches horizontales jusqu'aux montagnes de la Saxe, de la Côte-d'Or et du Forez ; une, le calcaire du Jura ou oolithique, s'y montre seule relevée :

Donc, l'Erzgebirge, la Côte-d'Or et le mont Pilas sont sortis du globe après la formation du calcaire oolithique, et avant la formation des trois autres terrains de sédiment.

Sur les pentes des Pyrénées et des Apennins, il y a deux terrains relevés, savoir : le calcaire ordinaire et le terrain grès-vert et craie ; le terrain tertiaire et le terrain d'alluvion qui le recouvrent ont conservé leur horizontalité primitive.

Les montagnes des Pyrénées et des Apennins sont donc plus modernes que le calcaire du Jura et le grès-vert qu'elles ont soulevé, et plus anciennes que le terrain tertiaire et celui d'alluvion.

Les Alpes occidentales (entre autres le Mont-Blanc) ont soulevé, comme les Pyrénées, le calcaire oolithique et le grès-vert, mais de plus le terrain tertiaire ; le seul terrain d'alluvion est horizontal dans le voisinage de ces montagnes :

La date de la sortie du Mont-Blanc doit donc être inévitablement placée entre l'époque de la formation du terrain tertiaire et celle du terrain d'alluvion.

Enfin, sur les flancs du système dont le Ventoux fait partie, aucune des espèces de terrain de sédiment n'est horizontale, toutes les quatre sont relevées :

Quand le Ventoux a surgi, le terrain d'alluvion lui-même s'était donc déjà déposé.

Ainsi, d'après M. de Beaumont, on serait arrivé non-seulement à déterminer l'ancienneté relative des différentes chaînes de montagnes européennes, mais encore à pouvoir comparer l'âge de leur formation à celui de la production des divers terrains de sédiment.

Cet exposé de la théorie du soulèvement et du parallélisme des couches contemporaines doit faire reconnaître qu'il nous faudra encore un temps très-considérable et une masse d'observations très-exactes, recueillies dans différentes parties du monde, avant que nous soyons en état de prononcer quelles sont les règles générales et quelles sont les exceptions. Toutefois, quel que soit le résultat que l'on obtienne, les géologues ne seront pas moins infiniment redevables à M. Elie de Beaumont, pour avoir commencé à sortir ce sujet de l'état où il était avant lui ; et, dans tous les cas, il est impossible que les recherches auxquelles la vérification de cette théorie ne peut manquer de donner lieu, n'augmentent beaucoup nos connaissances géologiques.

DES VALLÉES.

Vallée. — Gorge. — Ravin. — Vallon. — Thalweg. — Vallées longitudinales, transversales. — Col. — Port. — Passe. — Cirque. — Origine des vallées. — Vallées de dénudation. — Vallées Sèches.

On désigne sous le nom général de vallées, les espaces plus ou moins larges, plus ou moins profonds qui séparent les montagnes, les chaines, les rameaux de montagnes, et dans lesquels viennent se réunir les eaux pluviales qui tombent sur leurs flancs. Lorsqu'elles sont étroites et profondes, bordées par des escarpements plus ou moins perpendiculaires, elles sont appelées *gorges ;* si celles-ci sont très-petites, très-resserrées et peu profondes, elles reçoivent la dénomination de *ravins.*

Un *vallon* est un petit espace de terre resserré entre deux coteaux.

La ligne qui se prolonge au fond des vallées et dans toute leur longueur, a reçu le nom de *thalweg.* Ce mot, d'origine allemande, signifie *chemin de la vallée*, parce que c'est celui que suit le cours d'eau qui l'arrose.

Les vallées qui séparent les grandes chaînes de montagnes et se dirigent dans le sens de leur axe principal, sont des *vallées longitudinales.* Les vallées qui aboutissent à celles-ci, en formant, avec le plan de leurs couches, un angle plus ou moins aigu, sont des *vallées transversales.* Elles sont en général plus étroites que les précédentes, leur longueur est moins grande, leurs pentes plus abruptes.

Ces deux sortes de vallées se rencontrent assez souvent

en France. Nous citerons entre autres la vallée longitudinale qu'arrosent la Saône et le Rhône, et qui s'étend entre le Jura et les Alpes à l'est, et les montagnes du Lyonnais et du Vivarais à l'ouest. On y remarque, d'un côté, les vallées transversales du Doubs, de l'Isère et de la Durance; de l'autre, celles de l'Ardèche et du Gard.

Les grandes vallées ont, en général, des formes qui varient singulièrement; on les a comparées à la tige de certains arbres dont les branches représenteraient les divisions principales, et dont les petites ramifications, situées à l'extrémité des tiges et des branches, offriraient l'image des subdivisions qui existent ordinairement à leur point d'origine. Quelquefois ces vallées commencent vers une sorte d'entaille plus ou moins étendue, plus ou moins profonde qui porte dans les Alpes le nom de *col*, dans les Pyrénées celui de *port*, s'étendent en s'élargissant toujours jusqu'à ce qu'enfin elles débouchent dans une plaine ou dans une autre vallée. Ces entrées de vallées ont été appelées pendant longtemps les *portes des nations* ; les plus connues sont les *portes du Caucase* et les *portes caspiennes*. Dans d'autres cas, la vallée à son origine, ou dans son cours, se rétrécit, se resserre et offre tous les caractères d'un défilé réduit à une très-petite largeur. Ces défilés sont désignés sous le nom de *passe*. Plusieurs ont acquis une renommée historique : la *passe d'Issus* près des *portes syriennes*, dans la chaîne du Taurus, est célèbre par une victoire d'Alexandre; les *Thermopyles* près du mont Œta, ont été immortalisés par le noble dévouement de Léonidas et de ses trois cents Spartiates, etc.

Certaines vallées naissent au pied de hautes montagnes et commencent brusquement avec une certaine largeur. Fermées par de grands escarpements, elles n'ont qu'une seule ouverture qui donne issue aux eaux qui s'y rassemblent. Leur point d'origine, espèce de bassin dont la forme se rapproche constamment de l'ovale ou du cercle, a reçu le nom de *cirque*. Il en existe de très-beaux dans les Pyrénées (cirque de Gavarnie), au mont Dore et dans le Cantal.

ORIGINE DES VALLÉES. — La diversité de formes et de directions qui se fait remarquer dans les vallées semble annoncer une diversité d'origine.

Ainsi les grandes vallées qui sillonnent les chaînes de montagnes dans toute leur longueur, paraissent avoir été formées parallèlement à la ligne suivant laquelle les couches de l'écorce du globe ont été déchirées et soulevées par les forces agissantes intérieures. Quant aux vallées qui coupent celles-ci à angles droits, la plupart des géologues attribuent leur origine à un retrait horizontal qui aurait accompagné ou suivi la déchirure des couches. Toutes les vallées ne sont pas le résultat des soulèvements survenus dans la croûte solide du globe. Un grand nombre doit être attribué à l'action érosive des cours d'eau qui existent encore dans les excavations qu'ils se sont creusées. Ces vallées se trouvent ordinairement dans des terrains meubles ou friables; elles suivent la pente générale du sol, elles sont plus étroites et moins enfoncées dans leurs parties supérieures qu'inférieurement, elles ne dévient de leur direction que par la rencontre d'un obstacle qu'elles n'ont pu vaincre.

L'origine des grandes vallées qui commencent par un cirque ou qui en forment plusieurs communiquant par des espaces resserrés paraît tenir à des phénomènes de dislocations du sol, à des affaissements plus ou moins considérables des continents. Les eaux, en entraînant dans leur descente rapide vers les niveaux inférieurs une grande quantité de matériaux, ont fini par combler ces dépressions, dont la surface actuelle n'est plus traversée que par un simple courant. Ces bassins circulaires, remplis par une foule de débris, sont ordinairement couverts de la végétation la plus riche et la plus vigoureuse.

VALLÉES DE DÉNUDATION. — On voit des vallées sur les flancs desquelles les mêmes strates se suivent dans le même ordre, et offrent la même composition minéralogique, les mêmes fossiles; et cependant bien souvent il n'existe pas d'eaux courantes auxquelles on pourrait attribuer leur origine. M. Lyell cite ce phénomène comme un de ceux qui attestent de la manière la plus frappante l'action érosive des eaux pendant les âges anciens.

VALLÉES SÈCHES. — Des exemples remarquables de *vallées sèches* ont été signalés en Angleterre, à la Jamaïque, au Pérou, et sur plusieurs autres points du globe où il ne pleut jamais.

A la Jamaïque, où les pluies sont assez communes, les eaux, absorbées dans certaines vallées par des cavités souterraines ou espèce de puisards, ne sauraient y former aucun courant continu; en Angleterre, la sécheresse des vallées du Dewonshire provient de ce que les couches qui composent le sol sont verticales, et que les eaux des pluies se perdent entièrement dans leurs fissures après avoir traversé le gravier poreux qui couvre la surface. Les vallées de la côte ouest du Pérou, où il ne tombe jamais de pluie, sont très-probablement le résultat de l'action érosive des eaux de l'Océan, que des perturbations plus ou moins grandes auront jetées sur cette contrée.

DES PLAINES. — Dans son acception ordinaire, le mot *plaine* fait naturellement naître l'idée d'une grande étendue de terrain dont la surface est plane; mais ici, nous ne nous astreindrons pas au sens rigoureux de l'étymologie, nous donnerons le nom de *plaine* à une contrée qui n'est pas traversée par de hautes montagnes, quand bien même le sol serait sensiblement coupé par des collines ou des ondulations peu élevées. Ainsi l'espace qui s'étend entre Paris et Orléans et qui sépare le bassin de la Seine de celui de la Loire, n'est qu'une vaste plaine sillonnée de collines et de ravins.

Plusieurs autres plaines qui entourent Paris, celle de Boulogne, celle de Saint-Denis, plus loin les contrées connues sous les noms de la Limagne et de la Bohême, ne sont autre chose que des vallées basses, comblées en général par des matières tenues en suspension dans les eaux qui recouvraient autrefois leur surface.

Les contrées qui appartiennent aux plaines basses sont fertiles et populeuses toutes les fois qu'elles sont bien fournies de terre végétale et arrosées par de nombreux cours d'eau; mais lorsque le sol qui les constitue est crayeux, sablonneux et exposé au midi; lorsque aucune rivière, aucun ruisseau ne les traverse, on ne rencontre partout que la stérilité et la misère. Telles sont les plaines immenses (*steppes*) presque sans culture et peu habitées qui caractérisent l'Europe orientale. On commence à les remarquer dans la Valachie et la Moldavie; mais c'est en Russie, dans la province de Bessarabie et dans le gouvernement de Kherson, qu'elles se présentent avec leur étendue et leur uniformité fatigantes; telles sont encore les contrées situées à l'est et à l'ouest de la mer Caspienne, l'immense désert de Sahara, etc.

CHAPITRE III.

DE L'ATMOSPHÈRE.

Composition. — Pesanteur. — Température. — Elévation. — Abaissement. — Lignes isothermes.

L'atmosphère est cette masse d'air qui, sous le nom d'air atmosphérique, enveloppe la terre de toutes parts. Sa couleur est un bleu très-pâle, qui ne devient visible que lorsque l'air est en grande masse (bleu du ciel). Sa saveur et son odeur sont nulles; sa transparence est d'autant plus grande que le lieu est plus élevé.

COMPOSITION. — L'air n'est point un élément, c'est-à-dire un corps simple, comme le croyaient les anciens; il est composé d'oxygène, d'azote, d'acide carbonique et d'hydrogène. Ces éléments se trouvent dans les proportions suivantes : azote, 79; oxygène, 21; acide carbonique, un atome; hydrogène, quantité variable. John Dalton admet de plus, dans la composition de l'enveloppe gazeuse du globe, des fluides métalliques d'une nature ferrugineuse, doués de propriétés magnétiques.

On a avancé que les proportions d'oxygène et d'azote n'étaient plus les mêmes dans les régions supérieures de l'atmosphère, mais M. Gay-Lussac a démontré qu'elles ne variaient pas; les substances qu'on a dit être contenues accidentellement dans l'air, excepté la vapeur d'eau, sont toujours en petite quantité, et n'atteignent jamais une grande hauteur. Ainsi, l'acide carbonique existe d'une manière égale dans les hautes et basses régions; la vapeur d'eau est répartie de telle sorte que sa présence n'est sensible qu'à l'hygromètre, et son mode de répartition est soumis à certaines conditions. On sait qu'il y en a six à sept fois moins à 5,000 mètres de hauteur qu'immédiatement au-dessus du sol; elle s'élèverait beaucoup plus haut, si elle n'était arrêtée dans son mouvement ascensionnel et condensée par l'abaissement de la température des couches supérieures.

Il y a aussi dans l'atmosphère des produits gazeux résultant de la décomposition des matières organiques, de l'évaporation des eaux de la mer, des émanations des sources minérales, des solfatares, etc., etc., qui peuvent, à la longue, déterminer certains effets. Ainsi, on a dit qu'il était possible que l'azote et l'hydrogène qui se dégageaient de ces substances donnassent naissance, en gagnant les régions supérieures, à certains phénomènes météoriques. Nous n'examinerons pas ici si ces deux gaz existent réellement à certaines hauteurs; cette explication trouverait sa place si nous avions à nous occuper des phénomènes qui naissent et se développent dans les diverses régions atmosphériques; il suffira de faire remarquer que la composition de l'air présente des particularités qui n'ont pas été suffisamment appréciées, et des qualités délétères inexplicables. On n'est pas encore parvenu à en donner une explication plausible alors qu'on les rencontre sous les plus beaux climats, que la végétation est très-riche, et que les animaux n'en sont pas affectés d'une manière sensible. On ne peut dire que les défrichements en soient la principale cause, quoique cependant il y ait dans l'histoire de plusieurs colonies des exemples qu'ils puissent produire les effets les plus fâcheux.

La composition de l'atmosphère éprouve bien certainement une modification plus ou moins profonde du mouvement de décomposition et de transformation que lui font subir la respiration des animaux, les émanations de diverse nature qui s'échappent des matières organiques, etc., etc. Mais il ne saurait résulter de ce fait rien qui puisse déterminer les variations très-notables que l'on observe dans la qualité de l'air.

Du reste, nos moyens d'analyse sont trop insuffisants, les hauteurs auxquelles nous pouvons atteindre sont trop restreintes pour que la constitution chimique de ce fluide nous soit jamais bien connue. Tel que l'analyse nous le montre, il est indispensable à la respiration des animaux et à la végétation des plantes. Que si les éléments dont il se compose se trouvaient dans des proportions différentes, il est certain que la vie cesserait dans le plus grand nombre des espèces qui peuplent le globe.

FORME ET ÉTENDUE. — La forme de l'atmosphère approche beaucoup de celle du sphéroïde. Son volume égale la trente-sixième partie de la surface du globe, et sa constitution est la même, sous quelques latitudes qu'on l'observe. Sa hauteur n'est pas parfaitement connue; calculée d'après la loi de Mariotte (1), on trouve qu'elle est illi-

(1) Mariotte a démontré que le volume d'un gaz est en raison inverse de sa pression.

mitée. Cependant, si l'on considère que l'atmosphère est composée d'un grand nombre de couches dont la densité diminue à mesure qu'on s'élève dans les régions supérieures, on verra qu'en tenant compte des lois de la pesanteur et de la diminution progressive dans la dilatation des couches d'air, il est possible de lui assigner des limites. La preuve de cette assertion se trouve dans ce fait généralement admis, qu'il n'existe autour de la lune aucune atmosphère sensible.

On a calculé qu'à environ 80,000 mètres de hauteur, la rareté de l'air doit être telle, que sa présence n'y produit aucune indication marquée.

Le poids de la masse atmosphérique est égal à celui d'une couche d'eau de 10^m 40 de hauteur, ou à celui d'une couche de mercure de 0^m 765 qui pèserait sur tous les points du globe, ce qui donne un poids total de 5,287,120,000 kilogrammes, la superficie de la terre étant, comme nous l'avons vu plus haut, de 5,098,587 myriamètres carrés. Le corps de l'homme offrant, terme moyen, une surface de 5^m 60, supporte un poids égal à 16,447 kilogrammes, poids qui nous paraît nul, parce que l'air nous presse de toutes parts.

On sait que les liquides se laissent pénétrer par l'air atmosphérique, qu'ils le tiennent en dissolution, qu'au sortir de l'eau celui-ci est plus riche en oxygène que l'air libre, et que la quantité de gaz dissous est en raison directe de la pression. Vingt-cinq litres d'eau, sous la pression ordinaire, contiennent un litre d'air ; la portion d'air qui a pénétré dans les eaux de l'Océan et dans l'intérieur des terres n'est guère que la 150e partie de la masse atmosphérique.

D'après la nature des débris organiques fossiles, beaucoup de physiciens sont assez disposés à croire que l'atmosphère n'a pas subi de changement considérable depuis l'origine des temps, et que sa pesanteur n'a pas varié. Or, si l'organisation obéit aux mêmes lois, c'est que la pression atmosphérique, ce mode d'action si puissant sur les végétaux et les animaux, est resté à peu près la même; c'est que les modifications subies par le milieu ambiant ont été peu profondes. Rappelons ici qu'aucun végétal ne peut vivre à une pression moitié moins grande que celle actuelle; qu'en s'élevant à une certaine hauteur, la vie s'éteint chez les animaux, la pression atmosphérique n'étant plus en rapport avec leur organisation, et qu'enfin l'homme est celui de tous les êtres de la création qui peut supporter les différences de pression les plus grandes. Ce n'est qu'à 7,000 mètres d'élévation que les phénomènes vitaux chez l'homme éprouvent de puissantes modifications; ainsi, la rareté de l'air rend la respiration pénible, haletante, on ne tarde pas à éprouver des syncopes plus ou moins fréquentes; la pression ayant diminué considérablement, le sang menace de s'échapper des vaisseaux qui le contiennent, et le plus souvent des hémorragies abondantes se manifestent. L'abaissement de la température étant très-marqué, le froid le plus vif se fait sentir. Ainsi, lorsque le thermomètre de M. Gay-Lussac marquait 9 — 0, la température du lieu au-dessus duquel il observait était de 27 + 0.

DE LA TEMPÉRATURE ATMOSPHÉRIQUE.

Le rôle que la chaleur joue dans la plupart des actions physiques et chimiques qui se passent dans le sein de l'atmosphère, mérite de fixer l'attention du géologue.

Nous étudierons donc ses causes, ses effets généraux, puis nous passerons aux faits observés, et nous tâcherons d'en déduire les lois que suit la chaleur dans ses rapports avec l'atmosphère.

Le soleil est la cause principale de tous les phénomènes de température qui ont lieu à la surface du globe.

Les émanations calorifiques que nous envoient les corps célestes, celles qui proviennent des combinaisons sans nombre qui se passent autour de nous, ont trop peu d'intensité pour être prises en grande considération. De plus, l'air atmosphérique a une certaine charge de chaleur thermométrique qui, de l'intérieur du globe, arrive à la surface et équivaut à 1|30° de degré environ.

Et d'abord, la chaleur solaire se propage par voie de rayonnement. Tantôt elle est réfléchie, tantôt elle est absorbée. Son caractère essentiel est de tendre continuellement à se mettre en équilibre. Ainsi, deux corps, dont l'un est chaud et l'autre est froid, finissent par affecter une température égale.

Les expériences faites pour déterminer la température de l'espace la font supposer comme étant de 60 à 70 degrés au-dessous de zéro. Il suit de là que la terre doit à la présence du soleil, à la manière dont ses émanations calorifiques se comportent en traversant des couches de densité différente, toute la chaleur qui se trouve au-dessus du terme qui vient d'être indiqué, puisque celui-ci représente la température de la partie la plus élevée de l'atmosphère.

Lorsque l'on veut connaître la température moyenne d'un lieu pour un jour donné, on prend la moitié de la somme de deux observations thermométriques faites l'une, au moment du lever du soleil, l'autre, environ deux heures après que cet astre est parvenu à sa plus grande hauteur, et l'on a la quantité cherchée.

Dans l'état le plus habituel de l'atmosphère, une seule observation faite vers neuf heures du matin ou à l'instant du coucher du soleil donne sensiblement le même résultat.

Ainsi en parcourant la moyenne de toutes les observations recueillies dans l'espace d'un mois, on obtient la température moyenne de ce mois. Le douzième des valeurs moyennes relatives à chacun des mois de l'année donnera la température moyenne annuelle.

On a reconnu, en comparant les résultats de plusieurs années d'observations, que, dans nos climats, le mois de janvier est le temps le plus froid de l'année; que la température s'élève lentement pendant février, mars et avril; qu'elle croît ensuite bien plus rapidement pendant les mois de mai, juin, juillet, août, et qu'après cette époque elle diminue graduellement pour recommencer une nouvelle période.

L'abaissement de température que l'on observe à mesure que l'on s'éloigne de l'équateur thermal est peu sensible jusqu'au 20e degré de latitude nord et sud. Il est double du 20e au 40e degré; la zone sous laquelle ce décroissement est plus rapide se trouve comprise entre les 40e et 45e degrés. En France, il est d'un degré pour 168 kil. On a remarqué qu'il offrait de fréquentes variations dans sa marche. Ainsi des lieux situés à une égale distance de l'équateur, et dans le même hémisphère, ont souvent des températures très-différentes. Varsovie, qui est à 52°14' de latitude, a une température plus élevée que celle de Québec, qui est à 46°47'. Dans la première de ces villes, l'indication thermométrique a pour moyenne 9° 2'; à Québec, elle est de 5° 4'.

Les positions du soleil et de la terre étant, à des époques correspondantes annuelles, exactement les mêmes, pourquoi ne voit-on pas, sur chaque parallèle, les mêmes températures se renouveler périodiquement? Les causes de ces anomalies s'expliquent aisément par l'élévation des lieux au-dessus du niveau de l'Océan, par la disposition des terrains, leur exposition, la direction ordinaire des vents, leur intensité, le voisinage des montagnes, etc., etc.

Il résulte de là que si l'on traçait à la surface du globe des lignes *isothermes*, c'est-à-dire des lignes passant par des lieux qui, également élevés au-dessus du niveau de la mer, ont une même température, ces lignes non-seulement ne seraient point parallèles à l'équateur, mais encore pourraient fort bien n'être pas parallèles entre elles.

L'étendue des variations thermométriques à la surface du globe n'a pu être établie qu'au moyen de calculs approximatifs. On a supposé qu'au pôle la température moyenne devait être environ de — 23°. Le plus grand froid pouvait être de — 57°. La plus grande chaleur mesurée étant de 54 + 0, on aurait ainsi une différence de 111° entre les températures observées dans l'atmosphère, et le terme de congélation de l'eau occuperait à peu près le milieu de l'échelle.

La température présente un autre genre de variation dans sa distribution; elle décroît en hauteur. M. de Humboldt, qui a traité cette question dans son mémoire *sur les lignes isothermes*, et qui a fait à ce sujet un grand nombre d'observations en Amérique, a trouvé une très-grande inégalité dans la loi du décroissement à diverses hauteurs : le terme moyen lui a paru être de 200^{m} par degré du thermomètre centigrade. Saussure conclut des savantes recherches auxquelles il s'est livré que, dans nos climats, la température de l'air décroît en été d'un degré du thermomètre centigrade par 156 mètres d'élévation, en hiver d'un degré par 230 mètres. Saussure place à 12 ou 14,000 mètres au-dessus du niveau des mers le terme où cesse toute variation diurne et annuelle.

Ce phénomène reconnaît pour causes les modifications que les rayons calorifiques font subir aux diverses couches de l'atmosphère en les traversant. La progression suivant laquelle s'opère ce décroissement est loin d'être bien déterminée. Euler admettait une progression géométrique; Laplace, une progression arithmétique; la plupart des physiciens pensent aujourd'hui que cette diminution suit une progression moyenne, harmonique, qui tient le milieu entre la progression arithmétique et la progression géométrique.

Ainsi, quand on s'élève dans les hautes régions de l'air, le thermomètre indique, par un prompt abaissement, la diminution graduelle de la température, et l'on atteint bientôt le point où la glace et la neige cesseraient de se fondre si la différence des saisons ne lui faisait subir aucune variation; cette modification est assez puissante dans nos latitudes pour élever la limite inférieure des neiges perpétuelles à trois ou quatre degrés au-dessus du zéro moyen de l'échelle thermométrique. Sur les Alpes suisses et sous la moyenne parallèle de 45°, Saussure a cru pouvoir fixer cette limite à 2,600 mètres. Dans la Sibérie, elle ne s'élève au-dessus du sol que de 800 à 1,000 mètres; en Laponie et au Groenland, elle est seulement de 140 à 160 mètres; enfin, à l'extrémité nord de l'Europe, elle descend au niveau des plaines et des mers.

La latitude n'est pas le seul élément de la hauteur de la limite des neiges : on doit encore tenir compte des circonstances locales, du voisinage des grands glaciers, et surtout de l'exposition du sol. La disposition des terrains en plateaux ou en versants, leur inclinaison au nord ou au midi font tellement varier cette limite, que Parrot, après l'avoir signalée à 2,550 mètres sur le versant septentrional des Pyrénées, l'a trouvée à près de 3,000 mètres sur le versant méridional.

Saussure place à 14,000 mètres d'élévation le terme où cesse toute variation diurne et annuelle. Dans ces régions où l'air a atteint sa plus grande pureté, les rayons solaires traversent ce fluide sans l'échauffer ni le jour ni la nuit, ni l'été ni l'hiver; toutes les vapeurs aqueuses, tous les nuages qui s'élèvent jusqu'à ces hauteurs se congèlent et retombent à l'état de grésil ou de neige.

Lorsque l'air ne peut plus tenir suspendues les vapeurs qui se rassemblent au sommet des hautes chaînes de montagnes, ces vapeurs tombent, se cristallisent en petites étoiles rayonnées, et forment des amas de neige qui durent plus ou moins longtemps, selon que la cime qu'elles couvrent est plus ou moins élevée; ces neiges amoncelées pendant la longue durée des hivers acquièrent par l'alternative des fontes et des regels une densité considérable, et revêtent en même temps les formes les plus bizarres. De ces champs de neige naissent les glaciers, grands fleuves congelés qui descendent lentement des hautes vallées, et s'étendent jusque dans les vallées inférieures.

CHAPITRE IV.

DE LA CONSTITUTION DU SOL.

Des minéraux. — Des roches. — Différence entre un minéral et une roche. — Composition. — Texture. — Cohésion. — Cassure. — Dureté. — Structure. — De la stratification. — Couches. — Direction. — Inclinaison. — Puissance. — Allures. — Assises. — Bancs. — Lits. — Plans de joint. — Joints de stratification. — Fissures. — Failles. — Couches subordonnées. — Stratification concordante. — Stratification discordante. — Causes de la stratification. — Superposition. — Filons. — Gangues. — Veines. — Dikes. — Coulées. — Amas. — Blocs. — Rognons. — Nids. — Cailloux. — Noyaux. — Grains. — Cristaux. — Passage d'une roche à une autre. — Tableau des roches essentielles à connaître.

On donne le nom de *croûte du globe* à cette petite portion de l'extérieur de notre planète accessible à l'observation de l'homme; elle se compose de masses minérales distinctes, arrangées dans un certain ordre, et dont l'épaisseur constitue à peine la 400e partie de la distance qui sépare la surface du centre.

Les associations naturelles des corps inorganiques connus sous le nom de minéraux, leur manière d'être dans l'écorce terrestre, l'étendue et les limites des dépôts qu'ils constituent, les relations de ces dépôts entre eux, les phénomènes dont ils sont ou ont été le théâtre, etc., forment la série des faits qui nous occuperont d'une manière spéciale. Nous indiquerons les usages de ces diverses substances toutes les fois qu'elles nous présenteront des matières utiles à l'agriculture, à l'industrie et aux arts.

Considérés dans leurs rapports avec la constitution du sol, les minéraux proprement dits, sur environ 200 espèces distinctes connues, entrent comme matériaux essentiels dans la composition de la croûte du globe pour une proportion de 20 à 30 espèces au plus. Les autres se rencontrent disséminés en petite quantité dans les parois de certaines fentes, de géodes, de cavités, de filons, etc.

ROCHES. — On donne le nom de *roches* aux minéraux ou associations de minéraux qui se trouvent en masses continues, assez considérables pour qu'on puisse les regarder comme principes constituants du globe, quels que soient leur dureté, leur nature et l'état dans lequel elles se présentent. Un *minéral* diffère d'une *roche* en ce que les matières qui le composent ne sont qu'en petite quantité, et n'ont aucune influence sur la nature ou sur la forme extérieure du sol. Il est toujours le résultat de la combinaison en proportions définies de plusieurs éléments, tandis que la *roche* est le mélange en proportions indéfinies de plusieurs espèces.

Deux méthodes sont indiquées pour étudier la manière d'être des roches dans la nature : la méthode minéralogique et la méthode géognostique. Nous avons cru devoir commencer par la première, car il nous a paru rationnel d'examiner isolément et en eux-mêmes les matériaux dont se compose la croûte minérale, avant de passer à la connaissance des rapports d'âge et de position qu'ils affectent entre eux. Leurs caractères extérieurs et purement minéralogiques une fois connus, nous étudierons l'histoire des formations et celle des terrains.

COMPOSITION. — Les roches sont *simples* ou *homogènes* lorsqu'elles ne présentent qu'une seule substance minérale avec tous les caractères qui peuvent la faire distinguer comme espèces (roches *phanérogènes* de Haüy); mais il arrive assez souvent que cette substance est un mélange de parties extrêmement ténues, confondues ensemble, et qui n'offrent point les caractères positifs d'un minéral connu (roches *adélogènes* de Haüy, houille, marne, schiste).

Les roches sont *composées* ou *hétérogènes* lorsqu'elles sont formées de la réunion visible de plusieurs minéraux également reconnaissables. Ainsi, la chaux carbonatée est une roche *simple*, dans laquelle il n'entre que du calcium et de l'acide carbonique. Le granit est une roche *composée*, parce qu'il est le produit d'un mélange plus ou moins intime de cristaux très-distincts de feldspath, de quartz et de mica. Les roches *composées* ont été divisées en roches de *cristallisation* et en roches d'*aggrégation*.

On distingue dans la composition d'une roche hétérogène les parties *constituantes* ou *essentielles*, les parties *accessoires* et *accidentelles*. Dans le granit, par exemple, le feldspath et le quartz sont des composants *essentiels*, le mica est *accessoire*, le grenat, l'épidote et la tourmaline sont *accidentels*.

Lorsque, dans une roche composée, un des principes *constituants* l'emporte sur les autres en quantité notable, la roche tire son nom de l'élément prédominant; ainsi, une roche est dite *feldspathique*, *quartzeuse*, *micacée*, *talqueuse*, etc., etc., selon que le feldspath, le quartz, le mica ou le talc dominent.

TEXTURE. — On désigne par ce mot le caractère particulier que présentent la pâte d'une roche, la grosseur et l'aspect de ses parties composantes. Ainsi, la texture sera *homogène* ou *hétérogène* : *compacte*, comme dans certains calcaires; *grenue*, lorsqu'elle semblera formée de grains juxtà-posés sans ciment (granit); *empâtée*, lorsqu'une pâte homogène enveloppera des cristaux ou des fragments (porphyre, poudding); *cellulaire*, lorsque la pâte sera remplie de cavités (meulière, lave poreuse); *saccharoïde*, lorsque ses lamelles présenteront l'aspect du sucre cristallisé (marbre de Carrare); *globuliforme* ou *oolithique*, lorsqu'elle offrira comme une réunion de petits œufs de poissons (calcaire oolithique); *lamellaire*, lorsque ce sont de petites lamelles cristallines (comme dans le marbre de Paros).

COHÉSION. — Les caractères que le mode de cohésion présente peuvent être rapportés à quatre :

1° SOLIDE. — Une roche est *solide* lorsque ses parties élémentaires sont fortement liées entre elles (porphyres);

2° FRIABLE. — On dit qu'une roche est *friable* lorsque ses éléments se désagrègent facilement, soit par la percussion, soit par l'action des modificateurs atmosphériques, comme cela a lieu dans beaucoup de grès et de granits;

3° TENACE. — Une roche est *tenace* lorsque sa cassure est difficile à opérer, c'est-à-dire que ses parties sont plus fortement liées que si elle était solide, comme dans la serpentine;

4° AIGRE. — Une roche est *aigre* quand elle se casse aisément (quartzite).

CASSURE. — Le mode suivant lequel la cassure a lieu

fournit des caractères importants, à l'aide desquels on peut parvenir à reconnaître une roche.

Elle est *unie* lorsque les parties sont solidement liées par une pâte (porphyres); *raboteuse*, comme dans les granits; *grenue*, lorsque la roche est plus ou moins friable, comme dans certains grès; *conchoïde*, lorsqu'elle est convexe d'un côté, concave de l'autre (calcaires à texture compacte); d'autres fois elle est *lisse*, *écailleuse*, *cireuse*, *droite*, *conique*.

DURETÉ. — La dureté d'une roche dépend des éléments qui la composent. Ainsi elle est très-dure, dure, médiocrement dure, tendre, fragile, friable. Une roche peut être très-dure et avoir peu de ténacité, car ce dernier caractère ne dépend point de la dureté.

STRUCTURE. — On entend par ce mot l'arrangement *des parties composantes* d'une roche.

Cette définition, comme on le voit, n'est pas applicable aux espèces minérales, puisque dans celles-ci la structure est déterminée par *l'arrangement des molécules.* Cependant on trouve dans certaines roches adélogènes une structure analogue à celle des espèces minérales. Nous ferons remarquer aussi que la différence principale entre la *texture* et la *structure* d'une roche, est que les fragments les plus ténus caractérisent la *texture*, et qu'il faut des fragments d'un certain volume pour bien apprécier la *structure.*

On peut distinguer dans les roches sept modes différents de structure :

1° SPHÉROÏDALE. — Cette dénomination s'applique à la structure des roches composées de parties disposées en sphéroïdes (variolites, pyromérides, diorite orbiculaire);

2° Fragmentaire. — Se dit de la structure des roches qui se divisent en fragments anguleux dans diverses directions (trapps);

3° Entrelacée. — C'est celle des roches composées de deux substances, dont l'une en petites veines et l'autre en petites masses, qui s'engrènent les unes dans les autres et qui sont liées par un ciment (ophicalces, ophiolithes, marbre de Campan);

4° Feuilletée. — Cette structure est celle qui donne à une roche l'aspect d'une réunion de feuillets (schiste ardoisier);

5° Arénacée. — Se dit des roches qui doivent leur existence à des fragments de roches préexistantes, gros ou petits, réunis le plus ordinairement par un ciment (conglomérats); quand les grains sont très-fins, la roche prend le nom de grès; s'ils sont gros, on l'appelle poudding ou brèche; poudding, lorsque les fragments sont des galets arrondis; brèche, si ceux-ci sont anguleux;

6° Amygdaloïde. — Cette structure se trouve dans les roches qui offrent de petits rognons de substances diverses empâtés dans une masse minérale de nature également variable. Parmi ces roches, les unes sont à rognons ou noyaux contemporains, de même nature que la pâte, adhérant fortement à cette dernière; leur intérieur est compacte ou cristallisé (granit orbiculaire et porphyre orbiculaire de Corse). Les autres sont à noyaux un peu postérieurs ou douteux; leur forme est aplatie, parfois irrégulière; leur structure à l'intérieur est cristalline, rarement rayonnée, non concentrique; on n'observe pas de cavités, et ils adhèrent peu à la pâte. Les dernières sont à noyaux postérieurs à la pâte; celle-ci est compacte, quelquefois saccharoïde; les noyaux ne montrent aucune tendance à cristalliser extérieurement; ils sont sphéroïdaux ou ellipsoïdes, formés de couches concentriques plus ou moins distinctes; ce sont souvent des géodes d'agate, dont l'intérieur est tapissé de cristaux d'améthyste. Les pouddings se rapprochent des roches amygdaloïdes, mais ils en diffèrent par leurs noyaux arrondis, qui ne sont jamais ni lamelleux, ni cristallins, ni rayonnés, ni formés de couches concentriques;

7° Prismatique. — Cette structure se montre dans beaucoup de roches d'origine ignée (basaltes, trapps, diorites), et dans des roches de sédiment, comme les marnes et souvent les gypses.

DE LA STRATIFICATION.

Les matières qui composent la croûte minérale se présentent sous des formes diverses, qu'on peut ranger dans deux grandes divisions : 1° les *masses stratifiées*, 2° les *masses non stratifiées*.

La stratification est la division d'une masse minérale, en couches plus ou moins épaisses, par des fissures ou joints parallèles, étendus, peu distants, et qui sont le résultat, tantôt du mode de formation, tantôt de la nature de la roche. Les *couches* (*strata*) sont des masses minérales plus ou moins considérables, qui ont deux faces sensiblement parallèles, dont l'étendue en longueur et en largeur serait indéfinie, si elles n'étaient accidentellement bornées par les escarpements, par les flancs des vallées et des bassins dans lesquels se sont déposées les matières qui les constituent. Elles sont horizontales, inclinées, planes, contournées ou repliées en zig zag. (Fig. 7, 8, 9, 10, 11.)

Dans la détermination de la stratification d'une masse minérale, on doit considérer : 1° la direction des couches; 2° leur inclinaison; 3° leur épaisseur; 4° les variations dans leur allure, c'est-à-dire dans leur direction, leur inclinaison et leur épaisseur. La *direction* d'une couche est le sens dans lequel se dirige une ligne horizontale, tracée dans le plan de cette couche. L'*inclinaison* d'une ou plusieurs couches est l'angle que celles-ci forment avec l'horizon. Cette inclinaison varie depuis la ligne horizontale jusqu'à la verticale. (Fig. 7.)

Les lignes de *direction* et d'*inclinaison* se coupent toujours à angle droit; ainsi, lorsqu'une couche plonge de l'est à l'ouest, elle se dirige du nord au sud.

L'épaisseur d'une couche, d'une masse ou d'un système de couches, est désignée par le mot *puissance;* elle se prend perpendiculairement aux joints de stratification de la masse dont on veut connaître la puissance. Cette épaisseur n'a rien de bien déterminé; ainsi il arrive fréquemment que, dans un espace donné, elle présente une augmentation et une diminution considérables. Ces variations en direction, en inclinaison et en épaisseur forment les diverses circonstances de l'*allure* des couches ou strates.

Les couches sont subdivisées en *assises* ou *lits* distincts par des variations de couleur, de texture ou de composition, et dont les plans de séparation sont parallèles à ceux de la couche elle-même.

Les dénominations *bancs* et *lits* sont ordinairement employées dans le même sens que celui de *couche;* néanmoins, ils en diffèrent en ce que le mot *banc* s'applique à des couches cohérentes, et le mot *lit* à des couches meubles. Ainsi on dit : une montagne composée de *couches* calcaires, renfermant quelques *bancs* de silex et quelques *lits* d'argile.

On nomme *plans de joint* les surfaces d'une couche, et *joints de stratification* les espaces vides qui les séparent. (Fig. 8, *a*, *c*.)

Une *fissure* est une fente accidentelle qui traverse une couche dans son épaisseur, et quelquefois une masse composée de plusieurs couches. (Fig. 8, *bb*.)

Lorsqu'une *fissure* offre, sur une grande étendue, une largeur et une profondeur considérables, elle reçoit le nom de *faille*. (Fig. 8, *dd*.)

Si des couches puissantes alternent avec d'autres beaucoup plus minces, on appelle celles-ci des couches *subordonnées*. Ainsi, à Montmartre, les petites couches de marne qui séparent les assises du gypse, sont des couches *subordonnées*.

Des couches de différentes formations, inclinées dans le même sens et suivant le même angle, constituent une stratification *concordante;* par opposition, celle-ci est dite *discordante* lorsqu'une série est placée au-dessus d'une autre, de telle sorte que les plans de la série supérieure reposent sur les tranches de la série inférieure. Dans ce cas, il est évident qu'entre la production des deux suites de strates, une certaine période a dû s'écouler, et que, durant cet intervalle, la série inférieure, ayant été dérangée, par suite de quelque choc violent, de son gisement primitif, s'est inclinée ou est devenue verticale, d'horizontale qu'elle était primitivement. (Fig. 8, 9, 10.)

La cause de la stratification des roches et des diverses circonstances qu'elle présente, n'est pas encore bien connue. Lorsqu'on examine la coupe de certains terrains, on reconnaît aisément que les couches ou strates sont le résultat de dépôts qui se sont formés successivement, qu'entre chacun d'eux il s'est écoulé un certain intervalle de temps, que l'un était déjà plus ou moins consolidé lorsque l'autre s'est déposé, et qu'ainsi les joints qui séparent ces différentes couches devaient être bien distincts; mais dans d'autres circonstances, il n'est plus possible de considérer les couches comme des dépôts successifs, ni leurs joints comme l'effet d'un laps de temps écoulé entre leur formation; cette division paraît dépendre principalement de la nature de la roche, et non de la manière dont celle-ci a pu être formée ou déposée.

L'expression *superposition* est employée pour indiquer les rapports de position qui existent entre les divers terrains ou entre les roches différentes qui entrent dans la composition d'un même terrain. La détermination de l'âge relatif des divers dépôts sédimentaires se déduit principalement de ce mode d'épreuve. Ainsi, dans une série de couches horizontales, le lit supérieur est le plus récent de tous; celui qui sert de base aux autres est le plus ancien. On a comparé cette disposition de couches à une pile de livres d'histoire entassés successivement les uns sur les autres, à mesure que chaque auteur y a consigné les annales de son temps, et placés de telle sorte, que le dernier écrit se trouve toujours immédiatement au-dessus de celui qui renferme le récit des événements de l'époque précédente. Il serait facile de reconnaître cet ordre de superposition, si la terre s'était successivement enveloppée de couches concentriques non interrompues, et si chacune de celles-ci recouvrait en tous points celle qui l'a précédée. On sait qu'il n'en est pas ainsi; l'enveloppe minérale ne se divise pas en feuillets dont le nombre soit égal sur tous les points; elle se compose plutôt de lambeaux de formes irrégulières, de nature et d'origine différentes, placés à côté ou au-dessus les uns des autres, de manière que les plus anciens dépôts, n'ayant jamais été recouverts par d'autres dans certaines de leurs parties, ou ayant été dénudés après coup, peuvent, aussi bien que les dépôts les plus modernes, paraître à la surface du sol. Toutefois, en étudiant avec soin la manière d'être des couches, leur mode de formation, la disposition de leurs éléments constitutifs, on s'aperçoit que leur superposition est soumise à des lois dont l'application est la même, en quelque point de la terre que l'observateur se trouve placé. Ainsi, le terrain qui dans une localité en recouvre un autre, ne pourra jamais se trouver au-dessous de lui; nulle part on ne rencontrera le terrain *secondaire* superposé au terrain *tertiaire*. L'arrangement de ces diverses masses minérales est disposé de telle sorte que si l'on voit une roche, on peut présumer avec certitude qu'elle est accompagnée, suivie ou précédée de roches offrant des caractères propres à la distinguer d'une autre.

MASSES NON STRATIFIÉES. — Les *masses non stratifiées* sont abondamment répandues sur la surface du globe et présentent une épaisseur considérable. Elles se trouvent mêlées avec presque toutes les roches stratifiées, et ont tous les caractères de roches projetées de bas en haut du sein de la terre. Nous examinerons plus tard leur origine, leur composition, leur forme et la position qu'elles occupent dans l'enveloppe terrestre.

FILONS. — Les *filons* sont des masses minérales aplaties, dont les faces ne sont pas parallèles, et qui se terminent en coin à des distances plus ou moins grandes. Ils coupent les couches des terrains qu'ils traversent en suivant une direction qui approche plus ou moins de la verticale. (Fig. 12, AA.)

Les filons se divisent souvent en plusieurs branches, mais presque toujours sur le même plan. Il peut arriver que plusieurs systèmes de filons se rencontrent et se croisent; quand ils se coupent, cela est un indice de formations différentes; il est évident que le filon coupé est plus ancien que celui qui le coupe. Quelquefois cette intersection de deux filons consiste dans un simple écartement des parties coupées; plus souvent, il y a en même temps déplacement dans un sens et dans l'autre. La matière qui remplit les filons diffère presque toujours de celle de la masse aux dépens de laquelle ils sont formés. C'est ordinairement le quartz, le calcaire, la fluorine, la barytine, ou bien des agrégats de sable et d'argile; leurs dimensions et leurs richesses sont extrêmement variables. Rarement la largeur excède un mètre; cependant on en cite plusieurs où cette dimension est de 10 à 40 mètres. Les filons larges et d'une grande étendue ne sont ordinairement pas les plus abondants en substances métalliques; il semble que la matière métallifère ait été trop peu abondante pour subvenir au remplissage des grandes cavités.

La roche que le filon pénètre, la profondeur à laquelle il s'étend, son élévation plus ou moins grande au-dessus du niveau de la mer, influent beaucoup sur la nature et la quantité du minerai.

Les filons contiennent beaucoup de minéraux à l'état de cristallisation; certains minerais s'y rencontrent fréquemment associés, d'autres semblent s'exclure mutuellement. Ainsi, il est ordinaire de trouver la blende avec la galène, le nikel et le bismuth, l'étain avec le wolfram, le molybdène et la pyrite arsenicale, tandis qu'on ne voit presque jamais l'étain avec le minerai d'argent, etc.

GANGUE. — On donne le nom de *gangue* à la substance minérale qui enveloppe le minerai dans un filon métallifère.

VEINES. — Les *veines* sont de très-petits filons longs et étroits, simples ou ramifiés, tantôt droits, tantôt contournés. Elles traversent certaines roches dans tous les sens, se croisent et se coupent les unes les autres. Tantôt elles sont formées de matières différentes de celles de la masse dans laquelle elles se trouvent; tantôt, au contraire, la matière est de même nature que la masse et n'en diffère que par la structure et la couleur (marbres divers, etc.) (Fig. 13, *bb.*)

DIKES. — Les *dikes* ou *murs du diable* sont des filons composés de basaltes, de porphyres ou de roches d'origine ignée. Ils se présentent souvent comme des espèces de murs qui se prolongent au milieu de roches de nature différente. On remarque, en général, que l'épaisseur des dikes augmente à mesure qu'ils s'enfoncent davantage. Leur profondeur est inconnue. (Fig. 13, AA.)

COULÉES. — Les *coulées* sont des dépôts superficiels qui ont pour caractère principal de présenter la forme d'un torrent qui se serait subitement solidifié (laves). La masse fluide qui constitue une coulée, peut passer à l'état de *filon*, de *couche* et de *masse non stratifiée*.

AMAS. — Les dépôts de matières qui ne s'étendent pas indéfiniment comme les couches, mais qui, au contraire, sont limités en tous sens, ou en grande partie, par des matières environnantes, portent le nom d'*amas*. Ils sont assez souvent situés dans l'épaisseur même d'une couche, ou intercalés entre deux couches horizontales. Leur velume est très-variable ; on les rencontre sous la forme de *boudins*, d'*œufs*, de *lentilles*, de *nappes*, de *bateaux*, de *poches*. Il en est dont les proportions gigantesques atteignent jusqu'à plusieurs milliards de pieds cubes.

Lorsque les amas offrent de très-petites dimensions, on les distingue par des dénominations particulières, dont les principales sont : 1° les blocs ; 2° les rognons ; 4° les nids ; 4° les cailloux ; 5° les noyaux ; 6° les fragments anguleux ; 7° les grains.

BLOCS. — On appelle *blocs*, des portions de roches d'un volume supérieur à une tête d'homme, à forme ou anguleuse ou arrondie. On les trouve sur le sol ou dans des masses d'une nature ou d'une texture différentes. Ce mot est aussi employé pour désigner des parties cohérentes, formées à la manière des amas et qui se trouvent dans des masses meubles ; c'est ainsi que l'on dit ordinairement des *blocs* de grès enfouis dans le sable, plutôt que des *amas* de grès.

ROGNONS. — Les *rognons* sont des fragments de roches cohérentes qui diffèrent des blocs par des dimensions moindres, et se trouvent ordinairement intercalés dans des masses plus considérables ; leurs formes sont, en général, arrondies ou réniformes.

NIDS. — Les *nids* sont des amas de matières meubles et friables, de forme irrégulière, peu volumineux, qui sont empâtés çà et là dans l'intérieur des couches.

CAILLOU. — On entend par *caillou* un fragment de roche, généralement arrondi par les eaux, qui se trouve, soit à la surface du sol, soit dans des dépôts meubles.

NOYAUX. — Le nom de *noyaux* est donné à des masses sphéroïdales encore plus petites que les *rognons*, servant assez souvent de centre à certaines matières qui se sont modelées autour d'eux. Cohérents, ils forment une partie essentielle des roches à texture poudingiforme et amygdaloïde.

FRAGMENTS ANGULEUX. — On désigne sous le nom de *fragments anguleux* « tous les fragments qui n'ont pas les formes arrondies qui caractérisent les rognons, les cailloux et les noyaux, et qui ne sont pas assez volumineux pour être appelés *blocs*. » (O. d'Halloy.) Cette espèce de fragments entre comme élément principal dans la composition des roches bréchiformes.

GRAINS. — Le nom de *grains* s'applique à de petites portions de substances minérales dont le volume dépasse rarement celui d'un pois.

DE LA CRISTALLISATION. — Les formes cristallines paraissent tenir à certaines propriétés inhérentes à la plupart des corps, en vertu desquelles leurs molécules tendent à se réunir sous une forme géométrique dans des circonstances données. La manière dont les corps bruts peuvent cristalliser, la nature des polyèdres qu'ils présentent, les analogies qui peuvent exister entre les uns et les différences que peuvent offrir les autres, ayant peu de rapport avec la structure du globe, nous ne devons pas nous en occuper. La cristallisation constitue une des branches les plus importantes de la minéralogie, science dont nous supposons la connaissance à celui qui veut étudier avec fruit la géologie.

PASSAGE D'UNE ROCHE A UNE AUTRE. — De même que, dans la série des êtres organisés la différence entre les animaux et les végétaux n'est tranchée nettement qu'autant qu'on fait abstraction des êtres qui se trouvent vers les points de contact de ces deux règnes, de même, en géologie, une roche ne se distingue d'une autre, qu'autant qu'elles ne se touchent pas dans la série naturelle.

Le passage des unes aux autres se fait par des nuances presque insensibles. Tantôt il est dû à des modifications dans la nature et le nombre des parties qui composent la roche; tantôt il est le produit de l'altération d'une ou plusieurs de ces parties; d'autres fois, enfin, un changement de texture en est la cause.

Dans le premier cas, le *granit*, par exemple, qui se compose de quartz, de feldspath et de mica, passe à la *protogyne* à mesure que le mica est remplacé par le talc; lorsque le mica fait place à l'amphibole, la roche prend le nom de *syénite;* si le granit perd son mica sans que cette substance y soit remplacée, il devient une *pegmatite.*

Dans le second cas, si le *mica* du *granit* s'altère et prend l'aspect du *talc*, il est difficile de décider si la roche est encore un *granit*, ou si elle est devenue une *protogyne;* dans le troisième cas, enfin, la texture grenue du *granit* passe à la texture compacte pour former le *porphyre.*

Afin de rendre plus facile l'étude des roches, nous donnons ici la classification de M. Brongniart avec les modifications introduites par M. Huot, dans son nouveau Manuel de Géologie.

TABLEAU

MÉTHODIQUE ET DESCRIPTIF DES ROCHES ESSENTIELLES A CONNAITRE.

Ire CLASSE.

ROCHES PIERREUSES ET ARGILEUSES

Ier Ordre.

ROCHES SILICEUSES.

GENRE DES ROCHES QUARTZEUSES.

Roches dans lesquelles domine le quartz.

Espèce *Quartzite* (Syn. *Quartzfels.* — *Quartz* en roche). Roche à base de quartz, à texture lamellaire, compacte, grenue ou schistoïde, raboteuse ou subvitreuse.

Variétés de mélange. *Quartzite micacé* (Syn. *Hyalomicte.* — *Grès flexible.* — *Greisen, Itacolumite*), composé essentiellement de quartz hyalin et de mica disséminé. Texture grenue. Structure schistoïde.

Quartzite talqueux (Syn. *Hyalistine*), composé de quartz et de talc.

Quartzite ferrifère (Syn. *Sidérocriste.* — *Eisenglimmerschiefer*), composé de quartz hyalin et d'oligiste micacé. Texture schistoïde.

Sous-espèce *Calcédoine* (Syn. *Agate.* — *Silex*).

Variétés de texture. *Calcédoine compacte* ou *grossière* (Syn. *Silex noir* ou *pyromaque.* — *Silex corné*).

Calcédoine cellulaire (Syn. *Meulière.* — *Silex molaire*).

Sous-espèce *Phtanite* (Syn. *Jaspe schisteux*). Roche qui se distingue du jaspe proprement dit par sa texture schistoïde. Elle est ordinairement noire, veinée de blanc.

Espèce *Grès* (Syn. *Pierre de sable*). Roche à texture sublamellaire ou grenue, lâche ou serrée, dont les couleurs variées sont dues à des oxides de fer, de manganèse, de cobalt, etc., etc.

Variétés de texture. *Grès lustré,* texture serrée, aspect gras, faiblement translucide.

Variétés de Mélange. *Grès quartzeux* à ciment de quartz. — *Grès calcarifère* à ciment calcaire.

Espèce *Sable.* Roche de quartz à l'état arénacé et pulvérulent, variant par la grosseur de ses grains.

Variété de mélange. *Sable micacé, argileux, chlorité.*

Espèce *Poudingue.* Composée de fragments de roches siliceuses, soit arrondis, soit anguleux, réunis par un ciment siliceux ou silicéo-argileux plus ou moins visible.

Variétés de ciment. *Poudingue siliceux :* — Noyaux siliceux dans une pâte de grès.

Poudingue psammitique. Noyaux siliceux dans une pâte de psammite.

Poudingue jaspique. Noyaux d'agate, de silex, etc., etc., dans une pâte d'agate, de silex ou de jaspe.

Espèce *Psammite.* (Syn. *Grès argileux; — Grès micacé; — Grès des houillères; —* la plupart des *grès rouges* — quelques *grès bigarrés :* un grand nombre de *traumates* de M. d'Aubusson de Voisins, et de *grauwackes* des auteurs allemands). Roche grenue, à texture tenace ou friable, grésiforme ou schisto-grésiforme, composée de grès et d'argile.

Variétés de texture. *Psammite schistoïde. — Psammite sablonneux.*

Variétés de mélange. *Psammite micacé. — Psammite maclifère* ou renfermant de la macle. — *Psammite carbonifère*, etc.

Espèce *Macigno* (Syn. *Grès argilo-calcarifère*). Roche à texture grenue, tenace, friable ou meuble, à base composée de grès, d'argile et de calcaire.

Variétés de texture et de structure. *Macigno solide*, à texture grenue, solide, rude au toucher.

Macigno schistoïde, à texture grenue, à structure fissile.

Macigno morlasse, à texture grenue, lâche, sableuse, quelquefois presque friable.

Macigno compacte, à texture compacte, quelquefois sublamellaire.

Variétés de mélange. *Macigno micacé — Macigno carbonifère.*

Espèce *Gompholithe* (1) (Syn. *Nagelfluhe* des Suisses). Roche composée d'une pâte de macigno, renfermant des fragments de diverses substances, principalement de quartz et de calcaire. Sa texture est tenace, friable ou meuble; sa structure ordinairement poudingiforme et quelquefois bréchiforme.

Espèce *Arkose.* Roche à texture grenue, essentiellement composée de quartz et de feldspath.

Variétés de composition. *Arkose commune* (dans laquelle le quartz domine).

Arkose granitoïde (dans laquelle c'est le feldspath qui domine).

Arkose micacée (Syn. *Hyalomicte granitoïde. — Granit* recomposé).

Arkose porphyroïde (Syn. *Mimophyre quartzeux*).

Variété de texture. *Arkose miliaire* (dans laquelle les grains de feldspath et de quartz sont gros, tout au plus, comme des grains de millet).

Arkose arénacée (Syn. *Sable feldspathique*).

(1) Nom proposé par M. Al. Brongniart, et composé des deux mots grecs *gomphos* (clou) et *lithos* (pierre). C'est la traduction du mot allemand *nagelfluhe.*

IIe Ordre.

ROCHES SILICATÉES.

GENRE DES ROCHES SCHISTEUSES.

Espèce *Schiste* proprement dit, ou *schiste argileux* (Syn. *Thonschiefer* des Allemands). Roche tendre, d'apparence homogène, souvent terne et quelquefois luisante; perdant sa cohérence par l'influence des agents atmosphériques et se transformant en argile; se divisant fréquemment en polyèdres, affectant la forme du rhomboïde.

Variétés de mélange. *Schiste micacé.* — *Schiste ferrifère.* — *Schiste bitumifère.* — *Schiste maclifère.*

Espèce *Ardoise* (Syn. *Schiste tégulaire ; — tabulaire ; — ardoisier*). Roche d'apparence homogène, souvent assez dure pour recevoir la trace d'une lame de cuivre; ordinairement terne et quelquefois luisante; d'une structure essentiellement feuilletée; se divisant presque à l'infini en feuillets à surface plane; se partageant naturellement en polyèdres affectant la forme rhomboédrique ; résistant longtemps à l'action des agents atmosphériques, mais se décomposant à la longue en une terre onctueuse qui ne fait point pâte avec l'eau.

Espèce *Coticule* (Syn. *Novaculite.* — *Pierre à rasoir.* — *Wetzschiefer*). Roche d'apparence homogène; à texture schisto-compacte; présentant quelquefois des feuillets épais qui paraissent tout à fait compactes et à cassure conchoïde; se laissant entamer par une pointe de fer, mais cependant usant ce métal et même l'acier.

Espèce *Ampélite* (1). Roche d'apparence simple; à structure feuilletée; solide, noire; tachant les doigts, rougissant par l'action du feu.

Variétés de composition. *Ampélite aluminifère* (Syn. *Ampélite alumineux.* —*Schiste aluminifère.* — *Alaunschiefer* des Allemands). Se décomposant par l'influence des agents atmosphériques et se couvrant d'efflorescences composées de sulfate de fer et d'alumine.

Ampélite graphique (Syn. *Schiste graphique.* — *Pierre d'Italie.* — *Crayon noir.* — *Crayon des charpentiers*). Roche fortement chargée de carbone, laissant des traces sur la plupart des corps, et notamment sur le papier.

Espèce *Calchiste* (Syn. *Schiste calcarifère*). Roche à base de calcaire et de schiste, dont les éléments sont tantôt distincts et tantôt unis intimement; faisant effervescence dans l'acide nitrique, mais ne se dissolvant qu'en partie.

GENRE DES ROCHES ARGILEUSES.

Les argiles paraissent être, comme les schistes, un mélange de plusieurs

(1) Du grec *Ampelos* (vigne), parce que les anciens pensaient que cette roche favorisait la végétation de la vigne.

silicates alumineux ; elles ne diffèrent des schistes que par la propriété qu'elles ont de se délayer dans l'eau. Nous ne relaterons que les plus importantes.

Espèce *Kaolin* (Syn. *Feldspath argiliforme. — Argile à porcelaine*). Roche tendre, d'apparence simple, mais présentant plus ou moins de quartz et en général une composition très-variable. Aspect terreux; texture lâche et friable; faisant une pâte courte avec l'eau ; happant légèrement à la langue.

Espèce *Argile* (Syn. *Argile plastique. — Argile à potier. — Terre de pipe. — Terre glaise*). Roche tendre, d'apparence simple ; à texture terreuse, serrée, solide ; faisant avec l'eau une pâte tenace qui conserve les formes qu'on lui donne.

Variétés de mélange. L'argile est souvent mélangée de *sable*, de *mica*, de *végétaux à l'état charbonneux*, de *sel marin* et *d'oxyde de fer* ; ce qui constitue les variétés *sableuse*, *micacée*, *carbonifère*, *salifère* et *ferrugineuse*.

Espèce *Magnésite* (Syn. *Écume de mer. — Magnésie carbonatée silicifère*). Substance argileuse, tendre, rude au toucher; texture compacte; structure feuilletée ; happant à la langue. Couleur blanc-jaunâtre, grisâtre ou rosâtre.

Variétés de texture et de structure. — *Magnésite plastique. — Magnésite schistoïde.*

Elle se présente en couches et en amas plus ou moins considérables.

Espèce *Ocre* (Syn. *Terre franche. — Terre de Sienne. — Terre d'ombre.— Gelberde,* all.) Roche en apparence simple, composée d'argile et de limonite ; elle est douce au toucher, meuble ou friable et d'un aspect terne.

Espèce *Sanguine* (Syn. *Ocre rouge. — Bol d'Arménite. — Terre de Lemnos. — Terre de Burcaros. — Terre Sigillée*). Roche en apparence simple, composée d'argile et d'oligiste, dans des proportions variables, se délayant plus ou moins facilement dans l'eau, mais formant toujours une pâte courte, tenace, friable ou meuble, douée de la qualité traçante.

Espèce *Marne* (Syn. *Mergel,* all.). Roche en apparence simple, composée d'argile et de calcaire dans des proportions très-variables ; faisant effervescence dans l'acide nitrique, mais ne s'y dissolvant qu'en partie ; se délayant dans l'eau et formant une pâte plus ou moins plastique ; enfin tendre, friable, happant à la langue.

Variétés de mélange. *Marne sableuse*, lorsqu'elle renferme du sable siliceux.

Marne argileuse, lorsqu'elle contient plus d'argile que de calcaire.

Marne calcaire, lorsqu'elle renferme plus de calcaire que d'argile.

GENRE DES ROCHES FELDSPATHIQUES.

Roches dans lesquelles domine comme pâte le feldspath à texture cristalline.

Espèce *Feldspath*. Roche composée, soit de l'espèce minéralogique *orthose*, soit de celle que l'on nomme *albite*.

Variétés de texture et de structure. *Feldspath laminaire*. — *Lamellaire*. — *Grenu*.

Feldspath compacte (Syn. *Petrosilex*. — *Feldstein*, all.). Roche à cassure conchoïde et esquilleuse, d'un éclat gras.

Feldspath compacte fissile (Syn. *Phonolite*. — *Klingstein*).

Espèce *Leptynite* (Syn. *Eurite*. — *Leucostine*. — *Westein*. — *Amausite*. — *Granulithe*). Roche à base de feldspath-orthose à texture grenue, compacte ou bréchiforme pur, ou mélangé soit intimement, soit mécaniquement avec d'autres substances.

Espèce *Téphrine* (Syn. *Lave téphrinique*). Roche à base d'apparence simple, dont la pâte paraît être feldspathique.

Variétés de mélange et de texture. *Téphrine feldspathique* : cristaux de feldspath, vitreux, disséminés dans la pâte.

Téphrine piroxénique;—*amphigénique* : lorsque des cristaux de pyroxène et des cristaux d'amphigène sont disséminés et dominants dans la pâte.

Téphrine pavimenteuse. Roche à texture poreuse, d'une apparence homogène.

Téphrine scoriacée, ainsi appelée, lorsque la roche a l'air d'une scorie et offre plus de vides que de pleins.

Espèce *Perlite* (Syn. *Obsidienne perlée*. — *Stigmite perlaire*. — *Perstein*, all.). Roche vitreuse, d'apparence simple, qui paraît être composée de feldspath orthose, à en juger par la potasse qu'en donne l'analyse; elle offre quelquefois l'éclat nacré, d'autres fois vitreux, et les couleurs blanchâtre, grisâtre et verdâtre.

Espèce *Ponce* (Syn. *Pumite*. — *Lave vitreuse pumicée*. — *Bimstein*, all.). Roche d'apparence simple, à texture poreuse et fibreuse.

Espèce *Argilophyre* (*Porphyre argileux*. — *Thon-porphir*, all.). Roche composée d'une pâte d'argilolithe, renfermant des cristaux de feldspath compacte, terne ou vitreux.

Variétés de mélange et de texture. *Argilophyre porphyroïde*, pâte homogène, contenant des cristaux de feldspath assez nettement déterminés.

Espèce *Pegmatite* (Syn. *Aplite*. — *Granit graphique*). Roche composée essentiellement de feldspath lamellaire et de quartz.

Variétés de texture. *Pegmatite granulaire* (Syn. *Petunzé*). Mélange de quartz en grains et de feldspath lamellaire.

Pegmatite graphique (Syn. *Granit graphique*, proprement dit). Quartz en lignes brisées, imitant un peu des caractères hébraïques (1).

Espèce *Granit*. Roche composée essentiellement de feldspath lamellaire, de quartz et de mica, à peu près également disséminés.

Variété de mélange. *Granit commun* ou *à petits grains*.

(1) C'est à la décomposition des pegmatites qu'est due l'argile appelée kaolin.

Granit porphyroïde caractérisé par des cristaux de feldspath, dans un granit à petits grains.

Espèce *Syénite* (Syn. *Granitelle*). Roche composée essentiellement de feldspath lamellaire, d'amphibole-hornblende (actinote) et de quartz.

Espèce *Protogyne*. Roche essentiellement composée de feldspath servant de base, et de quartz, de talc, de stéatite ou de chlorite, remplaçant presque entièrement le mica du granit.

Espèce *Trachyte* (Syn. *Nécrolithe*). Roche à base d'apparence simple, dont la composition n'est pas bien connue, mais qui parait être feldspathique, et probablement formée de feldspath à base de soude, c'est-à-dire d'albite. Elle est d'un aspect terne et mat, et d'une texture poreuse; sa pâte enveloppe toujours des cristaux d'albite.

Variétés de texture. *Trachyte terreux* (Syn. *Domite*).

Espèce *Obisdienne* (Syn. *Verre des volcans*. — *Agate noire d'Islande*. — *Gallinace*). Roche à base d'apparence simple, dont la composition n'est pas bien déterminée; sa texture est compacte et son éclat est vitreux.

Espèce *Eurite* (Syn. *Pétrosilex*. — *Phonolithe*. — *Kleinsgtein*. — *Leptinite*. — *Weisstein*. — *Amausite*. — *Granulithe*). Roche à base d'apparence simple, composée principalement d'albite : pâte compacte, renfermant des cristaux de différentes substances.

Variétés de texture et de mélange. — *Eurite compacte*. Pâte en apparence homogène avec des lames de feldspath disséminées.

Eurite porphyroïde. Pâte grisâtre avec des cristaux déterminables de feldspath et d'amphibole.

Eurite granitoïde. — Texture grenue, quartz, amphibole et lames de mica disséminés.

Eurite bréchiforme (Syn. *Brèche universelle*. — *Anagénite pétrosiliceuse*); fragments de roche granitique réunies par un ciment d'albite.

Eurite schistoïde. Texture serrée. Structure fissible; quartz, disthène, mica ou talc disséminés.

Espèce *Porphyre*. Roche à pâte d'albite, ou plutôt d'eurite ferrifère, renfermant des cristaux de feldspath.

Variétés de couleurs. *Porphyre antique*, pâte d'un brun rouge vif, avec de petits cristaux de feldspath blanchâtre.

Porphyre brun-rouge : pâte d'un brun-rouge sombre, quelquefois grisâtre avec cristaux de feldspath et un peu de quartz.

Porphyre violâtre : pâte d'un violâtre sale; cristaux de feldspath blanchâtre, rosâtre ou verdâtre.

Porphyre rosâtre : pâte d'un rouge pâle, avec de nombreux grains ou cristaux de quartz.

Porphyre ophite (Syn. *Ophite*. — *Porphyre vert*. — *Prosophyre*. — *Serpentin*. — *Grün porphyre*, all.) : pâte verdâtre, enveloppant des cristaux déterminables de feldspath verdâtre.

Espèce *Variolite* (Syn. *Amygdaloïde*). Roche à pâte d'eurite, souvent mélangée intimement d'amphibole ou de pyroxène, renfermant des grains ou de petits noyaux qui paraissent être formés de la même pâte, mais d'une couleur différente.

Variétés de couleurs. *Variolite verdâtre, grisâtre, rougeâtre.*

Espèce *Pyroméride* (Syn. *Porphyre orbiculaire de Corse*). Roche à base d'eurite, renfermant des noyaux sphéroïdaux à texture radiée et à cassure raboteuse, qui paraissent être composés d'orthose, et que, pour cette raison, on a appelée *orthose globulaire.*

Espèce *Euphotide* (Syn. *Verde di Corsica*). Roche composée d'albite compacte et de smaragdite.

Variétés de texture et de mélange. — *Euphotide compacte.* — *Euphotide micacé.*

GENRE DES ROCHES GRENATIQUES.

Espèce *Grenat* (Syn. *Grenat massif.* — *Grenat en roche*).

Variétés de texture. *Grenat compacte.* — *Grenat granulaire.*

Espèce *Éclogite* (Syn. *Amphibolite actinotique*). Roche composée essentiellement de grenat et de smaragdite, renfermant accidentellement du disthène, du quartz, de l'épidote et de l'amphibole.

GENRE DES ROCHES MICACIQUES.

Espèce *Micaschiste* (Syn. *Schiste micacé.* — *Micaschistoïde.* — *Glimmerschiefer*, all.). Roche composée essentiellement de mica dominant et continu, et de quartz. Texture feuilletée. Structure éminemment fissile.

Variétés de mélange. — *Micaschiste quartzeux.* Le mica et le quartz très-apparents, alternant en feuillets ondulés.

Micaschiste feldspathique : du feldspath lamellaire en petits lits alternants.

Micaschiste porphyroïde : du feldspath en petits cristaux assez également répandus dans la roche.

Espèce *Gneiss* (Syn. *Granit veiné*). Roche composée essentiellement de mica, abondant en paillettes distinctes et de feldspath lamellaire ou grenu. Structure feuilletée.

Variétés de mélange. *Gneiss commun :* peu ou point de quartz.

Gneiss quartzeux : du quartz abondant en lits ou en veines.

Gneiss porphyroïde : cristaux de feldspath disséminés dans un gneiss.

Gneiss graphiteux : du graphite écailleux, remplaçant une partie du mica.

GENRE DES ROCHES TALCIQUES.

Espèce *Talc.* Roche à texture sublamellaire, à structure schistoïde, ayant pour caractère le toucher onctueux et un éclat soyeux.

Variétés de texture. *Talc laminaire.* — *Talc fibreux.*

Espèce *Stéatite.* Roche tendre, à texture terreuse, onctueuse au toucher; couleurs variées.

Espèce *Ophiolithe* (Syn. *Serpentine*). Roche tenace, mais tendre, à base composée de divers silicates magnésiques et à texture non schistoïde.

Variétés de mélange. *Ophiolithe diallagique* (Syn. *Gabro* des Toscans). Pâte compacte de serpentine, renfermant de nombreuses lamelles de diallage.

Ophiolithe grenatique : pâte contenant des grenats pyropes.

Ophiolithe grammatiteux : des aiguilles de grammatite disséminées dans la pâte.

Ophiolithe quartzeux : pâte contenant des noyaux de quartz blanc.

Ophiolithe calcareux : des parties calcaires disséminées.

Ophiolithe ollaire (Syn. *Pierre ollaire*). Roche d'apparence homogène, employée dans certains pays à faire des poteries.

Espèce *Stéaschiste*. (Syn. *Talkschiefer,* all.). Roche à base de divers silicates de magnésie et à texture schistoïde.

Variétés de mélange. *Stéachiste quartzeux. — Stéachiste feldspathique.* Roche qui passe à la protogyne.

Stéachiste grenatique : l'abondance des grenats donne quelquefois à cette variété une texture porphyroïde.

GENRE DES ROCHES AMPHIBOLIQUES.

Espèce *Amphibolite* (Syn. *Hornblende.— Hornbleindegestein,* all.). Roche formée quelquefois presque uniquement de l'amphibole, appelée actinote; mais plus souvent empâtant du mica, du grenat, du quartz, etc. La texture de cette roche est tantôt lamellaire et tantôt schistoïde, rarement grenue ou compacte.

Variétés de mélange et de texture. *Amphibolite micacée.* Sa Texture est grenue, et sa Structure schistoïde.

Amphibolite grenatique, renfermant plus de grenats que d'autres substances minérales.

Amphibolite serpentineuse : la serpentine verte y est disséminée.

Amphibolite quartzeuse : Texture grenue. Structure massive.

Amphibolite granitoïde : même texture et même structure que la précédente; mais renfermant du grenat, du feldspath et du quartz sans mica.

Amphibolite schistoïde : Texture fibreuse. Structure fissile; point de mica.

Amphibolite calcarifère (Syn. *Hémithrène.* — Quelques *grünstein* des All.). Roche à texture grenue, composée essentiellement d'amphibolite et de calcaire, et renfermant aussi du mica, du feldspath, de l'aimant, etc. Sa couleur est ordinairement le vert.

Espèce *Diorite* (Syn. *Diabase. — Granitel. — Chloritie. — Grünstein,* all.). Roche composée d'actinote et de feldspath. Elle est très-tenace lorsqu'elle n'est pas altérée; sa texture et sa structure sont très-variées.

Variétés de mélange et de texture. — *Diorite micacée. — Diorite sélagite*). Roche à texture grenue, renfermant du mica noir brillant.

Diorite granitoïde. Roche très-mélangée, et qui présente un peu l'aspect d'un granit.

Diorite porphyroëde (Syn. *Grüner porphyr. — Porphyrœhnliches Urtrappgestein,* all.). Diorite à grains fins, renfermant des cristaux de feldspath compacte.

Diorite schistoïde (Syn. *Grünstein schiefer,* all.). Roche rayée ou veinée, à structure fissile.

Diorite orbiculaire (Syn. *Granit orbiculaire* de Corse). Sphéroïdes d'actinote noir et de feldspath blanc dans un diorite à grains fins. C'est une des plus belles roches que l'on connaisse.

Espèce *Aphanite* (Syn. *Cornéenne*). Roche d'apparence simple que l'on considère comme un mélange intime d'amphibole et de leptynite ou d'eurite, à texture massive, terreuse, solide, assez tenace lorsqu'elle n'est pas altérée.

Variétés de couleurs. *Aphanite noirâtre. — Grisâtre. — Verdâtre. — Rougeâtre.*

GENRE DES ROCHES PYROXÉNIQUES.

Espèce *Lherzolithe* (Syn. *Pyroxène en roche. — Pyroxène lherzolithe. — Hédenbergite*). Roche dure, à texture sublamellaire, et d'une couleur verdâtre.

Espèce *Dolérite* (Syn. *Graustein. — Flotzgrünstein,* all.). composée essentiellement de pyroxène et de feldspath lamellaire.

Variétés de mélange et de texture. *Dolérite porphyroïde :* pyroxène dominant; cristaux de feldspath enveloppés.

Dolérite granitoïde : le pyroxène et le feldspath en proportions à peu près égales.

Dolérite amygdalaire : présentant des soufflures remplies ou tapissées de zéolithe, d'agate, de calcaire, etc.

Dolérite néphelinique, avec de nombreux cristaux de népheline grisâtre.

Espèce *Trapp* (Syn. *Trappite. — Cornéenne*). Roche d'apparence simple, qui, suivant M. d'Omalius-d'Halloy, paraît être un mélange intime de pyroxène et de leptinite ou d'eurite. Elle est solide, dure et très-tenace, lorsqu'elle n'est pas altérée; sa couleur varie entre le vert foncé, le noir verdâtre et le noir bleuâtre. Cette roche parait avoir la même composition que le basalte; mais elle n'en offre ni les retraits prismatiques, ni la texture un peu bulleuse, ni le péridot si commun dans le basalte.

Espèce *Mélaphyre* (Syn. *Porphyre noir. — Trapporphyr,* all.). Roche à pâte de trapp, enveloppée de cristaux de feldspath ou d'albite.

Variété de couleur. *Mélaphyre demi-deuil :* pâte d'un noir foncé avec cristaux de feldspath blanc.

Mélaphyre sanguin : pâte noirâtre avec cristaux d'albite rouge.

Mélaphyre tache verte : pâte d'un brun rougeâtre avec cristaux verdâtres.

Espèce *Basalte* (Syn. *Basanite*). Roche à base d'apparence simple, composée, suivant M. d'Omalius-d'Halloy, de pyroxène et de leptynite ou d'eurite. Sa texture est compacte, celluleuse ou scoriacée; sa structure est massive, sa tenacité considérable, sa couleur est le noir, le noirâtre, le grisâtre, le brunâtre, le rougeâtre ou le verdâtre. Le basalte présente au plus haut degré de régularité la division prismatique à 3, 4, 5, 6, 7, 8 et 9 pans : chaque prisme se compose d'une succession plus ou moins nombreuse de morceaux qui ressemblent à des fûts de colonnes, et qui s'emboîtent d'autant plus facilement les uns dans les autres qu'ils présentent alternativement un côté concave et un côté convexe. D'autres fois, ainsi que nous l'avons dit précédemment, il se divise en tables peu épaisses ou en rognons sphéroïdaux, d'un diamètre plus ou ou moins considérable.

Variétés de mélange et de texture. *Basalte compacte :* renfermant dans ses fissures des cristaux de fer oxidulé tétané.

Basalte compacte, *pyroxéneux :* variété dans laquelle domine le pyroxène en cristaux très-distincts.

Basalte compacte péridoteux, où domine le péridot olivine.

Basalte variolitique, offrant des cavités rondes remplies de calcaire, de mésotype, etc.

Espèce *Vake* (Syn. *Vakite.* Quelques *Aphanites* de M. Al. Brong.). M. d'Omalius-d'Halloy comprend sous la dénomination de vake, non-seulement la roche que M. Al. Brongniart désigne sous ce nom, mais encore toutes les aphanites de cet auteur qui peuvent être considérées comme composées de pyroxène et non d'amphibole, c'est-à-dire toutes les roches formées de pyroxène et de leptynite ou d'eurite, qui sont trop tendres pour pouvoir être rapportées au trapp ou au basalte, et qui n'ont pas la texture amygdaloïde des spilites ni la texture conglomérée ou meuble des pépérines. Il est probable, ajoute-t-il, que les vakes sont des basaltes et des trapps qui ont été modifiés, soit par les émanations ignées, soit par les eaux. Considérée ainsi, la vake est une roche généralement tendre et friable, ou du moins peu dure ou fragile, se délayant quelquefois dans l'eau, mais sans jamais y faire pâte comme l'argile.

Variétés de couleurs. *Vake grisâtre. — Brunâtre. — Rougeâtre. — Jaunâtre. — Verdâtre.*

Espèce *Pépérine* (Syn. *Tuf volcanique. — Tuf basaltique. — Tufa. — Tufaïte. — Conglomérat ponceux. — Brecciole trappéenne. — Pouzzolane. — Trass*). Roche composée de vake à texture bréchiforme, celluleuse, graveleuse, arénacée et terreuse, ordinairement friable, meuble et tendre. Elle renferme presque toujours des fragments de ponce, de téphrine, de leucostine, de basalte, de mica, d'aimant, d'amphigène, de pyroxène, de feldspath, de calcaire saccharoïde, etc.

Variétés de mélanges. *Pépérine ponceuse :* renfermant des grains de ponce grisâtre ou blanchâtre.

Pépérine pisolithique : pâte pulvérulente enveloppant des grains arrondis, mais non roulés.

Espèce *Spilite* (Syn. *Xérasite. — Variolite du drac. — Mandelstein.* —

Blatterstein. — *Perlstein.* — *Schaalstein*, all. — *Toadstone*, ang.). Roche peu dure, formée d'une pâte de vake, renfermant des noyaux et même des veines de calcaire, ainsi que divers minéraux.

Variétés de texture et de mélange. *Spilite commun :* pâte compacte, avec noyaux de calcaire et quelquefois d'agate couleur vert-sombre, brun-rouge ou violâtre.

Spilite zootique : pâte calcarifère; des portions d'entroques mêlées à des noyaux calcaires.

Spilite veiné : offrant des veines et des grains de calcaire spathique.

Spilite porphyrique : des nodules calcaires avec des cristaux de feldspath.

IIIe Ordre.

ROCHES CARBONATÉES.

1er Genre. — Roches calcareuses.

Espèce *Calcaire.* Roche composée essentiellement de carbonate de chaux.

Variétés de texture et de mélange. *Calcaire lamellaire* (comme le marbre de Paros).

Calcaire saccharoïde (comme le marbre de Carrare).

Calcaire sublamellaire (la plupart des marbres veinés).

Calcaire compacte (comme la pierre lithographique).

Calcaire schistoïde (Syn. *Schiste calcaire*).

Calcaire crayeux (Syn. *Craie*). Texture terreuse, grenue, plus ou moins friable; roche jouissant de la propriété traçante; couleur blanche ou jaunâtre.

Calcaire crayeux gris (Syn. *Craie tufau*, ou simplement *tufau*). Roche dépourvue de la propriété traçante; texture lâche, grossière, couleur grise ou jaunâtre, ou jaune-verdâtre, ordinairement mélangée de paillettes de mica.

Calcaire crayeux chlorité (Syn. *Craie chloritée.* — *Glauconie crayeuse*). Roche à texture lâche, composée de craie, de grains verts et de sable.

Calcaire oolithique (Syn. *Calcaire globuliforme.* — *Oolithe.* — *Rogenstein.* — *Hirsestein*, all.). Texture grenue à grains arrondis, plus ou moins gros; couleurs blanche, jaunâtre, grisâtre, rougeâtre, brunâtre.

Sous-variétés de grosseur et de mélanges. *Calcaire oolithique miliaire :* grains de la grosseur de la semence du millet.

Calcaire oolithique cannabin : grains de la grosseur de la semence du chanvre.

Calcaire oolithique noduleux : grains irréguliers depuis la grosseur d'un pois jusqu'à celle d'un œuf.

Calcaire oolithique ferrugineux : tellement chargé d'oxyde de fer, que la roche prend la couleur rouge ou brune.

Calcaire grossier. Roche très-variable de texture, en raison du nombre de variétés qu'elle présente; à texture terreuse et lâche, dans la variété appelée *pierre à moellons;* à texture solide dans ce qu'on nomme *pierre de liais;* à texture tendre dans ce qu'on désigne sous le nom de *lambourde;* à texture solide et serrée dans ce qu'on appelle *pierre de roche.*

Calcaire lumachelle (Syn. *Marbre lumachelle.* — *Calcaire coquiller*). Roche presque entièrement composée de coquilles, dont la plupart ont conservé leur éclat nacré.

Calcaire grossier glauconnieux (Syn. *Glauconie grossière*). Roche à texture lâche, friable, mélangée de grains verts et de sable.

Calcaire concrétionné (Syn. *Tuf.* — *Travertin*). Texture variée, tantôt compacte, grenue ou celluleuse; d'autres fois lamellaire, terreuse ou arénacée. Structure mamelonnée, fistuleuse, coralloïde ou globuleuse.

Calcaire bréchiforme (Syn. *Brèche.* — *Marbre brocatelle*). Fragments anguleux de calcaire compacte dans une pâte de calcaire.

Calcaire poudingiforme. Fragments arrondis de calcaire compacte dans une pâte de calcaire.

Calcaire carbonifère (Syn. *Calcaire bituminifère.* — *Calcaire fétide.* — *Calcaire lucullite.* — *Calcaire calp.* — *Stinkstein,* all.). Roche à texture compacte ou sublamellaire; couleur grisâtre ou noirâtre (due au carbone et non au bitume, comme on l'a cru longtemps); répandant par le choc ou le frottement contre un corps dur, une odeur de gaz hydrogène sulfuré.

Calcaire bitumineux. Roche imprégnée de matières bitumineuses qui manifestent leur présence par l'odeur qu'elle répand par le frottement ou la chaleur.

Calcaire siliceux. Roche quelquefois mélangée de silex, et d'autres fois tellement imprégnée de silice, qu'elle y est invisible et que sa présence ne s'annonce que par la dureté du calcaire ou par le feu qu'il fait sous le briquet. Sa texture est compacte et sa couleur varie du jaunâtre sale au grisâtre.

Calcaire feldspathique, pyroxénique, grenatique, amphibolique (Syn. *Calciphyre*). Pâte calcaire, tantôt compacte et tantôt grenue, enveloppant, comme l'indiquent les noms ci-dessus, soit du feldspath ou du pyroxène, soit du grenat ou de l'amphibole.

Calcaire micacé (Syn. *Cipolin.* — *Cipolino*). Roche à texture saccharoïde, et souvent à structure fissile ou bréchiforme, renfermant du mica.

Calcaire talqueux ou serpentineux, c'est-à-dire contenant des silicates de magnésie (Syn. *Ophicalce*). Roche à texture empâtée, dont la base est tantôt un calcaire compacte et tantôt un calcaire saccharoïde. Quelquefois la matière talqueuse y forme des espèces de réseaux qui enveloppent des noyaux calcaires très-rapprochés les uns des autres; d'autres fois des taches irrégulières de calcaire sont traversées par des veines de talc, de serpentine et de calcaire spathique; d'autres fois encore, le talc ou la serpentine y sont irrégulièrement disséminés.

Espèce *Dolomie* (Syn. *Chaux carbonatée magnésifère.* — *Bitterkalk,* all.). Roche à texture tantôt lamellaire cristalline, tantôt grenue, et d'autres fois compacte; plus dure que le calcaire; reconnaissable à l'effervescence lente qu'elle fait avec l'acide nitrique.

Variétés de texture. *Dolomie granulaire;* texture grenue, couleur blanche, jaunâtre ou brunâtre.

Dolomie compacte (Syn. *Conite*). Texture compacte, fine. Cassure conchoïde.

2e Genre. — Roches giobertiques.

Espèce unique : *Giobertite* (Syn. *Magnésie carbonatée. — Boudisserite. — Brennerite*). Roche à texture compacte, fine, d'une couleur blanchâtre, d'une opacité complète; faisant peu d'effervescence dans les acides, et s'y dissolvant avec lenteur.

IVe Ordre.

ROCHES SULFATÉES.

1er Genre. — Roches gypseuses.

Espèce *Gypse* (Syn. *Chaux sulfatée*). Roche tendre, fusible, non effervescente, donnant de l'eau par la chaleur.

Variétés de texture. *Gypse saccharoïde :* texture cristalline, lamellaire ou grenue.

Gypse fibreux : texture fibreuse ou lamellaire.

Gypse grossier : texture compacte ou sublamellaire.

Espèce *Karsténite* (Syn. *Chaux sulfatée anhydre. — Chaux sulfatine. — Gypse anhydre. — Anhydrite*), moins tendre que la précédente, fusible, non effervescente.

Variétés de texture. *Karsténite lamellaire, fibreuse, compacte, grenue.*

2e Genre. — Roches barytiniques.

Espèce unique : *Barytine* (Syn. *Baryte sulfatée. — Spath pesant.—Barytite. — Barosélénite*), plus dure que le calcaire; fusible; ne faisant point effervescence.

Variétés de texture. *Barytine compacte. — Barytine lamellaire.*

3e Genre. — Roches célestiniques.

Espèce unique : *Célestine* (Syn. *Strontiane sulfatée*), plus dure que le calcaire; texture grenue ou compacte, quelquefois fibreuse.

4e Genre. — Roches aluniques.

Espèce unique : *Alunite* (Syn. *Aluminite. — Pierre d'alun. — Alaustein,* all.). Roche à texture terreuse, d'un blanc rosâtre et jaunâtre pâle, dureté plus grande que celle du calcaire.

Ve Ordre.

ROCHES PHOSPHATÉES.

GENRE UNIQUE. — ROCHES APATITIQUES.

Espèce unique : *Apatite* (Syn. *Phosphorite.* — *Chaux phosphatée*). Roche opaque ou faiblement translucide, à texture compacte plus dure que le calcaire.

VIe Ordre.

ROCHES FLUORURÉES.

GENRE UNIQUE. — ROCHES FLUORINIQUES.

Espèce unique. *Fluorine* (Syn. *Fluorite.* — *Chaux fluatée.* — *Spath fluor.* — *Phtorure de calcium*). Roche translucide à texture compacte.

VIIe Ordre.

ROCHES CHLORURÉES.

GENRE UNIQUE. — ROCHES CHLORURÉES SODIQUES.

Espèce unique : *Sel marin* (Syn. *Sel gemme.* — *Salmare.* — *Soude muriatée.* — *Chlorure de sodium*). Roche tendre, soluble dans l'eau, à saveur particulière et agréable, se présentant ordinairement en masses vitreuses homogènes qui se divisent en cubes avec facilité.

Variétés de texture. *Sel marin lamellaire, granulaire ou fibreux.*

Variétés de couleur : *le blanc, le rouge, le bleu, le gris et le noirâtre.*

IIe CLASSE.

ROCHES MÉTALLIQUES.

1er GENRE. — ROCHES FERRUGINEUSES.

Espèce *Sperkise* (Syn. *Pyrite blanche.* — *Fer sulfuré blanc.* — *Speerkies*, all.) Roche à cassure vitreuse, d'un éclat métallique et d'une couleur jaune pâle.

Espèce *Pyrite* (Syn. *Marcassite.* — *Fer sulfuré jaune.* — *Eisenkies*, all.). Roche à cassure vitreuse, d'un éclat métallique et d'une couleur jaune.

Espèce *Aimant* (Syn. *Fer oxydulé.* — *Fer oxydé magnétique.* — *Magneteisen*, all.). Roche à texture grenue, d'un éclat métallique, d'un gris noirâtre, à poussière noire.

Espèce *Oligiste* (Syn. *Fer oligiste.* — *Ocre rouge.* — *Péroxide de fer.* — *Eisen glanz*, all.). Roche tantôt d'un éclat métalloïde, et tantôt d'un aspect terreux.

Variétés de texture et de couleur. *Oligiste compacte,* texture grenue, éclat métalloïde.

Oligiste sanguin, texture grenue, aspect terreux, couleur rouge.

Espèce *Limonite* (Syn. *Fer limoneux. — Fer hydroxydé.— Fer hydraté. Fer oxydé brun. — Hématite brune*). Roche présentant un aspect terreux ou lithoïde.

Variétés de texture. *Limonite compacte.*

Limonite pisolithique : en grains sphéroïdaux, à peu près de la grosseur d'un pois.

Limonite oolithique, en petits grains miliaires.

Limonite ocreuse, matière terreuse, jaune ou d'un brun rougeâtre.

Espèce *Sidérose* (Syn. *Fer carbonaté. — Fer spathique*). Roche d'un aspect lithoïde, à texture variée, rayant le calcaire.

Variétés de texture : *Sidérose laminaire, sidérose lamellaire.*

2e Genre. — Roches manganiques.

Espèce *Acerdèse* (Syn. *Manganèse oxydé. — Manganèse oxy-hydraté. — Manganèse hydroxydé*). Roche d'un aspect terreux, à texture lâche ou fibreuse, à cassure inégale, d'une couleur brune tirant sur le violet.

Espèce *Rhodonite* (Syn. *Manganèse rose.— Manganèse oxydé silicifère*). Roche à texture tantôt laminaire, tantôt lamellaire, et plus souvent grenue et compacte.

3e Genre. — Roches cuivreuses.

Espèce unique : *Chalcopyrite* (Syn. *Cuivre pyriteux.— Cuivre sulfuré. Kupferkies,* all.). Roche d'un éclat métallique, d'une couleur jaune, d'une texture grenue et d'une cassure raboteuse.

4e Genre. — Roches zinciques.

Espèce *Calamine* (Syn. *Zinc oxydé.—Zinc oxydé hydraté siliceux. — Pierre calaminaire. — Hopéite. — Galmei*). Roche d'un aspect lithoïde, à texture lâche, à cassure raboteuse.

Espèce *Smithsonite* (Syn. *Zinc carbonaté.— Zinkspath*). Roche à texture compacte, quelquefois fibreuse et lamellaire.

IIIe CLASSE.

ROCHES COMBUSTIBLES.

Genre unique. — Roches charbonneuses.

Espèce *Anthracite* (Syn. *Houille éclatante.— Kohlenblende,* all.). Roche d'un éclat métalloïde, d'une couleur noire, en général facile à distinguer de la houille, en ce qu'elle brûle moins facilement, sans fumée ni odeur bitumineuse.

Variétés de texture. *Anthracite compacte. — Anthracite schistoïde.*

Espèce *Houille* (Syn. *Charbon de terre.* — *Charbon de pierre.* — *Stipite.* — *Houille grasse.* — *Steinkohle*, all.). Roche noire, solide, brûlant en répandant de la fumée et une odeur bitumineuse.

Variétés de texture. *Houille compacte.* — *Houille schistoïde.*

Espèce *Lignite* (Syn. *Houille sèche.* — *Jayet.* — *Bois bitumineux.* — *Cendres noires.* — *Cendres minérales.* — *Braunkohle.* — *Pechkohle*, all.). Substance noire ou brune, brûlant sans boursouflement, avec fumée, odeur piquante et résidu.

Espèce *Tourbe.* Matière brune plus ou moins foncée, quelquefois d'un aspect homogène, le plus souvent remplie de débris visibles d'herbes sèches.

Variétés de texture. *Tourbe compacte.* — *Tourbe fibreuse.*

Espèce *Terreau* (Syn. *Humus*). Matière terreuse, brune ou noire; brûlant avec facilité lorsqu'elle est desséchée, en dégageant une odeur végétale ou animale.

CHAPITRE V.

NOTIONS SUR LES FOSSILES.

Considérations générales. — Substitution de la silice et du carbonate de chaux aux matières organiques. — Pétrification. — Incrustation. — Définition du mot *fossile*. — Fossile pulvérulent. — Empreinte. — Moule. — Contre-empreinte. — Espèces identique; — analogue; — subanalogue; — perdue. — Mode de pétrification. — Expérience du professeur Göppert. — Manière d'être des fossiles dans les différentes couches du globe. — Fossiles *en place* et *hors place*. — Ichthyolite du Vicentin. — Des fossiles caractéristiques.

On trouve fréquemment dans le sein de la terre des débris d'êtres organisés, tels que des coquilles, des ossements de mammifères, d'oiseaux et de reptiles, des œufs, des insectes, des troncs d'arbres, des empreintes de feuilles et de poissons, etc. Tous ces corps ont, à diverses époques, vécu à la surface du sol, ont peuplé les eaux et habité les terres pendant des siècles, et leurs dépouilles ont été enfouies au fur et à mesure que les différentes parties de l'écorce minérale se déposaient. Ceux qui appartiennent en partie aux espèces vivantes se rencontrent dans les couches les plus récentes et les plus superficielles du globe, et ont en général conservé leur composition primitive; d'autres, qui proviennent d'animaux ou de plantes antérieurs aux temps historiques et dont l'espèce est complétement perdue, ont été altérés dans leur nature. Les principes gélatineux, charnus ou ligneux qui entraient dans leur composition, ont disparu et ont été plus ou moins remplacés par des matières pierreuses. Les substances minérales qui se substituent le plus souvent aux corps organisés sont la *silice* et le *carbonate de chaux*. Les matières végétales sont plutôt transformées en silice qu'en carbonate de chaux, mais presque tous les mollusques sont changés en cette dernière substance. Un grand nombre de tiges et de fruits sont passés à l'état charbonneux des lignites et des houilles; quelquefois l'écorce seule a subi cette modification.

Le changement d'une substance organique en une substance pierreuse est désigné sous le nom de *pétrification;* l'*incrustation* n'est qu'une *couche* formée ou déposée à la surface des corps plongés dans un liquide.

M. Deshayes, dont les remarquables travaux ont jeté une vive lumière sur l'étude de la palæontologie, a donné du mot *fossile* une définition que nous nous empressons d'adopter.

Selon ce savant, un corps organisé fossile est celui qui a été enfoui dans la terre à une époque indéterminée, qui y a été conservé ou qui y a laissé des traces non équivoques de son existence.

Peu importe, dit M. Deshayes, que l'enfouissement du corps organique date d'hier ou de six mille ans, il est fossile du moment où on le trouve enfoui dans une roche.

Les corps organisés fossiles sont tantôt libres dans des couches de sable, de marne ou d'argile, tantôt ils sont empâtés dans des couches solides, où un grand nombre s'altère et quelquefois pourrit sans laisser de traces d'existence. Leur état de conservation présente de grandes différences : les uns sont entiers, ont conservé leurs formes, c'est ainsi qu'ont été trouvées intactes et enfouies sous les glaces des portions d'éléphants et de rhinocéros, des corps entiers de ces grands mammifères, des végétaux encore ligneux, etc.; les autres sont brisés et presque méconnaissables. Souvent les corps fossiles ont disparu et abandonné leur moule à une matière calcaire, siliceuse, argileuse, carbonique ou métallique qui les remplit aussi exactement que si un artiste habile l'eût coulée. Dans d'autres circonstances enfin, ils n'ont laissé que leurs empreintes; les ichthyolithes, les mousses, les fougères en offrent de nombreux exemples.

On nomme *fossile pulvérulent* celui qui non-seulement a perdu la matière animale qui réunissait ses molécules, mais encore a subi une autre décomposition, de laquelle est résultée une désagrégation complète des molécules et la pulvérulence du corps fossile lui-même (Deshayes).

L'*empreinte* est la trace en creux d'un corps sur une roche, la représentation de sa surface extérieure. On désigne sous le nom de *moule* le relief laissé par l'empreinte intérieure d'un corps qui s'est ensuite décomposé. On peut trouver réunis pour un seul corps fossile et son moule et son empreinte. Par exemple, une coquille enfouie dans une couche durcie a été remplie de la pâte de cette couche, qui a pris en même temps l'empreinte de sa forme extérieure; la coquille étant dissoute après la solidification de la couche, laisse intact son moule intérieur, compris dans une cavité dont la surface est l'empreinte exacte de sa forme et de ses accidents extérieurs.

Lorsque la dissolution du fossile a eu lieu et qu'il s'est

infiltré, dans la cavité qu'il a laissée vide, une matière étrangère, inorganique, qui s'y est moulée de telle sorte qu'elle représente avec la plus grande exactitude le corps fossile lui-même, on nomme *contrem-epreinte* le résultat de cette opération.

Une espèce fossile est *identique* avec une espèce vivante, lorsque, comparée à celle-ci, sa ressemblance est parfaite.

On dit qu'elle est *analogue* quand elle ne présente pas de différences assez grandes pour être considérée comme une espèce distincte de l'espèce vivante.

Deux espèces, l'une fossile, l'autre vivante, qui n'ont entre elles qu'une analogie éloignée, mais hors des limites que l'on donne aux variétés d'une même espèce, sont dites *subanalogues*.

Enfin on appelle *espèces perdues* les fossiles qui paraissent n'avoir plus de représentants parmi les corps organisés vivants.

L'action pétrifiante des eaux s'est manifestée à toutes les époques de la vie du globe antérieures aux temps historiques. La dernière révolution semble l'avoir anéantie, car on ne trouve plus rien de véritablement fossile, ni dans les animaux, ni dans les végétaux de la période actuelle.

Il nous reste beaucoup à apprendre encore, avant que le mode suivant lequel la pétrification des fossiles s'est accomplie dans certaines circonstances ait reçu une explication satisfaisante. On a supposé avec raison que les substances organiques que la vie avait abandonnées, avaient dû se trouver presque constamment dans certaines conditions données, pour passer à l'état de pétrification. Ainsi on a reconnu que la circonstance la plus favorable à cette transformation est l'enfouissement dans la terre, que c'est dans ce milieu que la décomposition s'accomplit avec plus de lenteur, tandis que dans l'eau seule cette opération est plus prompte et paraît présenter des difficultés plus grandes. A l'air, c'est-à-dire à l'action du soleil et de la pluie, tout débris de l'animal ou de la plante finit à la longue par se décomposer et disparaître. Du reste, de quelque manière que le travail de décomposition ait eu lieu, il est évident que la conversion des fossiles en pierre a été le résultat de l'imprégnation de substances calcaires, siliceuses et autres, tenues en solution dans un liquide quelconque : on comprend facilement comment, par l'effet de la putréfaction, chaque molécule organique mise en liberté sous forme fluide ou gazeuse, a pu être remplacée au même instant par une molécule de silex, de carbonate de chaux ou de tout autre minéral, et composer ainsi une masse lapidifiée plus ou moins homogène, reproduisant fidèlement la forme et la texture du corps primitif.

On ne manquera pas de se demander si, d'après les principes de la chimie, on a droit de s'attendre à ce qu'en se précipitant, la matière minérale tombe précisément à la place où s'opère la décomposition organique. Une expérience curieuse que rapporte M. Lyell pourrait servir à éclaircir ce point.

Le professeur Göppert, de Breslaw, ayant voulu, dernièrement, chercher à imiter la marche naturelle de la pétrification, fit à cet effet tremper diverses substances animales et végétales dans différentes eaux, tenant en solution les unes des matières siliceuses, les autres des matières calcaires, et d'autres enfin des substances métalliques. Au bout de quelques semaines et même de quelques jours, les corps organiques ainsi immergés se trouvèrent en partie minéralisés. Ainsi, après avoir fait tremper, durant plusieurs jours, des tranches verticales et très-minces du sapin d'Écosse (*pinus sylvestris*) dans une solution passablement forte de sulfate de fer, le professeur Göppert les fit sécher et les exposa à une chaleur rouge, jusqu'à ce que la matière végétale fût consumée entièrement et qu'il ne restât plus qu'un oxyde de fer, lequel après cette opération, se trouva avoir pris si exactement la forme du sapin, que, vu au microscope, on y apercevait distinctement jusqu'aux vaisseaux pointillés particuliers à cette famille de plantes.

Les fossiles qui sont renfermés dans les nombreuses couches de la terre occupent tantôt un espace limité où ils sont entassés pêle-mêle, tantôt ils sont accumulés en nombre si considérable, que la roche paraît en être entièrement formée. Dans la plupart des cas, ils affectent un certain ordre de superposition; par exemple, il arrive fréquemment que la partie inférieure de la même couche est abondamment pourvue de débris organiques, tandis que la couche supérieure en est tout à fait privée; d'autres fois on ne les rencontre que dans la partie moyenne. Enfin, lorsque des terrains lacustres recouvrent immédiatement ceux de formation marine, des coquilles d'eau douce se trouvent parfois mélangées avec des coquilles marines; mais, en général, un lit de coquilles du même genre ne succède jamais ou presque jamais, brusquement et sans mélange, à un lit qui renferme exclusivement un autre genre.

Une étude attentive, des observations minutieuses sont nécessaires pour reconnaître si les débris organiques sont arrivés entiers ou décomposés dans le lieu de leur enfouissement, et si le dépôt s'est formé lentement ou vite; s'il a eu lieu dans une mer basse, près du rivage ou loin du continent; si l'eau était salée, saumâtre ou douce. Après quelques recherches, on voit que très-souvent un grand nombre de coquilles est resté intact, qu'elles ont conservé leurs parties les plus délicates, leurs pointes et leurs crêtes les plus déliées, qu'elles ont été déposées par lits réguliers et horizontaux, comme au fond des mers ou des lacs; on observe le même arrangement, la même conservation parmi les ossements fossiles qui appartiennent à des animaux plus élevés dans l'échelle zoologique. Tous ces fossiles sont les mêmes dans les couches correspondantes, et l'ordre dans lequel ils sont disposés est tel, qu'il est facile de reconnaître qu'aucun effort, aucune violence n'a agi sur eux. Des squelettes entiers de petits animaux ont toutes leurs apophyses, toutes leurs saillies, et leur situation fait voir qu'ils ont été recouverts tranquillement et en place par des dépôts successifs.

Dans les belles ichthyolithes du Vicentin, on voit un poisson, *blochius longirostris* (Pl. VI, fig. 32), qui a été enveloppé par la matière calcaréo-bitumineuse qui lui sert de gangue, au moment où il avalait un autre poisson. Il est évident que, dans cette circonstance comme dans quelques autres, le dépôt s'est opéré dans un laps de temps très-court. Mais il n'en est pas toujours ainsi : nous verrons dans l'étude des terrains qu'il est certains cas où les débris organiques sont *hors place*.

Les fossiles se rencontrent à toutes les profondeurs, à toutes les hauteurs connues au-dessus du niveau des mers. On en a trouvé, dans les Alpes et les Pyrénées, à 2,745 mètres d'élévation; à plus de 3,965 mètres dans les Andes, et au delà de 4,575 mètres dans l'Himalaya.

Il a été longtemps de croyance générale que les coquilles marines et autres fossiles qui ont été découverts à ces hauteurs, étaient les effets du déluge universel; mais aujourd'hui on sait très-bien que la présence de ces corps ne peut pas être attribuée à cet événement, et qu'elle est due au redressement des couches qui contiennent ces dépôts.

Les corps organisés fossiles sont les signes principaux qui servent à faire reconnaître l'ancienneté, c'est-à-dire l'âge d'un groupe de couches, d'une formation, d'un terrain. Ceux qui se montrent le plus constamment dans les différentes couches d'une formation et qui n'appartiennent qu'à ce groupe, sont désignés sous le nom de *fossiles caractéristiques*. Les végétaux fossiles et les animaux vertébrés étant moins nombreux et d'une détermination plus difficile que les animaux à coquilles, la connaissance de ceux-ci conduit plus sûrement au but qu'on se propose dans la détermination de l'âge des roches. C'est donc à cette étude qu'il faut s'attacher d'une manière plus spéciale. Mais on ne saurait trop le répéter, pour bien comprendre le mode d'enfouissement des débris organiques dans l'épaisseur de la croûte minérale, il importe sur toutes choses de ne pas perdre de vue que *chacune des couches comprises dans cette épaisseur a été successivement la couche supérieure*, et que sur elle, par conséquent, a immédiatement reposé l'eau dans laquelle vivaient les animaux dont les formations marines, lacustres et fluviatiles, nous révèlent les restes.

CHAPITRE VI.

PHÉNOMÈNES GÉOLOGIQUES
DE L'ÉPOQUE ACTUELLE.

Des tremblements de terre. — Description du phénomène. — Effets des tremblements de terre. — Causes qui les produisent. — Hypothèse de Gay-Lussac. — Des soulèvements. — Des volcans. — Des eaux minérales et thermales.

De tous les phénomènes qui modifient la surface du globe, celui que l'on désigne sous le nom de *tremblement de terre* est, sans contredit, le plus puissant. On sait qu'il consiste dans des secousses du sol plus ou moins violentes, qui s'étendent et se font sentir à des distances souvent considérables. Sa durée n'a rien de déterminé, rarement elle dépasse trois à quatre secondes; quelquefois l'agitation du sol est si faible, qu'elle ne laisse aucune trace de son passage, et qu'une partie des personnes qui se trouvent sur les lieux ne s'en aperçoivent pas. Dans d'autres circonstances, les secousses sont successives, se renouvellent d'un jour à l'autre, ou alternent d'une semaine; il y a des points de notre continent qui ont été secoués pendant un mois; dans quelques contrées, les tremblements de terre se répètent pendant plusieurs années de suite; ainsi les vallées du Mississipi, de l'Ohio et de l'Arkansas furent agitées depuis le 16 décembre 1811 jusqu'en 1813.

La nature des secousses que le sol éprouve varie, mais dans la plupart des cas elle n'a rien de cette violence que l'on pourrait imaginer par les effets : tantôt c'est une espèce de mouvement d'ondulation qui semble partir dans un sens et s'étendre dans un autre, tantôt c'est un balancement croisé, mais très-brusque, qui a lieu alternativement comme un choc sur une table qui tendrait à l'élever; dans d'autres cas, c'est un tournoiement véritable. Le tremblement de terre qui, en 1755, engloutit 60,000 personnes sous les murs de Lisbonne, eut lieu dans le sens du méridien, et les trépidations étaient du sud au nord.

Toutes les parties des continents ont été agitées et bouleversées à différentes époques, et l'on connaît aujourd'hui plus de six cents tremblements de terre que leur violence et leur étendue ont rendus mémorables. Toutefois, il est des pays qui sont plus exposés que d'autres à être le théâtre de ces accidents; on a remarqué qu'ils étaient plus fréquents dans les terrains où il existe des eaux minérales en abondance, des volcans éteints ou peu actifs. Dans les Pyrénées, où ces secousses sont ordinairement très-faibles, Ramond en a compté près de soixante dans le laps d'une année; dans la Suisse et le Valais, on en observe assez souvent. Du reste, telle est la connexion qui existe entre ces tremblements de terre et les phénomènes volcaniques, qu'il n'est pas rare de voir ceux-ci se manifester pour la première fois au milieu des convulsions les plus violentes du sol. En 1538, après deux ans d'agitations presque continuelles, le terrain des environs de la Solfatare de Pouzzolle s'ouvrit pour donner passage à une telle quantité de laves, de scories et de cendres, que ces matières, s'amoncelant tout autour, produisirent par leur entassement une montagne de 140 mètres de hauteur, sur 2,600 mètres de circonférence (Monte-Nuovo).

On a cru remarquer que les secousses se montraient plus fréquemment à la suite des grandes pluies et durant l'hiver. Cependant il est plus naturel de croire « qu'elles « sont principalement déterminées par une longue in« terruption dans les émanations volcaniques » (Humboldt). En effet, comme nous le verrons bientôt, l'action des vapeurs élastiques qui tendent à se frayer une issue paraît devoir être la cause principale et la plus générale de ce phénomène. Quant à l'influence des saisons et de l'atmosphère, elle est à peu près nulle, ou du moins elle n'a pas été constatée suffisamment; on sait que le temps fut très-beau et très-serein durant les tremblements de terre de Lisbonne, de Messine et de Cumana.

Des bruits sourds, des mugissements souterrains, que tous les observateurs s'accordent à représenter comme ayant la plus grande analogie avec le bruit produit par des vents déchaînés dans une forêt, ou avec celui d'une voiture qui roulerait sur un pont, sont ordinairement les signes qui précèdent ou suivent les tremblements de terre. Cependant, l'intensité du bruit n'est pas constamment en rapport avec la force des secousses; « quelquefois « même le roulement de ces tonnerres souterrains dure « pendant plusieurs mois, sans être accompagné du « moindre mouvement oscillatoire du sol » (Humboldt).

Ce bruit précurseur explique la frayeur inquiète que les animaux éprouvent avant que la secousse ait été rendue sensible. Leur tête, plus rapprochée de la terre, doit apprécier bien plus vite que nous le son qui se propage de bas en haut.

Dans les lieux habités, quand les trépidations du sol sont peu fortes, on en est averti par le tintement des cloches, par le choc des batteries de cuisine, par le mouvement des meubles. Si le tremblement a de la violence, on éprouve un sentiment de vertige très-marqué, les oiseaux s'abattent d'un vol rapide vers la terre, les murailles se lézardent, des cheminées s'ébranlent et tombent. D'autres phénomènes plus sérieux peuvent encore se manifester; ils sont d'autant plus graves, qu'il n'existe aucun pronostic qui en indique la durée ou la fin; car, à peine le bruit qui les annonce est-il entendu, que déjà la terre est ébranlée.

Indépendamment de ces accidents, il en est qui ont lieu en rase campagne. On a vu des montagnes violemment ébranlées s'ouvrir à leurs sommets et se fendre jusqu'à leur base, des arbres déracinés être lancés à une distance de 60 mètres, des fissures innombrables traverser le sol dans toutes les directions, des vallées presque comblées et mises de niveau avec les terrains situés de chaque côté par les fragments de roches qui roulaient des lieux élevés; des rivières arrêtées, taries, et d'autres englouties; des niveaux changés, des montagnes soulevées du sol. Après le tremblement de terre de la Calabre, un terrain voisin de la mer et les collines qui dominent Messine se fendirent parallèlement au rivage. Dans une autre circonstance, une fissure large et profonde, de dix milles de longueur, s'ouvrit sur l'Etna dans le sens de son cratère.

Les tremblements de terre se prolongent sous les eaux de l'Océan et leur communiquent une partie de leur intensité d'action. Dans le tremblement de terre qui renversa Lisbonne, la mer, qui d'abord s'était retirée, s'éleva bientôt à plus de 17 mètres au-dessus de son niveau ordinaire, fit refluer les eaux du Tage et de l'Èbre, franchit la digue qui joint Cadix au continent, et noya un grand nombre de personnes qui s'y étaient réfugiées. A Kinsale, en Irlande, l'eau envahit le port; plusieurs vaisseaux pirouettèrent et allèrent tomber sur la place du Marché. Lors de la secousse qui eut lieu à Constantinople, en 1646, la mer se rua si brusquement, que 136 navires furent jetés sur la grève; trois ans plus tard, dans une même circonstance, les vaisseaux se brisèrent presque tous dans le port de Messine. En 1586, l'Amérique méridionale fut secouée dans l'étendue d'une ligne de 70 myriamètres; à l'instant de la secousse, la mer s'avança à 10 ou 12 kilomètres dans les terres; on ignore s'il y eut alors élévation des eaux ou abaissement de la plage, ou si ces deux mouvements furent simultanés; toutefois, on reconnut une différence de niveau de 140 mètres; 6,000 personnes furent victimes de cette inondation.

Un autre effet assez fréquent de ces commotions souterraines, c'est la suspension du cours des sources; leurs eaux ne sont plus limpides, mais troubles; celles qui courent à la surface du sol sont altérées d'une manière remarquable. Il est probable que, dans ce cas, la portion du sol où se passent les secousses éprouve une élévation considérable.

L'étendue du pays qui peut être agitée par ces convulsions du sol est très-variable; quelquefois elle comprend un espace de 15 à 20 myriamètres, d'autres fois cet espace est borné à un rayon de 20 à 30 kilomètres ; il en est qui se font sentir dans la plus grande partie du continent. En 1601, il y eut un tremblement de terre qui ébranla toute l'Europe et une partie de l'Asie ; celui de Lisbonne s'étendit au Groënland, aux Indes occidentales, en Norwège, en Afrique, en Espagne, en France, en Suisse et en Allemagne.

Si ces faits dignes de remarque semblent indiquer de grandes communications souterraines entre les diverses parties de la croûte solide du globe, d'un autre côté de très-fortes secousses, qui ne se font sentir qu'à une petite distance, paraissent déposer en faveur de l'opinion contraire. Le tremblement de terre de la Calabre, qui fut si terrible, n'occupa qu'un espace de 65 lieues géographiques carrées. On a observé qu'il y avait eu en pleine mer des secousses du sol qui n'affectaient pas les îles voisines du foyer principal.

Les tremblements de terre présentent des phénomènes trop importants pour que les physiciens n'aient pas cherché depuis longtemps à donner des explications plus ou moins satisfaisantes des causes qui les produisent. De toutes les opinions émises jusqu'à ce jour, la plus probable est celle qui attribue leur origine à l'existence de la chaleur centrale de notre planète, que les travaux si remarquables de M. Cordier et d'autres géologues distingués ne permettent plus de révoquer en doute ; dans cette hypothèse, la partie externe de la masse qui se trouve à l'état de fluidité ignée au-dessous de l'écorce du globe tendant continuellement à passer à l'état solide, se réunit à la partie inférieure de la croûte minérale. Or, comme dans ce changement d'état la masse liquide ne se solidifie qu'imparfaitement, et que, d'ailleurs, elle se trouve en rapport avec une enveloppe d'une épaisseur très-inégale, il y a lieu à des mouvements de décomposition qui font passer une partie de cette masse à l'état gazeux. On conçoit alors que, si la force qui sollicite les gaz à faire des efforts pour gagner la surface extérieure de la terre rencontre un obstacle sur son passage, et que cet obstacle soit d'une nature telle que la croûte solide fléchisse plutôt que de se laisser traverser, le sol éprouvera des secousses et des agitations jusqu'à ce que l'équilibre entre la poussée et la résistance soit rétabli, ou bien que, triomphant des résistances qui s'opposent à leur sortie, ils se fassent jour sur un point quelconque du globe (volcans).

Quelques géologues, considérant comme un fait très-douteux l'état d'incandescence dans lequel serait encore l'intérieur du globe, ont eu recours à des théories chimiques pour expliquer les phénomènes des tremblements de terre, des soulèvements du sol et des volcans. Les découvertes de Davy sur la nature des métaux qui forment les bases des terres et des alcalis, ont servi de point de départ à leur système; ils supposent : 1° que la masse interne du globe, au lieu d'être à l'état de liquéfaction ignée, est un noyau solide qui n'a point subi encore le travail d'oxydation qui, dès l'origine, a dû s'opérer à la surface extérieure de l'enveloppe terrestre; 2° que l'oxydation de celle-ci a commencé du moment qu'un abaissement de température permit à l'eau de séjourner sur la terre; 3° que, depuis cette époque, ce travail se reproduit toutes les fois que l'eau est fortuitement en contact avec les matières métalliques qui se trouvent au-dessous de l'écorce oxydée de notre globe; 4° que ces métaux ont pour l'eau une affinité tellement énergique, que, lorsque ce liquide les atteint, il résulte de leur action réciproque une chaleur suffisante pour fondre les mélanges terreux et pour donner aux fluides élastiques qui cherchent à faire issue au dehors une force capable d'ébranler, de soulever le sol et de verser à sa surface fracturée des matières de l'intérieur.

Cette hypothèse, qui est due à M. Gay-Lussac, est loin d'expliquer d'une manière aussi satisfaisante les actions chimiques qui se passent à l'intérieur de la terre; il est très-probable que les grands phénomènes qui nous occupent ont une cause plus constante que celle qui semble résulter du contact accidentel de l'eau avec des métaux non oxydés; quelque difficile qu'il soit d'admettre cette communication, on comprend qu'il doit bientôt se faire, à la surface des matières non oxydées, une croûte oxydée qui empêchera la continuation du rapport immédiat de l'eau avec elles, et qui, par conséquent, mettra un terme aux combinaisons et aux décompositions qui résultaient de ce contact.

DES SOULÈVEMENTS.

L'existence des soulèvements, soupçonnée dès l'instant où l'on a cherché à deviner les causes des grands phénomènes de la nature, n'est plus aujourd'hui une idée gratuite; elle découle de faits aussi nombreux que bien observés. Les résultats généraux auxquels ont donné lieu les savantes recherches de MM. de Buch et Élie de Beaumont, la lucidité et la rigueur de leur méthode, permettent de considérer comme une vérité démontrée que les montagnes se sont formées par voie de soulèvement, qu'elles sont sorties du sein de la terre en perçant violemment sa croûte, en sorte qu'il y a eu peut-être une époque où la surface du globe ne présentait aucune aspérité remarquable.

Depuis que cette théorie si satisfaisante a été adoptée, des difficultés jusque-là insurmontables ont disparu de la science; l'inclinaison des couches des terrains de sédiment n'est plus une anomalie qui échappe au raisonnement; la présence des coquillages marins ou d'eau douce au sommet des plus hautes montagnes s'explique sans supposer que la mer ait pu atteindre à une si prodigieuse élévation. Il suffit de dire, en effet, que des montagnes, en sortant du sein des eaux, ont soulevé avec elles et porté à 3 ou 4,000 mètres de hauteur les couches calcaires dans lesquelles ces mollusques ont été enfouis.

Et d'abord, examinons s'il y a eu depuis les temps historiques des portions déjà consolidées de la croûte terrestre qui aient été soulevées en masse par des causes intérieures; s'il existe des terrains qu'une révolution du globe, postérieure à leur formation, ait élevés de notre temps au-dessus de leur niveau primitif. La réponse à ces questions ne saurait être un instant douteuse; l'île Julia, le Jorullo au Mexique, l'île Noire près de Santorin, dont nous aurons occasion de parler en traitant des volcans, appartiennent à l'époque actuelle; mais citons des faits encore, leur logique est plus puissante que les subtilités de la théorie.

Le 19 novembre 1822, à dix heures un quart du soir, les villes de Valparaiso, de Mélipilla, de Quillota et de Casa-Blanca, au Chili, furent détruites par un effroyable tremblement de terre, qui dura trois minutes. Les jours suivants, en parcourant la côte dans une étendue de plus de 120 kilomètres, divers observateurs reconnurent qu'elle s'était notablement élevée, car sur un rivage où la marée ne monte jamais que de 1 à 2 mètres, tout soulèvement du sol est facile à constater.

A *Valparaiso*, près de l'embouchure du *Concon* et au nord de *Quintero*, on voyait dans la mer, près du rivage, des rochers qu'auparavant personne n'avait aperçus. Un vaisseau qui s'était brisé sur la côte, et dont les curieux allaient à marée basse examiner les restes en bateau, se trouvait, après le tremblement de terre, parfaitement à sec. En parcourant le rivage de la mer dans une grande étendue, on trouva que l'eau, même à marée haute, n'atteignait pas les roches sur lesquelles adhéraient encore des huîtres, des moules et d'autres coquillages dont les animaux, morts depuis peu, étaient en putréfaction. Enfin les rives tout entières du lac de *Quintero*, qui communique avec la mer, avaient évidemment monté beaucoup au-dessus du niveau de l'eau, et dans cette localité le fait ne pouvait échapper aux observateurs les moins attentifs.

A Valparaiso, la contrée parut s'être élevée d'environ un mètre. Près de *Quintero*, on trouva un mètre et un tiers. On a prétendu qu'à un mille de distance dans l'intérieur, le soulèvement avait été de plus de 2 mètres, et qu'il s'était étendu jusqu'à la chaîne des Andes, qui est située à 10 myriamètres au delà.

Ici il faut admettre ou que le niveau de l'Océan a baissé, ou que tout le Chili a été soulevé. Or cette dernière conséquence est inévitable, car un changement dans le niveau de l'eau se serait manifesté au même degré sur toute l'étendue de la côte d'Amérique, tandis que rien de semblable n'a été observé dans les ports du Pérou, tels que Payta et le Callao.

SOULÈVEMENT DE LA SUÈDE. — Il existe en Europe une grande contrée (la Suède et la Norwège) dont le niveau s'élève d'une manière graduelle, et par une cause sans cesse agissante, dont la nature n'est pas bien connue. Selon le géologiste anglais Lyell, ce soulèvement est, sur certains points, de 66 centimètres à un mètre par siècle; il est inappréciable dans les autres parties que ce savant a visitées vers le sud. Nous pourrions signaler encore une foule de faits contemporains récemment observés, analogues à ceux-ci, mais ils sont trop nombreux pour trouver place ici; qu'il nous suffise de citer le curieux exemple d'un terrain qui paraît avoir monté et baissé à plusieurs reprises, sur lequel on a beaucoup écrit et qui a été un sujet de controverses jusque dans ces derniers temps.

TEMPLE DE SÉRAPIS. — Il existe à l'extrémité occidentale de la ville de Pouzzolle, en Italie, un monument antique de construction romaine, improprement appelé temple de *Jupiter Sèrapis*, bien que les antiquaires soient d'accord aujourd'hui pour le regarder comme un établissement d'eaux thermales, fondé comme la plupart de ceux des anciens, sous l'invocation d'une divinité. Cet édifice, dont il ne reste plus que quelques ruines et trois colonnes debout, en marbre cipolin, paraît avoir été construit vers la fin des IIe et IIIe siècles; il est situé à 33 mètres du rivage, à la base de la Solfatare dont nous avons parlé plus haut. Le pavé de ce monument est à présent de 33 centimètres plus bas que le niveau de la mer; et à la hauteur de 3 mètres 33 centimètres au-dessus de ce pavé, on remarque sur les trois colonnes encore debout une zone de deux mètres de hauteur, parsemée d'une innombrable quantité de petits trous qui ont été faits dans le marbre par des mollusques à coquilles bivalves, appartenant au genre *pholade* ou à quelque genre voisin. Près de ces colonnes gisent sur le sol de gros fragments d'une quatrième colonne qui était semblable aux trois autres, et ces fragments, au lieu d'être percés comme celles-ci, parallèlement à leur diamètre, le sont parallèlement à leur axe. Ainsi, la disposition de ces trous de lithophages indique évidemment que ces colonnes n'ont été percées que depuis l'érection du monument.

De toutes les hypothèses qu'on a imaginées jusque dans ces derniers temps pour expliquer ce singulier phénomène, la seule admise aujourd'hui est celle qui attribue l'état actuel du monument de Pouzzolle à un abaissement et à un soulèvement successifs du sol ; ajoutons que cette explication a acquis une nouvelle certitude depuis que d'autres faits contemporains ont démontré que, dans certaines localités, le sol pouvait éprouver de pareils changements de niveau. Ainsi, il est constant que la côte occidentale du Groënland s'est abaissée continuellement, depuis quatre siècles, sur une longueur de plus de 80 myriamètres du sud au nord, que plusieurs îles de la mer du Sud, que les Andes semblent présenter le même phénomène, mais d'une manière moins marquée.

DES VOLCANS.

DÉFINITION. — On appelle *volcan* le réceptacle souterrain qui contient et la cause et la matière des éruptions. C'est à tort que les monts plus ou moins élevés, qui ne sont que leur produit, sont désignés sous cette dénomination. On distingue dans un volcan le *foyer*, la *cheminée* et le *cratère*.

Le *foyer* est le point intérieur d'où provient la puissance volcanique.

On donne le nom de *cheminée* au conduit par lequel s'élèvent de dedans en dehors des jets de substances embrasées, des courants de matières fondues (laves), des scories ou des cendres, des gaz ou des vapeurs.

Le *cratère* est une partie évasée en forme de cône renversé ou d'entonnoir, qui termine la cheminée à sa partie supérieure. Il se trouve ordinairement placé au sommet de la montagne conique produite par les déjections du volcan.

Il arrive souvent que la matière fluide, incandescente, remplit le cratère, s'échappe par ses bords, et en altère plus ou moins la forme. C'est presque toujours par cette seule issue que sortent les laves dans les volcans peu élevés; lorsqu'ils ont une certaine hauteur (Etna, Pic de Ténériffe, Cordilières), les éruptions se font par des bouches ou par des cratères latéraux; il ne s'échappe que des gaz ou des vapeurs par l'orifice supérieur.

On distingue dans un cratère les *bords* et le *fond*. Dans les volcans éteints, les bords sont souvent couverts à leur intérieur d'une belle végétation; quelquefois le fond est rempli d'eaux pluviales qui le transforment en une sorte de lac. Le cratère, vu en dehors, reçoit le nom de *cratère externe;* vu en dedans, il prend celui de *cratère interne*. Quelques cratères sont ouverts, d'autres sont entourés comme d'un mur circulaire. Dans les premiers, le cône conserve sa forme régulière jusqu'à la cime, la pente est couverte de masses variées, et quand on parvient à la cime, on aperçoit l'intérieur du cratère, qui de loin ressemble à un cylindre placé sur un cône tronqué; c'est à cette disposition que Deluc a donné le nom de *couronne volcanique* (Cotopaxi, Vésuve). Il existe des cratères qui se ferment après chaque éruption ; d'autres, au lieu d'être placés sur la cime du volcan, s'ouvrent au contraire sur son flanc; quelques volcans ont un cratère à leur sommet et un autre latéral (Pic de Ténériffe). Enfin on en rencontre qui ont à la fois plusieurs cratères, ce qui a porté certains voyageurs à les considérer comme des groupes de volcans.

CARACTÈRE. — Un caractère propre aux volcans en activité, c'est la fumée continuelle qu'exhale la cheminée centrale.

FORMES. — Les accumulations des produits volcaniques affectent ordinairement une forme conique; cette forme dépend évidemment de l'arrangement de leurs couches; elles reposent presque constamment sur le granit, mais leur axe traverse aussi d'autres roches, des porphyres, des traumates, des bancs de calcaire primordial, et même des bancs de calcaire coquiller.

DISTRIBUTION. — Les phénomènes volcaniques semblent perdre chaque jour de leur importance, ils étaient bien plus fréquents et plus nombreux antérieurement aux temps historiques; ainsi les volcans qui brûlaient au sein des continents se sont éteints; ceux qui donnent encore des signes d'une incandescence plus ou moins active sont situés au voisinage de la mer; leur nombre est de 560 environ. Les deux tiers sont dans les îles, l'autre tiers est sur les continents. La plupart d'entre eux sont en pleine activité; quelques-uns semblent prêts à s'éteindre, et reprendront par la suite peut-être leur énergie primitive; ils se trouvent répartis dans les cinq parties du monde de la manière suivante : Europe, 22; Asie, 126; Afrique, 25; Amérique, 205; Océanie, 182.

On rencontre des volcans sous toutes les latitudes ; cependant le plus grand nombre appartient aux îles de la zone torride, et principalement aux archipels de l'Océanie, qui se succèdent presque sans interruption, depuis la presqu'île de l'Inde jusqu'aux côtes occidentales de l'Amérique du Sud. Un fait digne de remarque, c'est qu'en Europe et en Asie, aucun volcan n'est situé dans une chaîne de montagnes (Humboldt), tous en sont plus ou moins éloignés; dans le Nouveau-Monde, au contraire, les volcans les plus imposants par leur masse font partie des Cordilières mêmes.

Lorsqu'on examine avec quelque attention cette distribution, on voit bientôt qu'elle n'est point due au hasard, que les volcans ne sont isolés nulle part, qu'ils constituent des groupes et des systèmes, et que ces systèmes composent même de vastes régions volcaniques. Partant de ce fait, le célèbre géologue L. de Buch, a rangé tous les volcans connus en deux classes : les *volcans centraux* et les *chaînes volcaniques*. Les premiers forment toujours le centre d'un grand nombre d'éruptions qui ont lieu autour d'eux dans tous les sens, d'une manière presque régulière; les seconds, ordinairement peu éloignés les uns des autres, sont alignés dans une même direction, comme s'ils étaient les cheminées d'une grande faille ou les soupiraux d'une longue galerie souterraine.

ÉRUPTIONS. — Une éruption peut être considérée comme l'ensemble des phénomènes volcaniques qui se manifestent au dehors.

L'éruption de la plupart des volcans est très-ancienne. Beaucoup brûlent depuis un temps immémorial, et semblent conserver encore leur énergie primitive. Le seul dont on connaisse la date, est celui qui se montra au

Mexique en 1759 (Jorullo). L'intervalle entre les éruptions et leur nombre n'a rien de déterminé. En vain on les étudie, on ne trouve à constater que les irrégularités les plus grandes dans leurs paroxismes. Dans les volcans les plus anciennement connus, l'Etna et le Vésuve, le souvenir de l'ordre dans lequel les éruptions ont eu lieu, est entièrement perdu. On ne sait rien de la durée de leurs périodes d'intermittence, si ce n'est qu'elle a dû parfois être très-longue. Ainsi, à l'époque où le Vésuve ensevelit sous ses cendres Pompeïa, Herculanum et Stabia (an 79 de J.-C.), des arbres d'une grande dimension avaient eu le temps de croître dans son cratère. Il s'assoupit de nouveau à la fin du XVe siècle, et, lorsqu'en 1630, il sortit de sa longue léthargie, son sommet était habité et couvert de grands bois fréquentés par des sangliers. Au fond de son cratère, on voyait une plaine de cinq milles de circonférence où paissait le bétail.

Certains phénomènes pronostiquent ordinairement les crises volcaniques. Les premiers symptômes observés sont, presque toujours, des mugissements souterrains assez analogues au bruit que produit l'explosion d'un canon de gros calibre, ou au roulement d'une voiture sur le pavé, et des tremblements de terre plus ou moins circonscrits. L'émission de la fumée qui sort du cratère augmente, les eaux minérales s'altèrent, les eaux douces se troublent, l'eau des puits change de niveau, quelquefois tarit; souvent enfin, on remarque un dégagement d'acide carbonique dans les caves situées à une certaine profondeur. Bientôt les bruits souterrains deviennent plus intenses, des secousses agitent la montagne, la vapeur plus abondante prend une teinte plus foncée, se charge de cendres, s'élève dans les airs, tantôt comme un nuage épais qui obscurcit le jour et couvre de ténèbres les contrées environnantes, tantôt comme une immense colonne que traversent des jets embrasés, sinueux et rapides comme la foudre. A ces projections gazeuses succèdent des projections de pierres incandescentes, de scories embrasées qui, semblables à une gerbe de feu, se dilatent et retombent en grêle pierreuse, et brûlent autour de la bouche volcanique. Cependant les secousses continuent et redoublent, le tonnerre éclate et la pluie tombe; la lave, qui depuis longtemps bouillonnait dans le cratère, le remplit, franchit ses bords, s'échappe en torrents embrasés sur les flancs du volcan, grandit, s'avance, en surmontant les obstacles qu'elle rencontre, court au loin dans la plaine, enflamme les forêts, envahit les villages et couvre sous son courant refroidi de fertiles campagnes que ni le fer des hommes, ni les rayons du soleil ne sauraient pénétrer.

Après l'émission des laves, les convulsions du sol semblent vouloir cesser; mais cet instant est de peu de durée. Bientôt de nouvelles gerbes s'élèvent, et les mêmes phénomènes souvent se reproduisent, plus terribles encore, après un temps plus ou moins long. Enfin le calme renaît, et le volcan, comme épuisé par les fatigues de la lutte, rentre dans le repos, et Dieu seul connaît l'instant de son réveil. Toutefois, on a remarqué que la fréquence des éruptions est en raison inverse de l'élévation du volcan.

Tels sont les phénomènes généraux que présentent les éruptions volcaniques. Examinons avec quelque détail ce que chacun d'eux a de plus remarquable.

Et d'abord, ce sont les bruits souterrains. Les détonations, qui répandent partout l'épouvante et qui précèdent ou accompagnent l'émission des matières lancées dans l'atmosphère, sont souvent entendues à des distances considérables; les explosions qui annoncèrent, 27 avril 1812, la première éruption des cendres du volcan de Saint-Vincent, ne parurent pas plus fortes aux habitants que la décharge d'un canon de gros calibre; cependant ce bruit fut parfaitement entendu sur le *Rio-Apure*, à 80 myriamètres de là; c'est la distance de Paris au Vésuve. Ce bruit se soutint avec tant d'intensité, qu'on le prit pour le son du canon et qu'il donna lieu sur plusieurs points à des dispositions militaires. Les mugissements souterrains du Cotopaxi, pendant l'éruption de 1744, retentirent jusqu'à 100 myriamètres; en 1815, le Tomboro, volcan de l'île de Sumbawa, eut une éruption accompagnée de détonations qui se firent sentir à une distance de 120 myriamètres. Dans de telles circonstances, la transmission du son à des distances aussi considérables, ne se fait pas au moyen de l'air; elle a lieu par la croûte solide du globe. On sait, d'ailleurs, que la propagation du son par les corps solides est plus rapide que par l'air, et que le son est porté beaucoup plus loin.

NATURE DES PRODUITS VOLCANIQUES GAZEUX — Les matières gazeuses qui s'échappent pendant la coulée des laves sont de différente nature; la vapeur d'eau en constitue la majeure partie. On y trouve en plus ou moins grande abondance le gaz hydrogène sulfuré, l'acide chlorhydrique, l'acide carbonique et l'azote. Ces divers gaz ne se rencontrent pas dans tous les volcans. Lorsque les vapeurs qui se dégagent contiennent de l'acide sulfhydrique en excès, les cratères revêtent ces teintes vives qui font ordinairement l'admiration des voyageurs.

Le gaz hydrochlorique existe en grande quantité au Vésuve. Le gaz acide carbonique est quelquefois assez abondant, mais il se dégage plutôt du pied que de la cime du volcan, tant après que pendant les éruptions. M. Boussingault, qui a examiné avec le plus grand soin les fluides élastiques qui s'exhalent des volcans américains, a reconnu qu'ils sont formés principalement d'acide carbonique, d'air ordinaire et d'une petite quantité d'acide sulfhydrique.

L'azote est le gaz le plus rare, sa présence a été constatée dans les cavités des terrains volcaniques. On a supposé que ces émanations gazeuses dégageaient une odeur de soufre très-prononcée; il en est rarement ainsi; l'odeur dominante est celle de l'hydrochlorate d'ammoniaque et de soude; ces sels ont été trouvés au Vésuve, à plusieurs reprises. En 1669, l'Etna produisit une si grande quantité d'hydrochlorate d'ammoniaque, qu'on en chargea plusieurs bâtiments. L'éruption de 1811 en fournit beaucoup aussi; on trouve assez souvent du sous-carbonate de soude en quantité notable; il est probable qu'il emprunte alors l'acide carbonique à l'air ambiant. Au Vésuve, on recueille beaucoup d'hydrochlorate de cuivre; tous ces sels, à l'exception du dernier, étant solubles dans l'eau, sont très-facilement entraînés par les eaux de pluie. On a aussi trouvé à la Guadeloupe du sulfure rouge d'arsenic dans la matière des éruptions; une substance métallique très-commune, c'est le fer oxydé spéculaire, il s'en produit à toutes les époques; le soufre ne se rencontre que dans les solfatares.

On a cru une seule fois reconnaître l'odeur du pétrole; l'analyse n'indique aucun élément qui permette d'expliquer la présence de cette substance.

Les flammes que ces gaz produisent, surtout celles du gaz hydrogène sulfuré, s'élèvent souvent en forme de colonne à des hauteurs immenses. En 1738, de semblables flammes s'élancèrent du Cotopaxi à une élévation de plus de 12,000 mètres.

NATURE DES PRODUITS VOLCANIQUES SOLIDES. — Les matières solides lancées par les volcans sont quelquefois réduites, par la violence de la force de projection, en une substance pulvérulente d'une couleur brune ou grise, qui ressemble aux cendres de nos foyers. Ces nuages de cendres, presque aussi légers que les nuages ordinaires, sont, dans certaines circonstances, portés par les vents à des distances énormes. On en a vu partir de l'Etna, recouvrir tout le sol de l'île de Malte, qui est éloignée de plus de vingt-cinq myriamètres de ce point, et aller tomber sur les côtes de la Barbarie et de l'Égypte. L'historien Procope rapporte qu'en 472 les cendres du Vésuve furent portées jusqu'à Constantinople, c'est-à-dire à 100 myriamètres de ce volcan. Souvent cette poussière, seule ou réunie avec de la vapeur d'eau, couvre l'horizon d'un voile si épais, que tout le pays sur lequel elle s'étend est comme enveloppé dans d'épaisses ténèbres durant plusieurs heures. (Éruptions du Vésuve, octobre 1822, du Cotopaxi 1768, de l'Hécla 1766.)

D'autres produits à l'état solide sont désignés sous les noms de *sables* ou de *pouzzolanes ;* ils se présentent sous la forme de petits grains irréguliers et fortement torréfiés; s'ils sont en fragments assez gros pour être comparés au gravier, on les appelle *rapilli;* plus gros encore, et poreux à l'intérieur, ce sont des *scories*. Lorsque la matière des laves est lancée à l'état de fluidité et qu'elle reste un certain temps en l'air, elle retombe quelquefois solidifiée sous forme de *bombes*, *d'amandes* ou de *larmes volcaniques*. Tantôt ces masses, plus ou moins volumineuses, molles encore, s'aplatissent au moment de leur chute; tantôt elles se tassent en blocs considérables. Toutes ces matières offrent une variété de couleur qui est en raison de l'état d'oxydation du fer qui entre dans leur composition.

Il arrive quelquefois que des blocs rejetés par les volcans n'offrent aucun indice de fusion; ce sont probablement des fragments de roches détachés des parois des cavités intérieures que les fluides élastiques entraînent avec eux dans leur mouvement ascensionnel. (Calcaire grenu, granit, gneiss, etc., etc.)

ÉRUPTIONS AQUEUSES. — On a longtemps cru que les volcans dégageaient des matières à l'état de fluidité aqueuse; mais il est à peu près certain que, dans la plupart des cas, l'eau et la boue que l'on voit couler sur leurs flancs lors des éruptions, ne viennent point de l'intérieur, et qu'elles sont dues, tantôt à des vapeurs abondantes qui, se trouvant dans un milieu plus froid, se condensent en nuages énormes et retombent en larges gouttes sur le sol qu'elles inondent, tantôt à la fonte de vastes amas de neige qui, pendant la période de repos, se sont formés sur le sommet du cône volcanique (Islande, Amérique, etc.). Cependant, dans certaines localités, il est sorti, non pas du cratère, mais par des fissures latérales, des quantités d'eau et de boue considérables. Telle est l'éruption qui eut lieu le 4 février 1797, près le village de Rio-Bamba, dans l'Amérique méridionale. La boue noirâtre dont elle était composée contenait une grande quantité de petits poissons, appartenant au genre *silure*, et exhalait une odeur très-remarquable d'hydrogène sulfuré. La présence de ces poissons, dont la conservation ne permet pas de croire qu'ils aient été exposés à l'action d'une forte chaleur, indique, selon toute apparence, qu'ils habitent les lacs souterrains, dont les eaux communiquent de plusieurs manières avec la montagne volcanique. Ces éruptions, rares en Europe, sont très-fréquentes dans l'Amérique du sud. On attribue cette différence à l'élévation vraiment prodigieuse des cônes volcaniques de cette partie du monde. L'immense profondeur de leur foyer ne permettant pas à la lave d'arriver jusqu'aux bords du cratère, on conçoit qu'il ne doit s'échapper de cet orifice que des pierres isolées, des cendres, des gaz en ignition, de l'eau bouillante, de la boue, de l'argile carbonée, etc., etc.

DURÉE DES ÉRUPTIONS. — La durée et l'intensité des éruptions sont très-variables; il en est dont l'apparition ne dure qu'un espace de temps très-court, quelques minutes, quelques heures; l'Etna, le Vésuve brûlent assez souvent pendant quinze jours, un mois; le Ténériffe, plusieurs mois; le Cotopaxi, quelques volcans de l'Islande, des années entières. Lorsque les éruptions durent très-longtemps, les phénomènes qu'elles présentent sont bien moins terribles que ceux observés dès le début (Stromboli, solfatares de Pouzzolle). On a cru remarquer que leur violence était d'autant plus grande, que l'intermittence d'une éruption à une autre avait été plus longue (Vésuve, an 79).

INTENSITÉ DE PROJECTION. — L'intensité d'action particulière à chaque volcan détermine la hauteur à laquelle sont projetées les matières solides, incohérentes, qui constituent les déjections. D'Aubuisson de Voisins a calculé que la vitesse avec laquelle elles s'élèvent dans l'atmosphère est inférieure à celle qui anime un boulet au sortir du canon (500 mètres par seconde). Celles que lança le Vésuve en 1779, restèrent 20 à 25 secondes dans l'air; le Cotopaxi, en 1533, jeta à 12 kilomètres de son cratère des masses de 10 mètres cubes. Nous ferons remarquer que dans l'évaluation de la force qui porte de pareilles masses à une si grande hauteur, il est essentiel d'ajouter à celle-ci la distance du foyer au cratère, qui souvent doit être de plusieurs mille mètres.

DES LAVES. — On donne le nom de *lave* à toutes les matières minérales qui s'échappent au dehors à l'état de liquéfaction ignée, soit par le sommet des cônes volcaniques, soit par des fissures latérales.

INTÉRIEUR DES CAVITÉS VOLCANIQUES. — Quelque grande que soit la difficulté de constater l'état des matières en fusion dans les cavités volcaniques, des observateurs non moins curieux qu'intrépides ont pu contempler, à une certaine profondeur, la matière liquide et incandescente qui s'élevait à quelques mètres au-dessous d'eux : ils ont reconnu qu'elle était entièrement semblable à celle d'un métal fondu dans nos fourneaux, qu'elle avait un mouvement d'ébullition plus ou moins prononcé, qu'elle s'abaissait et s'élevait par des oscillations continuelles, tantôt avec dégagement de fumée blanchâtre, tantôt avec production d'un bruit assez analogue aux éclats du tonnerre. Il est rare que la force qui pousse la lave vers l'extrémité supérieure d'un volcan, ait assez de puissance pour l'élever jusque par-dessus le bord du cratère; c'est ordinairement par les flancs que son épanchement a lieu. Toutefois cette règle générale n'est applicable qu'aux volcans très-élevés. Lorsque ceux-ci sont d'une hauteur peu considérable (le Vésuve), les matières fluidifiées sont rejetées par leurorifice.

EFFETS DES LAVES. — L'homogénéité des laves et la fusion parfaite de leurs éléments indiquent l'existence d'une chaleur interne bien supérieure à celle de nos fourneaux. Les inductions que l'on peut tirer de l'existence de celle-ci, nous sont fournies par l'effet des laves sur les matières qu'elles atteignent au moment de leur sortie. Ainsi, des pierres à fusil ont été trouvées fondues ou vitrifiées à la surface des courants; des morceaux de fer malléables ont triplé de volume et ont été convertis à l'intérieur en cristaux octaèdres; des fragments de cloche, de laiton, d'étain, y ont perdu leur aggrégation, et chaque métal s'est départi de son alliage. On a trouvé dans les masses qui les constituent certaines substances qui ne sont fusibles qu'à 400° du pyromètre de Wedgwood (quartz, gneiss). Elles ont produit sur l'argile une transmutation en matière analogue à de la poterie, ou l'ont fait passer à un état complet de vitrification. Dans d'autres terrains elles ont donné à la masse un aspect siliceux.

REFROIDISSEMENT. — Le refroidissement des laves est en raison de leur épaisseur, il ne s'effectue promptement qu'à la surface exposée à l'air. La chaleur se concentre dans l'intérieur des courants et entretient longtemps leur fluidité. On a vu des coulées de laves fumer vingt ans après leur sortie; les scories qui en formaient la voûte étaient couvertes de nombreux lichens. Les pluies qui accompagnent si souvent les éruptions, peuvent aussi contribuer au refroidissement des laves.

Il arrive quelquefois que la vapeur contenue entre le sol et la nappe de lave qui repose sur lui, boursouffle celle-ci jusqu'à une hauteur de 15 à 20 mètres. On trouve des exemples de ce phénomène dans les environs de Murat (Cantal).

MARCHE DES COURANTS. — Par quelque point du cône volcanique que l'épanchement ait lieu, la lave suit, comme tous les corps fluides, un cours plus ou moins rapide; son degré de fluidité, l'inclinaison du terrain ou la résistance des obstacles qu'elle rencontre sur son passage, modifient sa vitesse de telle sorte, qu'elle met quelquefois des journées entières pour avancer de quelques pas, et que dans des circonstances favorables elle parcourt en très-peu de temps des distances considérables. Dolomieu parle d'un courant qui a mis deux ans à parcourir 3,800 mètres; en 1805, M. de Buch en a observé un qui, sorti de la cime du Vésuve, franchit en trois heures l'espace qui sépare ce point du bord de la mer (7,000 mètres); dans l'éruption de 1776, un de ces courants parcourut plus de 2,000 mètres dans un quart d'heure. En général, la lave se meut lentement; son peu de vitesse est due à sa viscosité première : quand elle sort du volcan, elle est extrêmement fluide et ressemble assez bien à une coulée de verre fondu ou de fonte; mais cet état a peu de durée, sa surface, noircie au contact de l'air, se fige, se durcit, et bientôt la fluidité n'existe plus qu'à l'intérieur; ses bords, au lieu de s'amincir, comme dans les courants de la plupart des liquides, s'élèvent presque verticalement et se soutiennent à une hauteur de plusieurs mètres. Dans son mouvement de progression, elle se montre constamment plus ou moins agitée : tantôt elle présente une surface unie, de laquelle s'échappent des jets de flamme et de fumée, tantôt elle se roule sur elle-même, poussant devant elle le sable, les scories ou des fragments d'anciennes laves arrachées au sol; d'autrefois elle bouillonne et se couvre de nombreuses boursoufflures; vient-elle à rencontrer un obstacle, elle se gonfle et se brise ou se divise en plaques qui, en se heurtant dans leur marche, rendent un bruit sourd et confus que Spallanzani compare à celui des glaçons que charrient les rivières; ailleurs elle se détourne sans se rompre, et continue d'avancer. La plupart déposent sur leur passage des matières salines en abondance, du chlorure de sodium, du sulfate de soude, du sulfate et de l'hydrochlorate de potasse, du sulfate et de l'hydrochlorate d'ammoniaque, de l'oxyde de cuivre.

L'étendue des courants présente de nombreuses différences. Hamilton a suivi un courant parti du Vésuve, qui s'étendait à près de 14,000 mètres; celui de l'éruption de 1794 avait une longueur de 4,200 mètres et une largeur moyenne de 200 mètres. En 1783, une éruption de l'Hécla couvrit l'Islande d'un torrent de laves de 80 kilomètres de long sur 16 de large. C'est l'exemple le plus extraordinaire que l'on puisse citer.

Ces quantités de lave, dont la masse totale effraie l'imagination, prouvent évidemment qu'elles ne peuvent provenir que de l'intérieur du globe, car souvent le volume de certaines éruptions pourrait à peine être contenu dans la montagne qui le fournit.

ÉRUPTIONS SOUS-MARINES. — L'existence des volcans sous-marins est aujourd'hui un fait mis hors de doute. Si l'on n'en connaît qu'un petit nombre, c'est que leur apparition, presque constamment suivie d'une destruction plus ou moins prompte, ne laisse que des traces incertaines. Le 11 juin 1638, pendant un tremblement de terre, on vit une éruption remarquable de flammes, de fumée et de blocs de roches apparaître dans les Açores, entre l'île Saint-Michel et Terceira. Peu après s'éleva une île de 8 kilomètres environ de longueur et de plus de 120 mètres de hauteur, mais qui, malgré cette étendue, ne tarda pas à disparaître. Le 31 décembre 1719, une nouvelle île surgit dans les mêmes parages; un torrent de laves coulait de ses flancs escarpés; on l'apercevait de 30 à 40 kilomètres en mer; trois ans plus tard, après s'être abaissée peu à peu au niveau de la mer, elle avait disparu complétement.

ILE JULIA. — Au mois de juillet 1831, une éruption volcanique se manifesta au sein de la Méditerranée, entre les côtes de la Sicile, l'île de Pantellaria et le banc de Skerki, dans le voisinage de celui de Nérita. Au bout de peu de temps, cet îlot, auquel on donna le nom de *Julia*, avait 700 mètres de circonférence et 70 de hauteur. M. Constant Prévost, qui fut envoyé par le gouvernement français pour observer cette curieuse formation, rapporte que cette éruption fut précédée de tremblements de terre nombreux et très-prolongés, qui furent ressentis dans une étendue de plus de 160 kilomètres, sur la côte occidentale de la Sicile, dans la direction du sud-ouest au nord-est, et parallèlement à la ligne des volcans de cette contrée. Selon ce célèbre géologue, les secousses du sol étaient souvent accompagnées de bruits très-forts, comparés par les habitants à de longs mugissements ou bien au retentissement de fortes canonnades, qui duraient quelquefois pendant plus d'une demi-heure. Plusieurs jours avant l'éruption, la surface de la mer parut agitée comme un liquide en ébullition, ses eaux se troublèrent; bientôt elle fut couverte de poissons morts ou seulement engourdis, dont on recueillit un grand nombre sur les rivages de la Sicile, à plus de 40 kilomètres du point où allait paraître l'île. L'apparition de l'île fut successive, les éruptions intermittentes. Celles-ci commencèrent par des vapeurs légères, qui, augmentant peu à peu, donnèrent lieu à une colonne blanche floconneuse d'une hauteur de 5 à 600 mètres sur 30 de largeur. Ces vapeurs se levèrent d'abord seules, puis elles furent mêlées de cendres, de pierres et d'autres vapeurs roussâtres fuligineuses; un, puis plusieurs pitons parurent isolément et se réunirent pour former autour du centre d'éruption un bourrelet de matières meubles, dont la forme changeait continuellement, et qui, d'abord au niveau des eaux, s'éleva graduellement jusqu'à 70 mètres au moins, laissant dans les premiers moments le cratère en communication avec la mer, tantôt au nord tantôt au sud-est, selon l'effet des vents ou celui des vagues qui contribuaient au transport et à l'entraînement des matières rejetées.

La disparition de l'île fut lente et successive, comme avait été l'apparition; elle fut produite, ainsi que l'abaissement du sol redevenu sous-marin en grande partie, évidemment par l'action des vagues qui, après avoir favorisé l'éboulement des cendres, des scories et fragments incohérents dont l'île était composée, entraînèrent ces matériaux meubles, la transformèrent en un banc couvert de trois mètres d'eau environ dans quelques parties, et dont la forme n'a plus rien qui dénote son origine dernière : observation importante à consigner pour faire comprendre la difficulté de retrouver les anciens foyers d'éruption dans les formations volcaniques sous-marines aujourd'hui émergées.

Par les considérations qui précèdent, M. Prévost a été amené à reconnaître que l'île Julia ne fut que le sommet d'un cône d'éruption parfaitement semblable à ceux de l'Etna et du Vésuve.

CE QUI SE PASSE DANS CES PHÉNOMÈNES. — La différence

des volcans sous-marins avec ceux de la surface des continents se borne à peu de choses. Dans la plupart des cas, les matières, étant coagulées par l'action du milieu au sein duquel elles s'épanchent, n'arrivent pas au dehors; la lave ne se montre que lorsque le sommet du cône est hors de l'eau; sa nature est la même. Or, comme sa coagulation doit se faire très-rapidement, elle ne saurait s'étendre à des distances considérables. Les courants ont probablement plus d'épaisseur, ils doivent se composer de matières mélangées de la manière la plus bizarre; les précipités salins se dissolvent immédiatement; leur base étant alcaline, il se fait des échanges de base avec ceux contenus dans le liquide environnant; les eaux de la mer, soulevées par la force explosive du volcan, après s'être élevées pendant un certain temps, reprennent leur niveau; bientôt tout rentre dans l'ordre, et l'on n'aperçoit plus aucunes traces de l'action volcanique.

VOLCANS BOUEUX, SALZES. — Les déjections de boue que l'on désigne ordinairement sous le nom de *salzes* ont été rangées à tort parmi les phénomènes volcaniques. Ceux-ci ont un foyer situé à une profondeur considérable, annoncent leur présence par des dégagements de fumée, de gaz enflammés, de matières liquides ou incandescentes; ceux-là, au contraire, ont un centre d'action que tout indique être peu profond, et ne donnent jamais issue à des matières qui soient à l'état de liquéfaction ignée; leur action consiste en un dégagement de gaz hydrogène, chargé de pétrole peu susceptible de s'enflammer, et en un rejet de matières argileuses, mélangées avec de l'eau, imprégnées de bitume et surtout de sel marin. Ils donnent lieu à des amas de terre peu consistants, de forme conique, traversés par une cheminée, et se terminent à leur sommet par une espèce de cratère. Ces cônes ont en général une petite dimension; leur plus grande hauteur n'est que de quelques mètres ; on en rencontre aux environs de Modène à Macalouba en Sicile, et dans quelques lieux encore.

TERRAINS ARDENTS. — Les phénomènes connus sous le nom de *terrains ardents*, de *fontaines ardentes*, diffèrent peu de ceux des salzes. On les observe en Toscane, dans le Modenais, en Dauphiné, en Perse, etc., etc.; ils consistent dans des dégagements de gaz ou de vapeurs qui s'enflamment spontanément ou quand on leur présente un corps en ignition; il existe une fontaine de ce genre, près de Saint-Barthélemy (Isère), elle surgit d'un sol tellement imprégné de gaz hydrogène proto-carboné, que, pendant les chaleurs de l'été, la flamme qu'elle dégage s'élève à plusieurs mètres de hauteur, et que des voyageurs, à son aspect, se sont imaginés voir un village en combustion. Le lieu où ce phénomène a acquis le plus de célébrité est, sans contredit, le Temple des Guèbres, situé près de Backu sur les bords de la mer Caspienne. Là, ces feux furent longtemps l'objet d'un culte particulier des disciples de Zoroastre.

Il est à remarquer que les dégagements de gaz inflammable dont nous parlons ici, se manifestent de préférence dans les contrées où il y a des salzes. De même que celles-ci, ils appartiennent à un autre ordre de phénomènes que les volcans proprement dits.

VOLCANS ÉTEINTS. — On trouve fréquemment à la surface du globe des montagnes coniques de même nature que celles des volcants brûlants. L'Auvergne, le Vivarais, le Gévaudan et plusieurs régions de l'Europe en renferment un grand nombre. On ne saurait douter que ce sont là des volcans éteints. Aucune tradition ne sert à révéler l'époque de leur éruption. Il est probable qu'elle est antérieure aux temps historiques. Il ne manque à ces accumulations souvent énormes que des solfatares et des cheminées, par lesquelles sortirait la vapeur, pour représenter un volcan en activité.

CHAMPS PHLÉGRÉENS. — Il est d'autres terrains volcaniques dans lesquels il ne s'est point opéré d'éruption depuis les temps historiques, et où les traces des cônes volcaniques, presque entièrement effacées, décèlent encore par leurs exhalaisons et leurs vapeurs le feu qui les a ravagés. Tels sont les champs *Phlégréens* que l'on traverse en sortant de Naples par la grotte Pausilippe. On y voit un reste d'ancien cratère qui a l'aspect d'une plaine blanchâtre, nue, calcinée, entourée par des rochers que rongent et détruisent d'une manière incessante les vapeurs et les eaux pluviales. Ce lieu très-remarquable a été appelé *solfatare* ; sa circonférence est de 2,200 mètres environ. Il existe à sa partie orientale un grand nombre de *fumeroles* ou de fissures qui dégagent des vapeurs (gaz sulfhydrique, chlorhydrique) dont la chaleur approche de celle de l'eau bouillante. La décomposition de ces gaz par l'air atmosphérique donne naissance à plusieurs produits (soufre, sulfate d'alumine, ammoniaque) que l'industrie exploite avec avantage.

Quand on marche sur le sol d'une solfatare, on entend sous ses pieds un bruit semblable au bruissement du vent, que d'autres ont comparé à celui produit par un liquide en ébullition; autour de soi, tout est imprégné de soufre, cette substance se dépose sur tous les corps sous forme de concrétions, de cristaux, etc., de filaments plus ou moins délicats.

DES EAUX MINÉRALES ET THERMALES.

EAUX MINÉRALES. — On appelle *eaux minérales* celles qui tiennent en solution des sels en quantité assez notable pour altérer le goût et la couleur qui forment les caractères de l'eau douce, et pour exercer sur l'économie animale une action plus ou moins marquée.

TEMPÉRATURE. — La température des sources minérales est ordinairement au-dessus de la température moyenne du sol dont elles s'échappent. Elle est invariable dans la plus grande partie des sources, variable pour quelques-unes, mais nous manquons de jaugeages pour savoir si elle éprouve une variation notable dans le cours de la journée.

VOLUME. — On voit les eaux minérales sourdre de toute espèce de terrains anciens ou modernes, de cristallisation ou de sédiment. Leur cours est régulier ou intermittent. Leur volume, quelquefois réduit à un simple filet, acquiert d'autres fois un développement tel, qu'il existe des sources qui fournissent jusqu'à cent mille mètres cubes d'eau par an.

COMPOSITION CHIMIQUE. — Les substances qui entrent dans la composition des eaux minérales sont l'oxygène, l'azote, l'acide carbonique, l'hydrogène sulfuré, l'acide borique ou boracique, l'acide sulfureux, la silice, la soude ; les sulfates de soude, d'ammoniaque, de chaux, de magnésie, d'alumine, de potasse, de fer et de cuivre; les nitrates de potasse, de chaux et de magnésie; les hydrochlorates ou chlorhydrates de potasse, de soude, d'ammoniaque, de chaux, de magnésie, d'alumine et de manganèse; le sous-borate de soude, les phosphates de chaux et d'alumine, le fluate de chaux, enfin des matières végétales et animales en petite quantité.

EAUX THERMALES. — On donne le nom de *thermales* aux eaux minérales chaudes. Leur température s'élève quelquefois à un degré étonnant; on en cite qui atteignent 88,96 et même 100 degrés de l'échelle thermométrique. A cet état, l'eau est ordinairement pure et limpide, ne forme aucun dépôt, n'a ni odeur ni saveur; sa pesanteur spécifique est la même que celle de l'eau distillée, et les réactifs ne décèlent d'autres substances étrangères qu'une très-faible proportion d'acide carbonique et d'azote, et des quantités inappréciables de silice ou d'hydrochlorate de soude. Du reste, ce n'est que par exception que les eaux thermales contiennent si peu de matières; de même que les eaux minérales froides, elles renferment des gaz, des corps simples, des métaux, des acides, des alcalis, des sels, de la silice et de la matière organique généralement azotée.

COMPOSITION. — Nous n'avons pas besoin de dire que tous ces éléments ne se rencontrent jamais dans l'eau d'une même source, car il en est qui ne peuvent se trouver ensemble sans se décomposer aussitôt. La même eau en contient rarement plus de huit à dix; la proportion de chacun d'eux est toujours très-limitée. Les substances salines les plus abondantes sont les hydrochlorates et les sous-carbonates de soude, de chaux, de magnésie et de fer; l'on trouve ordinairement ensemble le sulfate et le carbonate de chaux, le fer et le sulfate d'alumine, l'hydrochlorate de soude et celui de chaux. Selon Kirwan, l'hydrochlorate de soude est toujours accompagné de sulfate de chaux, à moins qu'il n'y ait du carbonate de soude; le carbonate de magnésie s'associe avec le carbonate de chaux, le carbonate de soude avec le sulfate et l'hydrochlorate de soude, l'hydrochlorate et le sulfate de magnésie avec l'hydrochlorate de soude; le sulfate de chaux est le sel qui se montre le plus fréquemment dans presque toutes les sources; il accompagne tous les autres sels, excepté le sous-carbonate de soude avec lequel il ne peut s'associer sans qu'il y ait décomposition.

DÉPOTS. — Une partie des sels que les eaux minérales contiennent disparaît lorsqu'elles se trouvent en contact avec l'atmosphère; dans d'autres cas, ces matières forment, au sortir de la source, des dépôts abondants et variés, presque toujours parallèles et horizontaux, quelquefois cependant légèrement ondulés. Lorsque ces dépôts sont dus à des matières siliceuses, les incrustations auxquelles celles-ci donnent lieu prennent toutes sortes de formes; elles sont d'abord tendres et molles; ce n'est qu'à la longue et par une infiltration insensible qu'elles acquièrent la dureté et la solidité des pierres calcaires.

Plusieurs sources contiennent en si grande abondance des carbonates ou des sulfates de chaux, qu'elles forment des dépôts calcaires qui, dans certaines localités, sont exploités pour les constructions (eaux de *San-Vignone*, de *Tivoli*, de *San-Felipo*); cependant, ce serait une erreur de croire que les eaux minérales peuvent seules donner lieu à la formation des dépôts concrétionnés que l'on remarque si fréquemment à la surface du sol; il existe de nombreuses grottes où les incrustations et les lits calcaires sont produits par les eaux douces; on a fait de vains efforts pour y découvrir la présence de l'acide carbonique, et cependant les dépôts n'en ont pas moins eu lieu, et ils oblitèrent des passages où l'on pouvait, à des époques peu éloignées, librement circuler.

Nous avons trouvé quelquefois de la silice hydratée et du fer hydraté, qui formaient des incrustations à l'état de mollesse, lesquelles ne se concrétaient d'une manière solide que lorsqu'on les soumettait à l'action de l'air extérieur. Nous ignorons si cette remarque a été faite par d'autres que par nous, toutefois elle nous a semblé prouver qu'il peut se former dans les terrains meubles des matières susceptibles de se concréter par la seule intervention de l'humidité. C'est qu'en effet ce mode d'imbibition détermine dans toutes les matières un mouvement moléculaire indépendant de celui de dissolution, qui a beaucoup d'analogie avec ce qui doit se passer dans le phénomène de la spathisation.

Nous pourrions citer encore de nombreux exemples de dépôts qui se sont formés et qui se forment encore autour des sources minérales, peut-être nous aideraient-ils à comprendre comment se sont opérés les grands dépôts géologiques; de même que les expériences faites dans un laboratoire de chimie nous apprennent à connaître les lois que suit la nature lorsqu'elle agit sur une grande échelle. Mais ces sources ne sont-elles à l'époque actuelle qu'une faible manifestation d'une action qui fut autrefois assez puissante pour participer à la création de tous les terrains de sédiment que nous observons à la surface du globe? Bien des géologues le pensent; d'autres se refusent à le croire. Du reste, ce qu'il y a de bien certain pour nous, c'est que les eaux minérales ont changé plusieurs fois de nature, qu'elles ont versé autrefois en abondance des matières qu'elles ne contiennent plus aujourd'hui, et qu'elles ont subi une grande diminution dans la proportion de leurs principes minéraux.

Les eaux minérales et thermales se rencontrent sous

toutes les zones, sous tous les climats, dans toutes les contrées, mais plus fréquemment dans les terrains voisins des volcans anciens et modernes que dans tout autre lieu. On compte en France 140 sources d'eaux thermales et 90 sources froides, dont la composition minéralogique est assez marquée pour que l'art ait songé à en tirer parti.

ÊTRES ORGANISÉS. — Les conferves et les végétaux ne sont pas les seuls corps organisés qui se développent dans les eaux thermales ; on voit de petits insectes se jouer en grand nombre dans des sources dont la température est de 57° (Washita, Am. du Nord). Certaines sources qui marquent 40° R. contiennent une espèce de paludine (*turbo thermalis*) qui vit au milieu de leurs eaux ; la *neritina prevostina* et le *melanopsis audebardi* se rencontrent dans les eaux de Baden, en Autriche, à la température de 20° R. ; des mollusques, l'*ulva thermalis*, le *limneus pereger* vivent dans les eaux de Gasten, pays de Salzbourg, à 38° R. Enfin on a observé que plusieurs plantes phanérogames peuvent supporter une température de 54° R.

Ces faits pourraient servir à expliquer, par l'action des sources minérales qui doivent avoir été très-nombreuses dans les premiers temps de la création, la formation de certains terrains à débris organiques, formation qui n'avait pu être attribuée à une cause semblable avant qu'on eût reconnu que certains corps organisés pouvaient se développer et vivre dans les eaux dont la haute température semblait devoir être un obstacle au développement de l'action vitale.

Considérées sous le rapport de leur composition chimique, les eaux minérales ont été divisées en cinq grandes classes, savoir : 1° eaux salines ; 2° eaux acidules gazeuses ; 3° eaux alcalines ; 4° eaux ferrugineuses ; 5° eaux hydro-sulfureuses.

ORIGINE DES EAUX THERMALES ET MINÉRALES. — La température toujours croissante des couches terrestres, ne pouvant être l'effet de l'action des rayons solaires, doit nécessairement être attribuée, ainsi que nous l'avons dit plus haut, à la chaleur propre que notre planète tient de son origine. Ce *feu central*, que l'on considère aujourd'hui comme chose prouvée, nous porte donc à admettre que les eaux des sources minérales et les matières qu'elles renferment, proviennent des profondeurs du globe, et que c'est là qu'elles empruntent la chaleur dont elles sont douées lorsqu'elles viennent sourdre à la surface du sol. On ne peut leur supposer une autre origine.

THERMALITÉ. — Ce phénomène de thermalité, rapporté par la plupart des physiciens à la décomposition des pyrites, à la combustion des couches de charbon de terre et au voisinage des volcans, a reçu, dans ces derniers temps, un mode d'interprétation qui nous paraît remplir toutes les conditions du problème. Ainsi, dans l'état actuel de la science, l'eau des sources thermales serait de l'eau de l'extérieur qui pénètrerait à travers la croûte du globe jusqu'à la surface des couches incandescentes, foyer de la puissance volcanique, des tremblements de terre et des soulèvements ; ce ne serait pas de l'eau pluviale, qui peut tout au plus alimenter des sources ordinaires à niveau variable, mais l'eau des ruisseaux, des rivières et des fleuves, qui, coulant pour la plupart sur des fentes préexistantes qui ont marqué leur lit, abandonnent toujours la même quantité d'eau, qui descend jusqu'au point de contact et remonte ensuite chargée de principes différents. « Si l'on conçoit, dit l'illustre Laplace, que les eaux, en pénétrant dans l'intérieur d'un plateau élevé, rencontrent dans leur mouvement une cavité de 3,000 mètres de profondeur, elles la rempliront d'abord; ensuite acquérant à cette profondeur une chaleur de 100° au moins, et devenues par là plus légères, elles s'élèveront et seront remplacées par les eaux supérieures, en sorte qu'il s'établira deux courants d'eau, l'un montant, l'autre descendant, perpétuellement entretenus par la chaleur intérieure de la terre. Ces eaux, en sortant de la partie inférieure du plateau, auront évidemment une chaleur bien supérieure à celle de l'air au point de leur sortie. » Ceci posé, la constance de température de chaque source est un phénomène qui s'explique aisément. En effet, il est évident que, aussi longtemps que l'eau, devenue plus légère ou passée à l'état de vapeur, s'élève à une hauteur donnée, l'eau condensée qui arrive à la surface extérieure du sol doit conserver le même degré de caléfaction, puisqu'elle est toujours dans des conditions identiques; et d'ailleurs, les roches sont en général de si mauvais conducteurs de la chaleur, que les parois des fissures traversées par l'eau se trouvent bientôt à égalité de température, qu'elles gardent ensuite pendant des espaces de temps dont Dieu connaît seul la durée.

SUBSTANCES SALINES. — L'oxygène de l'air, absorbé par une sorte de cémentation ou au moyen des fissures qui traversent le sol, se combine d'une manière lente, mais incessante, avec les corps non oxydés qui se trouvent dans la sphère d'activité du foyer incandescent, et donne naissance aux acides, à la silice, et aux différents sels qui existent si rarement à l'état de pureté dans les cavités de la croûte oxydée.

PRÉJUGÉS. — Les eaux thermales ont été depuis fort

longtemps l'objet de préventions remarquables; il faut convenir que si les faits cités par le plus grand nombre des auteurs anciens et modernes étaient démontrés, ils tendraient à introduire de notables anomalies dans la doctrine de la chaleur. Ainsi il existerait un nouveau mode d'union du calorique avec les corps, en vertu duquel, *tout en affectant le thermomètre à la manière ordinaire*, cet agent adhèrerait aux eaux minérales suivant d'autres lois que celles déterminées par la nature, la densité et la viscosité du liquide; les abandonnerait autrement que par voie de rayonnement ou de transmissibilité. Les eaux thermales, comparées à l'eau commune, conserveraient plus longtemps leur chaleur que celle-ci; elles n'entreraient pas aussi vite en ébullition; elles produiraient sur nos organes des effets incomparablement plus doux que ne le ferait l'eau ordinaire élevée à la même température.

Il résulte de recherches toutes récentes qui ont eu pour objet d'éclairer ce point de doctrine, que le calorique qui pénètre les eaux thermales n'est pas plus adhérent qu'il le serait dans l'eau commune élevée à la même température; que leur refroidissement n'est pas plus lent; que leur échauffement n'est pas plus difficile; enfin que l'action qu'elles exercent sur l'économie animale, en vertu de leur température, est tout à fait comparable à celle qu'on obtiendrait de l'eau commune élevée au même degré de chaleur par les procédés de l'art.

CHAPITRE VII.

SUITE DES PHÉNOMÈNES GÉOLOGIQUES

DE L'ÉPOQUE ACTUELLE.

Influence des agents extérieurs à la surface du globe. — Dégradations des continents. — Action de l'atmosphère. — Dunes. — Action de la chaleur. — De l'électricité. — Effets des eaux. — Infiltration. — Congélation. — Avalanches de pierres. — Évaporation. — Eaux des pluies. — Eaux courantes. — Eaux des lacs. — Action de l'eau dans la mer. — Barres. — Glaciers.

Quand on observe l'état actuel des continents et des îles, il est impossible de ne pas reconnaître que les tremblements de terre, les volcans, les soulèvements et les eaux minérales ne sont pas les seuls agents qui fassent subir des altérations plus ou moins grandes à leur surface; il en est d'autres qui, au lieu d'agir comme ceux-ci, de bas en haut, attaquent le globe par sa snperficie : tels sont l'atmosphère et l'eau.

ACTION DE L'ATMOSPHÈRE.

AIR EN MOUVEMENT. — L'air en mouvement exerce une action peu marquée sur les masses minérales solides, il se borne à enlever les molécules que la décomposition a détachées de leur surface et à déterminer parfois la chute de quelques roches déjà ébranlées. Mais quand il agit sur des sables fins et meubles, il produit fréquemment des effets assez intenses pour changer entièrement l'aspect d'une contrée; c'est ainsi qu'en 1666, une grande masse de sable, de 6 à 7 mètres de hauteur, fut mise en mouvement et couvrit tout un canton voisin de Saint-Pol de Léon, en Bretagne; cinquante-six ans après, cette masse s'était avancée de 24 kilomètres dans l'intérieur des terres, et l'on apercevait à peine quelques pointes de clochers des villages engloutis.

DUNES. — Les *dunes*, ou plages de sable du littoral de l'Océan, sont en général soumises à ce mouvement de transport, qui les porte insensiblement vers l'intérieur des terres, et auquel les plantations faites avec le plus d'art et de soin n'opposent bien souvent qu'un obstacle inutile. Elles avancent ainsi de 20 à 25 mètres par année. L'ingénieur Brémontier, qui a publié sur les dunes du département des Landes un travail remarquable, a calculé l'époque à laquelle Bordeaux subirait le sort du canton dont nous venons de parler.

DE LA CHALEUR. — La chaleur de l'atmosphère agit sur les masses minérales en les désagrégeant par les alternatives de condensation et de dilatation que son plus ou moins d'intensité produit; cette action toute chimique est peu profonde.

ÉLECTRICITÉ. — Les effets lents et continus de l'électricité à la surface sont à peine sensibles, ou du moins très-imparfaitement connus. On sait que les décharges électriques fondent souvent les roches, les brisent, et en font tomber les débris du sommet des montagnes dans le fond des vallées. Friedler fait remarquer que la foudre, en pénétrant dans les sables, y creuse des canaux étroits, irréguliers, souvent très-profonds, dont les parois sont consolidées par la fusion du quartz même.

ACTION DE L'EAU.

L'eau peut être considérée comme ayant une action mécanique et chimique très-marquée sur la surface du globe. Aidée de l'action de l'air et de la chaleur, elle parvient à la longue à altérer les roches, à en désagréger les parties constituantes, à les décomposer et à les faire tomber comme en efflorescence.

INFILTRATION. — Par leur infiltration dans le sein de la terre, elles tendent à éloigner les particules dont les roches sont composées, soit en s'unissant chimiquement avec la matière qui leur sert de ciment, soit en les entraînant mécaniquement.

On a quelquefois vu des montagnes se partager verticalement par l'effet des eaux qui s'étaient infiltrées entre leurs fissures. C'est ainsi qu'en 1772, sur le territoire de Trévise, la montagne de Piz se fendit en deux; une partie se renversa et couvrit trois villages avec leurs habitants.

Vingt ans avant cet événement, les eaux qui avaient pénétré dans les fentes d'une montagne, près de Sallanche, en Savoie, en déterminèrent la chute; Donati calcula que les masses éboulées formaient un volume de six millions de mètres cubes.

CONGÉLATION. — Lorsque, par un abaissement suffisant dans la température, l'eau infiltrée dans les roches s'y congèle, son augmentation de volume, qui se fait sentir à des profondeurs plus ou moins grandes, prépare les déchirements auxquels sont exposés les flancs et les sommets des hautes montagnes ; tant qu'elle reste gelée, elle sert encore de lien aux parties qu'elle doit désunir ; mais comme à l'époque du dégel rien ne maintient plus écartées l'une de l'autre les parties de roches infiltrées, celles-ci tombent de la place qu'elles occupaient à des niveaux plus bas, et donnent souvent lieu à ces grands éboulements connus sous le nom d'*avalanches de pierres*.

ÉVAPORATION. — L'évaporation met les masses qu'elle dessèche dans un état particulier qui les rend susceptibles d'être attaquées par certains agents ; ainsi c'est la grande sécheresse des sables qui leur permet d'être entraînés par les vents ; c'est encore la même cause, l'absence d'eau, qui permet aux courants d'air d'enlever en tourbillonnant une portion des sables du désert ou de la terre desséchée.

EAUX DE PLUIES. — L'eau qui coule à la surface immédiatement après y être tombée de l'atmosphère, et sans être contenue dans un lit, produit des effets de dégradation plus ou moins marqués. Lorsqu'elle tombe en petite quantité, ses effets sont peu sensibles, elle humecte la terre, filtre à travers les premières couches et va alimenter les sources ; mais il n'en est plus de même dans les grandes pluies, dans les orages, les averses, et dans les fontes considérables de neige : alors on voit les eaux couler de tous côtés sur le sol qui les a reçues, dégrader les terrains meubles, creuser de profonds sillons, élargir des ravins, entraîner des matières qu'elles n'auraient pu déplacer dans les circonstances ordinaires, et les transporter jusqu'à l'embouchure des fleuves et des rivières, où elles peuvent former des dépôts d'une certaine étendue.

On lit dans les mémoires de l'Académie de Stockholm qu'en 1740 une pluie d'orage, qui dura huit heures, fut tellement forte, qu'elle détruisit et entraîna plusieurs collines dans l'ancienne province de Wermeland, voisine de la Norwège.

DES EAUX SOUS FORME DE COURANTS. — Les fleuves, les rivières, les ruisseaux, en un mot, tous les cours d'eau, et surtout ceux dont la pente est rapide, exercent une action continuelle sur leur lit et sur les rives qui les contiennent; ils dégradent leurs bords, les corrodent, entraînent dans leur trajet les parties qui sont en contact avec l'eau; cette force érosive des eaux est souvent si puissante, que, dans certaines circonstances, les roches les plus dures sont attaquées, rongées et détruites complétement par elles. Chaque jour des faits de ce genre se présentent à l'observation. L'action des courants sur les rochers va même jusqu'à percer des digues de roc qui barraient leur chemin et qui semblaient devoir mettre un obstacle éternel au cours qu'ils ont aujourd'hui. Le Danube pénètre en Valachie par une étroite ouverture que ses eaux ont creusée et que l'on nomme les *Portes-de-Fer*. La Sioule, près Pontgibaud, en Auvergne, s'est fait jour à travers une large coulée volcanique qui s'opposait à son passage. Il serait superflu d'accumuler les citations de faits pareils.

La puissance érosive des eaux courantes est en rapport avec leur vitesse, leur poids, leur faculté délayante, leur abondance et la nature des terrains. Lorsque le cours d'eau est rapide et sinueux, les dégradations de ses rives sont d'autant plus considérables que ses sinuosités sont plus grandes. On conçoit aisément comment ces sinuosités multiplient les obstacles; les rives présentant une plus grande surface au courant, sont évidemment plus exposées à son action continuelle.

La rapidité d'un courant dépendant beaucoup de la chute de la rivière d'un niveau à un autre, le transport des substances détachées de son fond ou de ses bords est réglé par la pente plus ou moins variable de son lit. M. de La Bèche établit comme un fait général que les rivières dont le cours est rapide et peu étendu entraînent les galets jusque dans les mers voisines, comme cela a lieu dans les Alpes maritimes, tandis que celles dont le cours est long et devient lent, de rapide qu'il était d'abord, déposent les cailloux là où la force du courant diminue, et ne transportent que du sable et de la boue jusqu'à leur embouchure, comme le Rhin, le Rhône, le Pô, le Danube, etc.

Il suit de là que la nature du détritus emporté jusqu'à la mer par les rivières, dépend de la longueur et de la rapidité de leur cours, toutes les autres circonstances restant les mêmes.

Des observations basées sur des calculs approximatifs donnent lieu de croire que, pour agir sur un lit d'argile propre à la poterie, la vitesse du fond d'un courant doit être de 8 centimètres par seconde.

Un courant dont la vitesse est de 17 centimètres par seconde, entraîne le sable fin; si cette vitesse s'élève à 22 centimètres, l'eau charriera les sables de toute grosseur; à 33 centimètres, elle déplacera les graviers fins, et à 66 centimètres, elle fera rouler les cailloux arrondis de deux centimètres et demi de diamètre; enfin, il faut une vitesse d'un mètre par seconde, au fond du lit d'une rivière, pour qu'elle puisse entraîner des pierres anguleuses de la grosseur d'un œuf.

EAUX DES LACS. — Les eaux des lacs exercent des dégradations plus ou moins marquées sur les digues qui les retiennent et s'opposent à leur écoulement. Quelquefois elles en corrodent la partie inférieure; d'autres fois, en s'échappant à travers les fissures de leurs parois, elles mettent entièrement à sec le bassin dans lequel elles étaient contenues. Lorsqu'elles parviennent à rompre leur digue, si celle-ci est composée de matériaux peu cohérents, susceptibles d'être entraînés subitement par la pression qu'elles exercent, il peut se produire une débâcle dont les effets dépendront de la masse des eaux retenues, de la vitesse de leur cours, qui va quelquefois de 15 à 20 mètres par seconde, et d'autres circonstances dont il est aisé de se rendre compte.

ACTION DE L'EAU DANS LA MER. — Les mouvements dont les eaux de la mer sont douées ont une influence considérable sur les bords du bassin qui les contient. L'analogie nous porte à admettre que l'action réunie des marées, des vagues et des courants a donné lieu à des empiétements de la mer sur les continents qui, aux époques antérieures aux temps historiques, ont dû singulièrement modifier leurs formes, et que ces envahissements se sont reproduits sur une échelle bien plus grande que ceux de l'époque géologique actuelle. Les événements de cette nature sont trop nombreux, trop compliqués, se confondent trop souvent avec des traditions fabuleuses pour que, dans un ouvrage élémentaire, il nous soit permis de rechercher leur degré de vraisemblance et de réalité; nous nous bornerons à donner un aperçu rapide de quelques-uns de ceux dont l'histoire nous a conservé la date certaine.

Un siècle environ avant l'ère chrétienne, la Chersonèse Cimbrique, aujourd'hui le Jutland en Danemarck, subit plusieurs envahissements de la mer, qui forcèrent plus de 300,000 hommes en état de porter les armes et une multitude de femmes et d'enfants, à quitter leur patrie et à se jeter en Italie et en Espagne. On donna à ces inondations successives le nom de déluge cimbrique.

Toutes les îles qui bordent au nord la Hollande et le Hanovre sont des portions du continent qui en ont été séparées par les envahissements de la mer depuis l'époque du déluge cimbrique et même durant le moyen âge.

Entre les années 801 et 950, les mêmes causes firent disparaître aux environs de Venise les îles d'Ammiano et de Costanziaco.

En 1106, le Malamocco-Vecchio, ville alors considérable, située dans les mêmes parages que Venise, fut engloutie par la mer.

Le 1er novembre de l'année 1170 est célèbre dans les annales de ces désastres par une inondation appelée *première marée de la Toussaint*, et dont l'un des premiers résultats fut la formation de l'île de Wieringen, située aujourd'hui entre la Frise et le Helder.

Vers la fin du treizième siècle, les provinces septentrionales de la Hollande et du Hanovre virent un grand nombre de bourgs, de villages, de monastères et la ville de Torum engloutis par les eaux; plus de 300,000 individus périrent victimes de cet événement.

En 1634, la mer envahit toute l'île de *Nord-Strand*, près de la côte occidentale du Danemarck, et les débris de l'île formèrent trois îlots nommés Pelworm, Lütje-Moor et Nord-Strand.

Ce fut la mer qui, en 1784, forma le lac d'Aboukir, dans la Basse-Égypte.

Ces faits, dont nous pourrions facilement augmenter le nombre, suffiront pour prouver que, très-vraisemblablement, c'est à des mouvements analogues, à cette lutte incessante de l'Océan contre ses bords, qu'est dû le creusement de la plupart des détroits.

Les effets destructeurs des mers ne sont aussi considérables que dans des circonstances éloignées. Le plus ordinairement l'action des vagues se borne à la dégradation des côtes contre lesquelles leurs efforts viennent se heurter ; ces côtes, connues en France sous le nom de *falaises* (du saxon *fels*, rocher), portent, sur les bords de la Manche, des traces plus ou moins profondes de destruction ; leurs débris fournissent les galets ou cailloux roulés qui encombrent les anses ou les ports, depuis l'embouchure de la Seine jusqu'à celle de la Somme.

On conçoit qu'en général la puissance d'érosion est d'autant plus grande que les roches sur lesquelles elle agit sont tendres et friables, et que leur escarpement au-dessus du niveau des eaux se trouve dans certaines conditions d'élévation. Aussi a-t-on remarqué depuis longtemps que la configuration des côtes était presque toujours déterminée par la dureté des roches qui les constituent. Ce caractère n'est cependant pas le seul, car il faut encore tenir compte de la direction et du plongement des couches. Lorsque celles-ci vont en inclinant se plonger dans la mer, l'action des vagues sur elles étant presque sans effet, puisque le retour d'une lame le long du talus de la côte diminue la force de la lame qui suit, et que ce qui reste de cette lame est employé à remonter le long du talus, dont la surface n'offre aucun point saillant qui s'oppose aux vagues ; il suit de là que la forme de ce point de la rive n'est presque jamais altérée.

C'est à l'action érosive des flots, combinée avec celle des eaux pluviales qui pénètrent de haut en bas dans l'épaisseur des couches, que sont dus ces fragments détachés de la craie, qui, sous la forme de portiques, d'obélisques et de pyramides, donnent un aspect si pittoresque aux falaises de la Normandie, vues des bords de la mer.

L'action des vagues sur le fond de la mer a des limites où elle ne se fait plus sentir. En général, son effet est plus marqué selon que l'eau devient moins profonde et que l'on approche du rivage. Mais on n'a pas encore déterminé d'une manière exacte jusqu'à quelle profondeur cette puissance s'étend; les observations qui l'ont fixée à 30 mètres ont besoin d'être confirmées.

BARRES. — Les vagues forment assez souvent devant l'embouchure des fleuves des dépôts, dont les uns mobiles et les autres immobiles sont connus sous le nom général de *barres*. Dans quelques localités, ces amas de sables et de galets, qui y rendent la navigation si dangereuse, sont en partie laissés à sec à la marée basse; dans d'autres, ils ne sont jamais découverts, mais leur position est toujours reconnaissable par le bouillonnement des vagues qui viennent s'y briser. On rencontre ces dépôts dans toutes les parties du monde maritime; ils obstruent souvent l'embouchure des rivières, les détournent de leur cours, soit qu'ils s'étendent d'une rive à l'autre, soit qu'ils se développent sur un seul de leurs bords.

GLACIERS. — Les glaciers contribuent comme les autres phénomènes de la nature à modifier la surface du sol. Instruments puissants de dégradation, ils chassent et transportent devant eux, jusqu'aux régions les plus basses, des masses immenses de débris dont la chute terrible est suivie des plus désastreux effets. La Suisse, et en général tous les pays de montagnes, ne sont que trop souvent témoins de ces épouvantables catastrophes.

CHAPITRE VIII.

SUITE DES PHÉNOMÈNES GÉOLOGIQUES
DE L'ÉPOQUE ACTUELLE.

FORMATION DES TERRAINS MODERNES.

Syn. : *Terrains post-diluviens ; période jovienne* (Al. Brong.) ; *alluvion* (Werner).

DÉPÔTS TERRESTRES. — Tourbe. — Humus. — Éboulis. — Dépôts salins. — DÉPÔTS NYMPHÉENS. — Alluvions lacustres. — DÉPÔTS SÉDIMENTEUX. — Tuf calcaire ou travertin. — Stalactites. — Stalagmites. — Brèches. — Sédiments siliceux. — Sédiments gypseux. — DÉPÔTS TRITONIENS. — Rochers de madrépores. — Alluvions marines. — DÉPÔTS VOLCANIQUES.

Les dépôts de différentes sortes, produits par les causes qui agissent encore aujourd'hui, constituent le groupe moderne. Ils ont commencé au moment où nos continents ont pris leur forme actuelle ; leur caractère principal est de contenir des débris d'êtres organisés qui appartiennent à des animaux et à des végétaux semblables à ceux qui vivent encore dans nos contrées ou qu'on sait y avoir vécu, et de renfermer des monuments de l'industrie humaine. Ils sont, en général, composés de matières meubles, ténues, rarement cohérentes. Les uns sont *terrestres* ou se forment à la surface du sol, les autres sont *nymphéens* ou sont dus à l'action incessante des eaux douces et des sources; d'autres enfin sont *tritoniens* ou formés par les eaux marines.

Les dépôts terrestres comprennent des produits nombreux qui remplissent le fond des vallées, s'étendent sur les plateaux et dans les montagnes. Les plus remarquables sont la tourbe, l'humus, les éboulis et les dépôts salins.

DU TERRAIN TOURBEUX.

Quand la décomposition des végétaux, au lieu de se faire à l'air libre, se fait dans certains lieux humides, ou sous une eau qui n'est ni complétement stagnante, ni trop rapidement renouvelée, le dépôt qu'elle produit est connu sous le nom de *tourbe*. Ses couches, quelquefois très-épaisses, sont composées en grande partie de plantes marécageuses, de mousses, de *callitriches*, de *lemna* et de diverses espèces des genres *carex*, *equisetum*, *caltha*, *arundo*, *epilobium*, *parnassia*, *butomus*, *menianthes*, *hottonia*, *phellandrium*, *utricularia*, *typha*, *ceratophyllum*, *myriophyllum*, etc.

On trouve quelquefois, enfouis dans les tourbières, des arbres avec leurs branches, des coquilles d'eau douce, des ossements humains, des cadavres entiers de mammifères, de bœuf, de cheval, de sanglier, de cerf; des armes, des médailles, des instruments d'agriculture et d'autres monuments de l'industrie des hommes.

Le fer pyriteux prismatique, hydraté, limoneux, phosphaté bleu, pulvérulent, s'y rencontre aussi. On a reconnu, dans des terrains analogues à ceux des tourbières, des forêts entières qui y sont ensevelies; les arbres sont renversés dans tous les sens, et sont pour la plupart à l'état de terre d'ombre. Cependant il en est qui ont conservé leur tissu intact, de telle sorte qu'ils ont pu être employés à des constructions navales.

Tous les sols n'ont pas la propriété de tourber les végétaux; les naturalistes qui ont suivi cette transformation dans toutes ses périodes n'ont pu nous en présenter encore une théorie satisfaisante.

La nature de la tourbe n'est pas constamment la même : tantôt son tissu est formé de plantes flétries, serrées entre elles à la manière d'un feutre; tantôt c'est une matière brunâtre au milieu de laquelle on ne distingue plus que quelques filaments végétaux; d'autres fois, enfin, elle a l'aspect d'une substance noire, homogène, analogue au bitume. Cette variété est la plus estimée comme combustible.

Les tourbières se rencontrent assez fréquemment en Europe et dans le nord de la France. Celles de la vallée de la Somme sont remarquables par leur étendue et surtout par leur épaisseur, dont la moyenne est de dix mètres. La vallée d'Essonne, près Paris, en renferme une qui a 5000 hectares de surface, sur 3 mètres de profondeur. Les départements de la Meurthe et du Doubs ont aussi des masses de tourbe très-puissantes. En Allemagne, en Irlande et en Écosse, cette espèce de lignite occupe, sur plusieurs points du sol plus ou moins élevés, une étendue considérable.

Quand on pense qu'un pays tout entier (Hollande) se chauffe avec ce singulier combustible, il est permis de conseiller à ceux-là même qui sont les mieux partagés sous le rapport des matières propres au chauffage de ne point négliger cette source d'industrie et de convertir tout au moins la tourbe en engrais, en faisant tourner au profit de l'agriculture les cendres qu'elle produit et qui sont presque toujours fortement végétatives.

DE LA TERRE VÉGÉTALE.

Nous désignons sous le nom de *terre végétale* un assemblage formé de fragments extrêmement ténus de roches de toute nature qui se mêlent au détritus des plantes et des animaux, et constituent de la sorte une couche meuble plus ou moins épaisse qui recouvre la majeure partie de la surface du globe habitable. Les matières minérales qui entrent dans sa composition sont en général du sable, de l'argile, des débris de roches calcaires, porphyritiques, volcaniques, etc., etc. Lorsque ces diverses substances se trouvent combinées dans de certaines proportions avec des matières organiques décomposées et passées à l'état terreux, elles se transforment en une matière noire, légère, chargée de carbone, que l'on nomme ordinairement *humus*.

Les terres végétales peuvent être distinguées entre elles selon la nature des éléments qui prédominent dans leur composition. La connaissance de leurs principes constituants est, en agriculture, de la plus haute importance. Ainsi on dit qu'une terre est *siliceuse*, *calcaire*, *granitique*, *argileuse et volcanique*, selon que le sable, la chaux, le granit ou l'argile s'y trouvent en plus grande quantité.

Les terres *siliceuses* ou *sablonneuses* sont composées de sable quartzeux très-fin, transparent, vitreux, cristallisé, blanchâtre, reflétant par conséquent les rayons du soleil et s'échauffant peu. Mêlé à de l'humus, ce sable forme une terre légère, d'un labour facile, et très-propre à l'horticulture. Tel est le sol des environs de Paris, d'une partie de la Brie et de toute la Beauce.

La terre végétale *calcaire* est composée de graviers, de sable, de cailloux calcaires bien plus grossiers et bien moins purs que le sable quartzeux, mais qui s'altèrent facilement sous l'influence des modificateurs atmosphériques, et se réduisent en boue ou en poussière terreuse, ce que l'on n'obtient jamais du sable quartzeux. Le sol calcaire s'échauffe davantage, conserve mieux l'humidité et se trouve presque toujours favorablement constitué pour la végétation ; il est surtout propre à la culture de la vigne. Lorsque la terre végétale est unie à la craie (carbonate de chaux friable) et que celle-ci forme une assise puissante au-dessous du sol en culture, la fertilité du pays qu'elle recouvre est moins grande, elle est tout à fait nulle si la craie se montre à découvert. Cette stérilité plus ou moins complète de la terre végétale *crétacée* reconnaît deux causes principales : 1° la propriété que possède la craie d'être très-avide d'eau, de l'absorber promptement ; 2° la grande quantité de magnésie que renferme ce dépôt ; cette substance, la plus sèche, la plus aride, la plus absorbante de toutes les substances connues, n'est pas plus propre à la vie des végétaux qu'à l'entretien des animaux.

Le sol qui est le produit de la décomposition des masses *granitiques* est en général stérile. Celui qui provient du détritus des roches talqueuses, schisteuses et micacées est plus fécond ; sa couleur brunâtre favorise singulièrement l'absorption des rayons solaires. La terre végétale granitique est avide d'humidité, les rosées les plus abondantes ont souvent beaucoup de peine à pénétrer sa surface ; l'on ne voit croître sur les champs qu'elle recouvre presque aucune de ces petites plantes qui se fixent partout et qui sont l'indice de la fertilité, car leurs débris, sans cesse entraînés par les eaux, tendent presque toujours à occuper le fond des vallées. Le feldspath, qui contient une assez grande proportion de potasse ou de soude, se trouve si abondamment répandu dans ce sol, que la présence de ces alcalis caustiques vient contribuer encore à son infertilité. Les terres *argileuses* connues des cultivateurs sous le nom de *terres fortes*, — *franches*, — *grasses*, — *entières*, — *à blé*, sont épaisses, tenaces, d'une couleur jaune ou rougeâtre, qu'elles doivent à l'oxyde de fer; elles durcissent en se desséchant, prennent du retrait, se fendillent et retiennent l'eau à leur surface. Les terres argileuses, difficiles à la culture, sont rendues plus légères, plus aptes à être divisées en y mêlant du sable et du gravier; leur végétation est en général vigoureuse. Ces terres sont très-favorables à la culture du blé et au développement des prairies; elles constituent en Normandie le sol de la vallée d'Auge, si connue par ses gras pâturages.

DES ÉBOULIS. — On désigne par le nom d'*éboulis* les dépôts qui, au lieu d'être disposés par couches à la surface du sol, comme les terres végétales dont nous venons de parler, se trouvent en amas sur les pentes et au pied des montagnes; leur nature, leur forme et leur puissance dépendent de l'état minéralogique, de la forme et de la hauteur de la montagne à laquelle ils appartiennent. Les éboulis se composent de fragments des roches que la gelée, la pluie et les autres agents atmosphériques tendent sans cesse à désagréger et à réduire en galets, en sable et en argile.

Les avalanches de pierre qui roulent des sommets des montagnes, les galets et les blocs plus ou moins gros que l'écoulement des eaux entraîne dans les vallées, rentrent dans la classe des éboulis.

DÉPOTS SALINS. — Des efflorescences salines, et notamment des nitrates de potasse, de chaux et de magnésie, recouvrent, dans certaines contrées de l'Inde, de l'Amérique et de l'Égypte, des steppes immenses, où elles constituent des dépôts qui, malgré leur peu d'épaisseur, sont exploités pour les besoins du commerce. Chaque année le même phénomène se reproduit : le sel dissous par les pluies se dépose à la surface du sol, où il forme comme une croûte cohérente que bientôt la chaleur du climat fait passer à un état de dureté plus ou moins marquée.

DÉPOT NYMPHÉEN. — Le dépôt nymphéen comprend les alluvions lacustres et les différents sédiments calcaires, siliceux et gypseux qui se forment dans certaines localités. Les alluvions que forment les fleuves et les rivières sur leurs bords et à leur embouchure, se montrent dans les pays de plaines en couches horizontales plus ou moins étendues et d'une épaisseur variable. Ce sont des cailloux roulés, des sables, des graviers, qui offrent plusieurs lignes parallèles et sont disposés selon leur pesanteur, ou bien encore ce dépôt consiste dans une couche puissante de limon, composée de marne, d'argile, de sable et de débris de végétaux. Ainsi, aux bouches de l'Escaut et de la Meuse, le terrain alluvien a plus de 76 mètres d'épaisseur.

A l'époque actuelle, ces dépôts ont une importance peu marquée, toutefois ils nous donnent un aperçu de ce que la nature a fait sous des climats plus chauds et dans des proportions vraiment gigantesques. Le transport incessant des matières charriées par les rivières et les fleuves vers les parties les plus déclives du sol, à donné naissance à des contrées entières; telles sont dans les Pays-Bas les grandes étendues de terre formées par la réunion du Rhin, de la Meuse et de l'Escaut; en Égypte, les deltas formés par le Nil; au Bengale, par le Gange; en Lombardie, par le Pô; en France, par le Rhône, etc.

On a calculé que la marche moyenne des dépôts qui existent à l'embouchure du Pô, est d'environ 70 mètres par an depuis deux siècles; que les atterrissements du Rhône, depuis six ou huit cents ans, ont reculé de 2 kilomètres certains points reconnaissables; que depuis Hérodote, le delta du Nil s'est accru d'un mille.

Les débris que l'on trouve dans les dépôts fluviatiles consistent dans des débris de végétaux et d'animaux qui vivent encore dans nos contrées. Il n'est pas rare d'y rencontrer des ossements humains et divers objets de l'industrie humaine. C'est ainsi qu'en 1808, en creusant le lit de la Seine, on découvrit vers la pointe de l'île des Cygnes une pirogue qui paraissait avoir été construite dans des temps très-éloignés.

DES ALLUVIONS LACUSTRES. — Les alluvions lacustres occupent le fond des lacs. Leur mode de formation est très-simple; l'eau, en arrivant dans le bassin des lacs, abandonne toutes les matières qu'elle tient en suspension; mais les dépôts qu'elle produit, au lieu d'être en couches horizontales, comme dans les alluvions fluviatiles, sont superposés par assises plus ou moins inclinées. Ils élèvent continuellement le fond de ces bassins, et s'étendent plus ou moins, selon la force d'impulsion qu'ils ont reçue, le degré d'inclinaison des bords du lac et la profondeur à laquelle ils descendent. Ce continuel exhaussement du fond des lacs donne tout lieu de croire qu'à la longue ces vastes bassins seront transformés en plaines fertiles ; déjà l'on peut voir des exemples de cette transformation séculaire en parcourant la limagne d'Auvergne, la plaine d'Aurillac dans le Cantal, la plaine de Florence et la Bohême. Le lac Erié, dans l'Amérique septentrionale, offre un cas très-remarquable de ce genre de dépôts. Un puits creusé sur ses bords à Weigthsbourg, a traversé un mètre de sable argileux et six mètres de gravier mêlé à des blocs de diverses roches. A cette profondeur, on a trouvé des fragments de grands végétaux et des coquilles bivalves, identiquement les mêmes que celles qui vivent dans le lac. On y a découvert aussi une dent d'éléphant.

DÉPOT SÉDIMENTEUX. — Nous comprenons sous la dénomination de dépôt sédimenteux les différents sédiments *calcaires*, *siliceux* et *gypseux*, déposés par les eaux actuelles, sous la forme de sédiments solides, quelquefois d'apparence cristalline.

TUF CALCAIRE. — L'eau, en filtrant à travers l'écorce du globe, se charge plus ou moins de matières étrangères. Lorsqu'elle contient du gaz acide carbonique, elle dissout dans son trajet du carbonate de chaux autant qu'elle peut s'en saturer, puis son excès d'acide carbonique venant à se dégager dès qu'elle se trouve en contact avec un milieu où la pression est moindre, elle dépose ce sel sous forme d'un sédiment plus ou moins abondant. Ces dépôts, désignés sous le nom de *travertin* ou de *tuf calcaire*, se rencontrent presque partout, mais ils sont en général plus communs dans les contrées volcaniques ; leur volume, leur étendue, quelquefois très-considérables, ont été exagérés. Il est à remarquer que, dans certaines localités, ces sédiments s'élèvent au-dessus des bords et du lit du cours d'eau qui les dépose. C'est ainsi que la fontaine de Saint-Allyre à Clermont en Auvergne, dont les eaux sont claires et limpides, a formé un pont, espèce de massif calcaire d'un seul bloc long de 80 mètres, qui, conservant toujours son niveau malgré la pente du terrain, paraît à l'une des extrémités sortir de terre, tandis que, à l'autre extrémité, il a 6 mètres d'élévation sur une épaisseur qui, croissant graduellement, finit par avoir 4 mètres. La formation de ce pont, bâti à vide sur une eau coulante et chevauchant d'une rive à l'autre, a donné lieu à bien des absurdités et à bien des fables, que l'on trouve encore dans la plupart des livres élémentaires de géographie. Tout merveilleux que le fait paraisse aux yeux du vulgaire, il est facile de l'expliquer.

Supposons pour un instant que le dépôt sédimenteux de la source de Saint-Allyre soit arrivé par ses accroissements successifs jusqu'au bord du ruisseau qui coule à 90 mètres au-dessous d'elle, et que là son eau tombe par une faible nappe dans ce petit cours d'eau; il est évident qu'alors l'eau de la source, apportant sans cesse de la nouvelle terre calcaire, continuera de former en avant de nouvelles bavures pierreuses. Les stalactites, après avoir pris naissance vers le haut où s'attachera leur base, descendront insensiblement vers le ruisseau, et tendront à faire sur la terre une masse solide; mais le ruisseau qui coule toujours, les arrêtera à sa hauteur; il dissoudra, il emportera les sédiments à mesure qu'ils arriveront; il suit de là que le dépôt, avançant toujours par le haut, quoiqu'à vide, finira, s'il n'a pas une grande portée qui le fasse rompre, par gagner la prairie et par y former une culée qui lui servira de point d'appui. Or, comme le courant l'a toujours miné en dessous, il s'est fait un vide qui a l'aspect d'une arche de pont plus ou moins régulière. Cette ouverture est donc due à la lutte constante entre le pouvoir destructif des eaux du ruisseau et la disposition de la source à former des incrustations.

Nous devons comprendre dans ce même groupe les sédiments que produisent plusieurs sources analogues à celles de St-Allyre. Tels sont les travertins exploités aux environs de Rome, le calcaire que déposent les eaux des cascades de Tivoli, celui de Vichy (Allier); celui de Terni, formé par le Vélino; celui laissé par certaines eaux courantes des environs de Provins, etc., etc. Les plantes et les figures d'animaux que l'on plonge pendant un ou plusieurs mois dans ces sources calcarifères, ou qui sont baignées par elles sur le sol qu'elles parcourent, se recouvrent d'une incrustation qui leur donne l'aspect d'une plante ou d'un animal pétrifié. On a tiré parti de cette propriété incrustante aux sources de Saint-Allyre, de Saint-Nectaire, de San-Felipo, et dans beaucoup d'autres lieux, pour obtenir les empreintes en relief de médailles, de vases, de statues, etc., etc.

STALACTITES.—STALAGMITES. — La matière calcaire, ainsi dissoute, donne encore naissance à des concrétions plus ou moins cristallisées, que l'on rencontre principalement dans les grottes où suintent les eaux calcarifères. Parmi les grottes les plus remarquables, on cite celles d'Orselles, en Franche-Comté; d'Arcy-sur-Cure, en Bourgogne; de Caumont, près de Rouen; de la Balme-sur-l'Arve; d'Adelsberg en Carniole; d'Antiparos; de l'île de Minorque; et de Bauman, dans le duché de Brunswick.

Les stalactites et les stalagmites qui tapissent ces grottes, sont également dus à la matière calcaire que l'eau tient en dissolution. Ainsi, l'eau qui s'infiltre dans la roche au-dessus de la grotte s'y charge de carbonate de chaux;

parvenue à l'extrémité du canal qui l'a conduite, elle produit une goutte qui reste suspendue jusqu'à ce que son volume ayant augmenté, elle tombe par son propre poids; il reste alors sur la voûte comme un petit cercle de matière solide, que les gouttes subséquentes alignent et allongent; au bout d'un certain temps, il se forme ainsi un cône plus ou moins considérable, fixé par sa base à la voûte, autour duquel de nouvelles molécules s'appliquent en se disposant suivant les lois de la cristallisation (*stalactite*). Cependant l'eau qui tombe sur le sol de la grotte, contenant encore du carbonate de chaux, forme peu à peu une éminence conique qui s'élève, tandis que l'autre s'abaisse; à la fin les deux extrémités se joignent, se confondent, et se terminent par une sorte de colonne dont la base et le sommet touchent à la fois les parois inférieurs et supérieurs de la grotte (*stalagmite*). De ce qui précède, il résulte que l'on doit tenir peu de compte de la différence qu'on établissait autrefois entre une stalactite et une stalagmite, puisqu'en définitive ce sont deux concrétions de même nature, qui, partant d'un point diamétralement opposé, tendent à former un seul corps. (Pl. V, fig. 14.)

BRÈCHES. — Des dépôts analogues aux stalactites se forment aussi dans les fentes de rochers; ils se concrétionnent d'abord sur les parois de la fente, puis finissent par en remplir l'intérieur. Ce sont eux qui donnent à certains marbres ces veines de couleurs différentes qui les rendent si précieux; quelquefois des fragments de roches, des ossements tombent dans ces fentes, où bientôt ils sont empâtés (brèches). Les concrétions calcaires, connues sous le nom d'*albâtre oriental*, que l'on trouve dans certaines cavernes, appartiennent à ce genre de dépôt.

SÉDIMENTS SILICEUX. — Bien que la silice soit très-peu soluble, plusieurs sources thermales en contiennent une certaine quantité, comme le prouvent les dépôts siliceux des Geysers en Islande et celui de l'île St-Michel aux Açores ; les sources de Furnas, auxquelles ce dernier dépôt est dû, fournissent des quantités si considérables de cette matière, que celle-ci, unie à l'argile, enveloppe et fait plus ou moins passer à l'état fossile les herbes, les feuilles et les autres substances végétales qui se trouvent en contact avec elle. Les dépôts siliceux sont abondants et variés ; ils sont ordinairement disposés par couches horizontales parallèles, quelquefois légèrement ondulées ; leur épaisseur est peu marquée et leur hauteur moyenne est de 30 centimètres environ. Les silex résinites, auxquels donne lieu l'évaporation des sources du mont Dore et de St-Nectaire en Auvergne, sont compris dans ce groupe.

SÉDIMENTS GYPSEUX. — Les sédiments gypseux sont moins fréquents que les sédiments calcaires. Il est probable qu'ils sont aussi le produit de certaines eaux minérales. On trouve plusieurs dépôts de gypse dans l'île de Fortaventure (Canaries) et dans les îles Salvages ; ces dépôts se sont formés dans des lacs où se jetaient des sources chargées d'acide sulfurique.

DÉPÔT TRITONIEN.

ROCHERS DE MADRÉPORES — Le terrain madréporique se compose des portions solides de polypes appartenant à la famille des madrépores, tels que les méandrines, les caryophyllées, et notamment au genre astrée.

Le madrépore ou polypier est un corps marin, solide,

branchu, ordinairement couvert d'une foule de petites loges composées de lamelles rayonnantes que forme et qu'habite un polype. Les animaux d'un même genre se réunissent en société et par un travail, incessant d'exsudation calcaire, élèvent autour des îles des masses souvent assez considérables pour que l'on puisse en extraire des pierres d'un volume énorme. Comme ces masses dépassent rarement le niveau de la côte, et que leur présence rend la navigation dangereuse dans certains parages, on les nomme *rescifs*. D'autres les désignent sous le nom de *bancs de corail*.

Les rochers de madrépores abondent dans les mers équatoriales (Océanie), sur les côtes de la mer Rouge, dans le canal de Mozambique, aux îles Maldives, etc., etc. Les îles qu'ils constituent sont presque toutes circulaires, déprimées à leur centre et occupent quelquefois un assez grand espace (Maldives). On a supposé à tort qu'ils commençaient à établir leur demeure au fond de la mer, et que, peu à peu, ils parvenaient à former des montagnes immenses dont les bancs sous-marins ou à fleur d'eau (rescifs et îles) étaient le sommet. Les observations récentes de MM. Quoy et Gaymard ont fait connaître que les créateurs de ces singuliers terrains ne peuvent vivre qu'à de faibles profondeurs, et que leurs constructions ne sont jamais à plus de 8 ou 10 mètres dans l'eau; c'est donc sur des roches soulevées, préexistantes à leur travail, que ces petits animaux commencent à construire ces masses pierreuses qui gagnent le niveau des mers, et à la surface desquelles s'éteignent leurs dernières générations.

L'accroissement des bancs de polypiers est en général très-lent. On a calculé qu'il n'était que de deux à trois millimètres par an. Cependant, lorsque les eaux sont tranquilles et peu profondes, il est beaucoup plus considérable. Le travail commence le plus près possible de la surface des eaux. A cet effet, les polypes appuient la base de leur construction sur le prolongement sous-marin de l'île, puis ils s'en éloignent et forment *entre deux eaux*, les bancs ou rescifs que nous avons indiqués plus haut.

Quant aux masses madréporiques qui s'élèvent à une grande hauteur au-dessus des mers, elles doivent cet exhaussement à leur situation sur des terrains volcaniques soulevés postérieurement à leur dépôt, à des éruptions sous-marines ou à des tremblements de terre.

La présence de débris organiques ou de fragments de roches dans la structure de ce terrain s'explique par l'habitude où sont les madrépores, de se fixer sur d'autres corps, de les incruster, d'y vivre et d'y mourir.

ALLUVIONS MARINES. — Les dépôts alluviens marins se composent de l'accumulation des galets sur certaines plages, de ces petites collines de sable qu'on appelle *dunes*, de ces agglomérations de cailloux roulés qui forment de véritables poudingues, et que l'on observe sur les bords de la Manche, aux environs de Caen; enfin de ces dépôts de coquilles comme on en voit sur la plage du Havre, entre l'entrée du port et les phares.

Dans plusieurs contrées, ces divers dépôts se solidifient journellement à l'aide de la précipitation du carbonate de chaux que les eaux tiennent en dissolution, ou au moyen de l'oxyde de fer que certaines sources amènent dans la mer.

On rencontre des exemples de cette solidification en parcourant les côtes de la mer d'Azof, les côtes de la Morée, de la Sicile et de la Syrie. La Guadeloupe et

Saint-Domingue renferment des masses calcaires qui se sont ainsi formées depuis les temps historiques.

DÉPOTS VOLCANIQUES. — Les dépôts volcaniques constituent trois formations distinctes : la *formation lavique*, qui comprend les différentes variétés de *téphrines* que l'on confond sous le nom de *laves* ;

La *formation conglomératique* dans laquelle viennent se ranger les roches d'agrégation connues sous les noms de *pépérine*, de *brecciole*, de *brèche volcanique* et de *moyas*, et les matières pulvérulentes que l'on nomme *lapilli*, *cinérite*, *smodite*, *pouzzolane et cendres* ;

La *formation trachytique* peut être considérée comme un des produits de nos éruptions modernes, puisqu'on a reconnu la présence de trachytes plus ou moins modifiés parmi les dépôts qu'abandonnent les volcans en activité de l'Amérique méridionale.

On ne trouve dans aucun des dépôts des volcans actuels, de *phonolithes*, d'*eurites*, de *spilites*, de *dolérites*, de *vakites*, de *leucostines*, ni de *basalte prismatique*, et l'amphibole, si commun dans les roches volcaniques anciennes, y est très-rare.

CHAPITRE IX.

APPLICATIONS DES NOTIONS PRÉCÉDENTES AUX PHÉNOMÈNES ANCIENS.

Comparaison générale. — L'eau et le calorique sont les agents principaux auxquels on doit rapporter les phénomènes successifs qui ont modifié l'écorce solide du globe. — Effets attribuables à l'eau. — Effets attribuables au calorique.

Si nous résumons les nombreux faits de l'époque actuelle, et que nous en fassions l'application à l'étude de la formation de l'enveloppe du globe, nous voyons que l'on peut avoir une idée assez exacte des phénomènes qui se sont manifestés pendant les différentes périodes géologiques, en les comparant à ceux qui se passent maintenant, et qu'ils n'en diffèrent que parce que les forces contemporaines avaient autrefois une puissance d'action portée à un haut degré d'intensité. L'état de fluidité ignée de notre planète, hypothèse à laquelle la physique, la chimie et la physiologie prêtent un admirable concours, fait concevoir aisément l'existence de forces plus énergiques, analogues aux forces actuellement agissantes. Ainsi cette intensité plus grande explique la puissance et l'étendue des terrains de sédiment anciens qui, d'ailleurs, par leur composition, ne sont distincts en rien de nos terrains modernes.

On explique les grands dépôts avec leurs couches superposées, leurs alternances et leur épaisseur, par les petits dépôts qui se forment maintenant à l'embouchure des fleuves, ou dans la profondeur des lacs.

La densité plus grande, la texture plus compacte des terrains anciens se conçoit dès l'instant où nous avons reconnu que la partie extérieure du globe était animée d'une chaleur plus considérable. Or, l'action chimique de celle-ci était nécessairement mieux marquée, plus soutenue qu'à l'époque actuelle dans la formation des dépôts par la voie humide.

Une considération importante vient encore donner son appui à la théorie que nous avons adoptée; c'est qu'il est généralement admis que les végétaux trouvés à l'état fossile présentent une série de nuances ou d'altérations telles que l'on est conduit à conclure que les forces auxquelles ils ont été soumis, à des époques différentes, sont d'autant plus actives qu'elles s'éloignent davantage de la période où nous vivons.

Les causes qui ont émergé les terrains autrefois plongés sous des mers profondes; celles qui ont brisé leurs couches et ouvert au milieu d'elles des fentes et des cavernes en partie vides encore, et en partie comblées; qui ont redressé les couches dans toutes sortes de directions, et élevé des restes de coquillages jusqu'au sommet des plus hautes montagnes, viennent encore se ranger dans les causes actuelles augmentées de puissance.

Ainsi l'état de la surface du globe est loin d'être stable, et chaque jour est témoin des modifications qu'elle éprouve. Ces changements sont lents sans doute, mais en admettant un espace de temps suffisant, leurs progrès sont sensibles. Quelle que soit l'élévation des montagnes, la profondeur des précipices dont les bords escarpés s'offrent à notre observation, partout on retrouve dans l'épaisseur du sol les traces évidentes de ces grands changements, l'indication d'une succession d'effets comparables à ceux dont nous voyons les causes agir autour de nous.

Il résulte de ces considérations ou du moins l'analogie nous porte à reconnaître que la croûte du globe n'a pas été formée d'un seul jet et instantanément.

La présence dans certaines roches de fragments usés et arrondis par un long frottement qui proviennent de roches nécessairement plus anciennes; celle, au milieu de masses pierreuses, dures et épaisses, de nombreux vestiges de corps organisés, qui ont dû vivre libres au sein des eaux ou sur le sol découvert avant leur enfouissement; les différences que présentent les fossiles selon qu'on les rencontre dans des dépôts dont la formation est plus ou moins éloignée de l'époque actuelle, sont autant de faits qui tendent à nous prouver que non-seulement les périodes successives ont été très-multipliées, mais encore qu'il s'est écoulé un temps inappréciable, immense en étendue, depuis que les phénomènes qui se lient à ceux qui se produisent sous nos yeux ont commencé à avoir lieu.

En prenant l'histoire de la terre au moment où le fil de l'induction semble nous abandonner, c'est-à-dire lorsqu'une pellicule plus ou moins solide l'enveloppait de toutes parts, il est possible de rapporter à deux agents principaux, l'eau et le calorique, la série des phénomènes et des opérations successifs qui ont contribué simultanément, isolément ou concurremment, sous une forte pression, à augmenter l'épaisseur, à faire varier la composition et à modifier la forme de cette première enveloppe.

Ce sont ces deux agents universels, antagonistes, que l'on a voulu personnifier en appelant *neptuniens* les effets produits par l'intermédiaire des eaux, et *plutoniens* ceux qui peuvent être attribués à une force inconnue dont le siége est dans l'intérieur du globe, et qui semble avoir des rapports très-intimes avec le principe de la chaleur et du feu, si toutefois ceux-ci ne sont pas seulement dus à cette cause.

Guidés par ces considérations, les géologues ont dû distinguer dans la croûte minérale du globe deux sortes de produits très-différents. Les uns sont formés par voie de sédiment, et se sont placés sur les débris de la première pellicule refroidie; les autres, d'origine ignée, sont formés par des silicates extrêmement variés; ils ont commencé à paraître dès les premiers dépôts de sédiments, et se sont continués à toutes les époques jusqu'après les terrains supercrétacés.

CHAPITRE X.

DE LA DIVISION DES TERRAINS.

Des formations. — Des terrains. — Définition de ces mots. — Exemples de leur valeur relative. — Division des terrains en deux grandes classes. — Terrains de sédiment. — Terrains de cristallisation. — Leurs caractères. — Tableau des terrains dont se compose la croûte du globe.

Nous avons vu dans les chapitres précédents que l'enveloppe terrestre, la seule partie de notre planète dont nous puissions étudier la structure, est formée de substances minérales (minéraux) simples ou composée, qui, lorsqu'elles se rencontrent en masses considérables, sont appelées *roches*.

Les groupes ou associations que les roches forment ont été désignés sous les dénominations de *formations* et de *terrains*. Ces mots, que l'on confond souvent ensemble, ont une valeur distincte qu'il importe de bien faire connaître.

Les géologues donnent le nom de *formation* à un système de masses minérales (roches) qui sont tellement liées entre elles, qu'on les suppose formées dans une même période et comme du même jet, et qu'elles offrent dans les lieux de la terre les plus éloignés les mêmes rapports généraux d'origine, d'âge et de composition. Ainsi ils nomment *formation crétacée* l'ensemble des *terrains* qui se sont déposés ou qui sont sortis du sein de la terre, pendant cette partie de la période géologique qui a vu se former tranquillement et sans secousse les immenses dépôts de la craie. On dit aussi « des formations stratifiées « et non stratifiées, des formations d'eau douce et ma- « rines, etc. »

On entend par *terrain* « tout groupe ou sous-groupe « établi parmi les matériaux qui composent l'épiderme « terrestre, sur la seule considération du rang et de la « place qu'il occupe relativement aux autres groupes, « quelle que soit l'origine présumée ou la nature des « substances qu'il comprend. » D'après cette définition, on peut dire un terrain *primaire*, un terrain *secondaire*, les terrains *primaires*, les terrains *tertiaires*, etc.

Le terrain *parisien*, le terrain *jurassique*, sont des dénominations qui indiquent des termes de comparaison dont la place est bien déterminée dans la série des terrains, et auxquels on peut rapporter, comme ayant été formés dans le même temps, tels ou tels matériaux déposés plus ou moins loin des points où se trouvaient Paris et le Jura. Les mots *terrain houillier*, *terrain salifère*, *terrain oolithique*, sont employés, non pas pour désigner tous les dépôts qui renferment de la houille, du sel gemme ou des oolithes, non pas même pour dire que les dépôts ainsi dénommés contiennent toujours les substances et les corps dont ils ont reçu leur nom, mais pour désigner, d'après l'usage presque généralement adopté, certains systèmes de couches dont la position relative est bien déterminée, et au milieu desquels la houille, le sel ou les oolithes ont été fréquemment, mais non toujours et exclusivement rencontrés. Envisagées sous ce point de vue, les formations sont des groupes d'un ordre inférieur à ceux que représentent les terrains; elles sont établies sur une considération du même ordre, c'est-à-dire sur l'âge relatif des roches qu'elles comprennent, quelle que soit l'origine ou la nature de celles-ci. Enfin elles partagent en périodes plus ou moins longues les grandes époques que les terrains embrassent. Si, par une comparaison, on voulait donner une idée de la valeur relative que l'on doit attacher à ces expressions *roches*, *formations*, *terrains*, si fréquemment confondues et si diversement employées dans le langage géologique, il semble, dit M. Constant Prévost, qu'on pourrait jusqu'à un certain point le faire, en prenant pour exemple un livre imprimé dans une langue quelconque, mais déterminée. Les *minéraux* seront comparables aux lettres alphabétiques, qui varient suivant le caractère employé. Les *roches* auront pour analogues les syllabes composées d'une seule lettre, de deux ou d'un plus grand nombre, et dont l'importance, la fréquence et la quantité sont déterminées par le génie de la langue et non par le hasard. Les *formations* seront représentées par les mots, et les *terrains* par les phrases; enfin les grands groupes de ceux-ci correspondront aux différents chapitres, et de même que cette série de lettres, de syllabes, de mots, de phrases finit par nous initier aux pensées qui ont occupé l'esprit de l'auteur, de même aussi l'étude successive des minéraux, des roches, des formations et des terrains, peut nous conduire en définitive à connaître les causes et la nature des révolutions qui ont eu lieu à la surface du globe.

On a pensé que, pour classer les diverses roches qui composent la croûte minérale, le procédé le plus naturel était d'avoir égard à leur origine, à leur âge et à leur mode de formation. A cet effet, on les a divisées en deux grandes classes : les terrains de sédiment et les terrains de cristallisation, ou terrains *stratifiés* et terrains *non stratifiés*.

Les Terrains de sédiment (syn. neptuniens, stratifiés) déposés par les eaux dans des bassins plus ou moins étendus, et successivement, présentent de grandes variétés de texture, de mélanges et de couleurs. Cependant on peut dire que leur texture est, en général, grossière ou compacte, très-rarement cristalline. Tantôt ils sont composés de grains de sable, libres ou agglutinés, tantôt de fragments hétérogènes qui leur donnent l'aspect de boue durcie. Ils offrent deux caractères essentiels : 1° leur division en couches ou strates, d'épaisseur et d'étendue variables ; 2° la situation horizontale ou presque horizontale de leurs dépôts ; c'est au milieu de ces terrains que se trouvent les restes de corps organisés dont la surface de la terre a été peuplée à des intervalles plus ou moins éloignés et pendant un espace de temps d'une durée indéterminée.

Les Terrains de cristallisation (syn. plutoniques, vulcaniens, non stratifiés) ont une texture dense et cristalline, une pâte compacte et homogène, comme dans le calcaire saccharoïde, les porphyres, le granit, etc. D'autres fois, ils sont composés de cristaux accolés sans aucun ciment intermédiaire (granit) ; ils constituent des masses ordinairement très-puissantes, non stratifiées, et ne renferment aucune empreinte, aucun débris de corps organisés. On n'y remarque non plus ni pores, ni variétés, ce qui fait présumer que leur cristallisation s'est opérée sous une énorme pression.

Les uns se forment sous nos yeux par l'action des volcans, et les autres ont avec ceux-ci la plus grande analogie. Ils contiennent non-seulement des substances minérales propres aux éjections volcaniques, mais quelquefois aussi des matières analogues à celles qui se produisent sous l'influence du feu dans les fourneaux de nos usines. Ce sont eux qui, très-probablement, forment la base de la voûte solide qui enceint de toutes parts la matière centrale du globe, et sur laquelle reposent et s'appuient toutes les couches sédimentaires déposées par les eaux; elles en suivent toutes les inégalités, tous les relèvements, toutes les inclinaisons en les recouvrant presque constamment; toutefois l'observation démontre que, dans un grand nombre de circonstances, les terrains de cristallisation se sont épanchés à la surface des terrains neptuniens ou entre les diverses couches dont ceux-ci sont composés.

Si nous résumons, en peu de mots, les caractères qui forment ces deux grandes divisions, nous voyons que les terrains de sédiment ont été déposés sous les eaux; qu'ils renferment constamment ou des débris organiques, ou des cailloux roulés, ou des sables; que les terrains de cristallisation ne contiennent ni débris organiques, ni sables, ni cailloux roulés, et que tout concourt à démontrer qu'ils ont été fondus à une forte chaleur; que les uns sont formés de minéraux tendres, plus ou moins adhérents, liés par un ciment quelconque, assez souvent visible, tandis que les autres sont généralement composés de minéraux durs et cristallins qui se pénètrent mutuellement, et qu'ils doivent leur dureté à un enchevêtrement de cristaux de nature différente.

Quoique ces caractères paraissent bien tranchés, bien absolus, il existe néanmoins un grand nombre de nuances entre ces deux ordres de roches, car les deux causes qui les ont produites ont souvent agi en même temps et donné naissance à des effets composés ; ainsi des fragments tenus en suspension et déposés mécaniquement ont été souvent réunis par un précipité de nature différente qui leur a servi de ciment; quelquefois le ciment a été le même que le sédiment; des cristaux ont pu se former au sein d'une pâte boueuse, de même qu'un précipité chimique a pu envelopper des débris de roches préexistantes. Enfin les combinaisons possibles sont en si grand nombre, qu'il arrive assez fréquemment de rencontrer des roches que l'on ne sait dans quelle catégorie placer; aussi rien n'est difficile comme d'établir la nomenclature et la classification des roches et d'indiquer dans leur histoire la place qu'elles occupent dans l'une et l'autre de ces catégories.

Ces deux grandes classes ont elles-mêmes été subdivisées en plusieurs groupes ou formations, qui affectent entre eux un certain ordre de superposition dans lequel chaque formation paraît se distinguer de celle qui la précède ou qui la suit, par des caractères particuliers plus ou moins marqués. Ces groupes, sur les limites desquels les géologues ne sont pas toujours d'accord, se composent d'une série plus ou moins longue de couches ou assises diverses qui, selon toutes probabilités, ont pris naissance durant la même période géologique.

Le tableau que nous donnons des terrains dont se compose l'écorce solide du globe, fait connaître l'ordre que nous avons suivi dans le cours de cet ouvrage.

TABLEAU DES TERRAINS

DONT SE COMPOSE LA PARTIE CONNUE DU GLOBE.

CLASSIFICATION QUE J'AI PROPOSÉE.	NATURE DES TERRAINS.	FOSSILES caractéristiques.
TERRAINS ORIGINAIRES ou *primitifs*. Ont été créés au point de contact des deux forces qui ont agi dans la formation de l'écorce de la terre.	TERRAINS STRATIFIÉS NON FOSSILIFÈRES. A. *Formation Gneissique :* Gneiss. Calcaire saccharoïde. C. Cipolin. Amphibolite schistoïde. Quartzite compacte. B. *Formation Micaschisteuse :* Micaschiste.	Ne contiennent aucuns débris organiques.
TERRAINS DE SÉDIMENT INFÉRIEURS, ou de *transition*. Ont été formés sous l'influence de la chaleur centrale, à une forte pression, dans une atmosphère très-humide, et par l'action d'eaux chaudes chargées de substances terreuses mécaniquement suspendues. Ont été divisés en trois groupes : *Inférieur, moyen, supérieur.*	TERRAINS STRATIFIÉS FOSSILIFÈRES. 1° GROUPE INFÉRIEUR. *Formation Schisteuse :* Schiste argileux. S. Chloriteux. S. Ardoisier. S. Siliceux. Psammites.	Traces de végétaux, Asaphus Buchii, Ogygia Guettardi, O. Desmaresti, O. Wahlembergii, Débris de poissons.
	2° GROUPE MOYEN (grauwacke). *Formation Arénacée calcaire :* Psammites argileux. Calcaire gris bleuâtre. Grès carbonifère. Schistes bruns. Calcaires bitumineux.	Calymène Blumenbachii, Spirifer Walcotii, Trilobites productus, Orthocératites; débris de fougères et d'équisétacés.
	3° GROUPE SUPÉRIEUR. A. *Formation Palæo-psammérythrique:* Vieux grès rouge. Grès en conglomérats. Schistes. Quartzites. Psammites.	Productus antiquitatus, Spirifer bisulcatus.

CLASSIFICATION QUE J'AI PROPOSÉE.	NATURE DES TERRAINS.	FOSSILES caractéristiques.
Suite des Terrains de sédiment inférieurs ou de transition.	B. *Formation Carbonifère :*	
	Schistes bitumineux calcaires. Calcaires. Anthracites.	Michroconchus carbonarius, Cypris inflata, Productus lobatus, Bellerophon hiulcus, *Disparition des Trilobites.*
	C. *Formation Houillère :*	
	Schistes. Houille. Psammites. Grès. Arkoses.	Végétaux : pecopteris longitica Sphenopteris crenata, Lepidodendron Sternbergii, Calamites Suckowii, Stigmaria fucoïdes.
TERRAINS DE SÉDIMENT MOYENS.	1° GROUPE DE GRÈS ROUGE.	
Ont été déposés antérieurement au soulèvement des Pyrénées et à la création de presque tous les mammifères ; sont caractérisés par la présence de certaines formes organiques. Ces terrains ont été divisés en quatre groupes : Groupe *du grès rouge*, g. du *grès vosgien*, g. *du Jura*, g. *de la craie.*	A. *Formation Psammérythrique :*	
	Sables. Grès rouge (nouveau).	Pectinites fragilis, mytilus eduliformis, Posidonomia minuta.
	B. *Formation Magnésifère :*	
	Schistes bitumineux ou marneux. Calcaire fétide (stinkstein). Calcaire magnésien (zechstein) (*).	*Disparition des orthocératites.* Apparition des ammonites et des reptiles sauriens, Plagiostoma lineatum, Ammonites gibbosus, Terebratula vulgaris, T. intermedia. (*) Le zechstein est la roche la plus ancienne dans laquelle on ait rencontré des restes de sauriens.
	2° GROUPE DU GRÈS VOSGIEN.	
	A. *Formation Poécilienne :*	
	Grès vosgien. Grès bigarré.	Ammonites nodosus.
	B. *Formation Conchylienne :*	
	Calcaire conchylien (muschelkalk). Calcaire compacte. Marnes. Gypse.	Continuation des Ammonites. Avicula socialis, Encrinites liliiformis, Un petit nombre de crustacés décapodes, Cinq genres au moins de grands reptiles éteints, tels que le *phytosaurus*, le *dracosaurus*, sont particuliers à cette formation. Apparition des plantes de la famille des Cycadées.

CLASSIFICATION QUE J'AI PROPOSÉE.	NATURE DES TERRAINS.	FOSSILES caractéristiques.
Suite des Terrains de sédiment moyens.	C. *Formation Keuprique:* Sel gemme. Grès. Gypse. Marnes irisées (keuper).	Empreintes de pas d'un grand saurien, *Chiroterium Barthi.* Posidonia keuperina.
	3° GROUPE DU JURA. A. *Formation Liasique:* Grès. Marnes bleues. Calcaire coquiller.	Apparition des Belemnites; Gryphæa cimbium, G. arcuata, Plagiostoma giganteum; Première apparition des crocodilus, pterodactilus, geosaurus, macrospondilus, mastodonsaurus, ichthyosaurus et ornithocephalus; POISSONS : lepidoptus gigas, Dents d'hypodus reticulatus et d'acrodus.
	B. *Formation Oolithique:* Oolithe ferrugineuse. Terre à foulon. Grande oolithe. Argile bleue de *Bradfort.* Marbres de forêt *(forest marble)*, ou calcaire à polypiers. Calcaire oolithique *(corn brash).* Calcaire marneux *(kelloway rock).* Argile bleue *(Oxford clay).* Sables et Grès calcarifères *(calcareous grit).* Sables, Grès et Calcaires *(coral-rag).* Sables et Grès calcarifères *(calcareous grit).* Marnes et Calcaires *(Weymouth beds).* Marne argileuse *(Kimmeridge clay).* Calcaires jaunâtres à oolithes *(oolithes de Portland).*	*Disparition de la gryphée arquée;* première apparition des reptiles chéloniens; Ammonites Bucklandi, Terebratula spinosa, Pholadomya fibicula, Belemnites haslatus, Belemnites giganteus, Terebratula digona; Ostrea acuminata, Orbicula reflexa, Ammonites striatulus; Terebratula media. Trigonia costata. Gryphœa dilatata, Ostrea Marshii. Nerinœa elegans. Sarcinula. Ostrea deltoïdea. Trigonia gibbosa.
	C. *Formation du Grès vert:* Couches de purbeck (calcaire et argile). Sables de hastings. Argile dite *weald.* Grès vert inférieur. Gault (marne bleue ou argile). Grès vert supérieur.	Hamites spiniger, Scaphites æqualis, Ananchites ovatus, Terebratula lyra, Pecten quinque costatus, Baculites anceps, Cypris spinigera, C. valdensis. Ammonites rhotomagensis Belemnites mucronatus, Terebratula octoplicata, T. carnea, Pecten lamellosus, Catillus Lamarkii.

CLASSIFICATION QUE J'AI PROPOSÉE.	NATURE DES TERRAINS.	FOSSILES caractéristiques.
Suite des Terrains de sédiment moyens.	4° GROUPE DE LA CRAIE. *Formation Crétacée:*	
	Craie chloritée ou Glauconie crayeuse (Brong). Craie tufacée (tufau). Craie blanche.	Catillus cuvieri, Ostrea carinata Gryphœa columba, Inoceramus sulcatus, Crania parisiensis, Plagiostoma hoperi, p. spinosum. (Tous les fossiles des terrains de sédiment inférieurs et moyens appartiennent à des espèces éteintes et diffèrent de ceux des terrains de sédiment supérieurs.)
TERRAINS DE SÉDIMENT SUPÉRIEURS ou *tertiaires*,	1° GROUPE INFÉRIEUR. *Formation Eocénique:*	
Dont l'étage inférieur paraît être postérieur au soulèvement des Pyrénées, l'étage moyen, au soulèvement des montagnes de la Corse, et l'étage supérieur, au soulèvement des Alpes occidentales. Ces terrains ont été formés à une époque antérieure à l'existence de l'homme sur la terre, et après la création d'un grand nombre d'espèces végétales et animales représentant tous les types d'organisations actuellement existantes; nous avons partagé cette série de formations sédimentaires en trois étages ou groupes.	Argile plastique. Argile à lignites. Grès. Calcaire grossier. Sables coquillers. Calcaire siliceux. Gypse à ossements. Marnes d'eau douce. Marnes jaunes feuilletées. Marnes vertes. Marnes calcaires à grandes huîtres. Grès et sable. Calcaire et marnes.	*Disparition complète des bélemnites et des ammonites.* Cucullæa crassatina, Crassatella tumida, Nummulites planulata, Neritina conoïdea. Cytherea nitidula, Limnea longiscata, Planorbis rotundatus, Cerithium giganteum. Cardita avicularis, Turritella imbricatoria, Lucina saxorum, Cerithium lapidum. Cyclostoma mumia. Palæotherium, Anoplotherium, etc. Ostrea flabellula, Cerithium mutabile.
	2° GROUPE MOYEN. *Formation Miocénique:*	
	Meulières non coquillières. Meulières coquillières. Marnes supérieures d'eau douce. Calcaire à hélix.	Potamides Lamarkii, Planorbis rotundatus, Limnea cornea. Hélix Lemani, h. Moroguesi. H. Tristani.

CLASSIFICATION QUE J'AI PROPOSÉE.	NATURE DES TERRAINS.	FOSSILES caractérsitiques.
Suite des Terrains de sédiment supérieurs ou *tertiaires*.	3° GROUPE SUPÉRIEUR. *Formation Pliocénique* (ancienne) : (Groupe tritonien.) Marnes subapennines de l'Italie. Dépôts subapennins de la Morée. Crag de l'Angleterre. Marne subatlantique. Grès et calcaires de la Galicie. Calcaires d'Odessa, de la Crimée. Faluns de la Touraine et de Dax. (Groupe nymphéen.) Galets et lignites de la Bresse. ——— d'Issoire. Grès à hélix d'Aix. Galets et sables du val d'Arno supérieur. Dépôt lacustre de Norfolk.	Crassina Lamberti, Fusus contrarius, Voluta Lamberti, Cypræa coccinelloïdes, Buccinum Dalei. Arca diluvii, Pectunculus pulvinatus. Mastodonte, Eléphant, Rhinocéros.
TERRAINS DE TRANSPORT ou *T. clysmien*, Qui ont été formés postérieurement au soulèvement de la chaîne principale des Alpes, depuis le Valais jusqu'en Autriche. Ils constituent deux groupes, que nous avons désignés sous les dénominations de groupe *ancien* et de groupe *moderne*.	1° GROUPE ANCIEN. *Formation Pliocénique* (nouvelle) : Dépôts couvrant des collines et des plaines, qui sont dus à des causes plus puissantes que celles actuelles. Sables et cailloux roulés; Blocs erratiques; Terrains d'alluvion anciens et diluviens; Dépôts limoneux auroplatinifères, D. gemmifères, D. stannifères; D. à ossements des cavernes; Brèches osseuses. Dépôts coquillers marins d'Udavella en Suède, des environs de Nice, des côtes du Chili, du Pérou, des Antilles, de l'Océanie. Tourbières d'Écosse.	Espèces différentes des espèces modernes, mais qui représentent tous les principaux types d'organisation actuellement existants. Débris d'éléphants, de mastodontes, de rhinocéros, d'hippopotames, d'ours, d'hiènes, etc, etc.; quelquefois des ossements humains.
	2° GROUPE MODERNE. *Formation actuelle :* Détritus de différentes sortes, produits par des causes qui agissent encore aujourd'hui, ou qui du moins sont postérieures à l'existence de l'homme sur la terre. Tourbières formées par l'accumulation des débris de certains végétaux, îles de Madrépores; Calcaires concrétionnés; Stalactites, Stalagmites; Alluvions fluviatiles, terrestres ou marines; Humus ou terre végétale. (*Voir :* Phénomènes géologiques de l'époque actuelle.)	Os humains, Produits de l'industrie humaine, Os de chiens, de cerfs, chevaux, etc.

CLASSIFICATION QUE J'AI PROPOSÉE.	NATURE DES TERRAINS.	FOSSILES caractéristiques.
TERRAINS DE CRISTALLISATION ou *d'épanchement*, Dont l'origine est au-dessous des terrains primitifs et qui, après avoir traversé ceux-ci à l'état de fusion ignée, se sont injectés dans toutes les roches existantes à l'époque de leur sortie, ou se sont épanchés à leur surface, sans offrir de déposition stratifiée. Ils comprennent : le *granit*, le *porphyre*, le *trachyte*, le *basalte* et la *lave*. Nous les avons placés selon l'ordre de leur ancienneté présumée.	TERRAINS NON STRATIFIÉS.	Aucuns débris organiques.
	A. *Formation Granitique:* Granit. Protogyne. Syénite. Diorite. Pegmatite.	
	B. *Formation Porphyrique:* Porphyre rouge. Porphyre vert. Porphyre noir. Trapp. Wacke. Spilite.	
	C. *Formation Trachytique:* Trachyte. Obsidienne. Phonolithe. Ponce. Domite.	
	D. *Formation Basaltique:* Basalte.	
	E. *Formation Lavique:* Pépérine. Téphrine. Lencostine.	

CHAPITRE XI.

PÉRIODE PRIMAIRE.

Les roches, formées à la fois par voie de fusion ignée et de dissolution aqueuse, servent de point de départ à notre classification. — Difficulté d'admettre les roches granitoïdes et porphyriques comme roches *primitives*. — GNEISS. — Composition. — Stratification. — Dépôts plutoniques. — Minéraux et métaux. — Gisement. — Formes du sol. — CALCAIRE SACCHAROÏDE. — Minéraux et métaux. — Brèches. — Emploi des roches. — Calcaire cipolin. — Ophicalce. — AMPHIBOLITE SCHISTOÏDE. — Minéraux et métaux. — MICASCHISTE. — Minéraux et métaux. — Dépôts plutoniques. — Emploi des roches. — Formes du sol. — Agriculture. — QUARTZITE COMPACTE. — Minéraux et métaux.

Au milieu des incertitudes dont les observations nouvelles tendent, parfois, à diminuer le nombre, nous avons cru qu'il ne suffisait pas d'admettre la division naturelle des terrains en *roches non stratifiées* et en *roches stratifiées*. Il fallait, pour être exact, pour éviter toute confusion de méthodes, chercher une sorte d'horizon qui servît de point de départ à notre classification. Cette ligne de niveau existe, selon nous, au point de contact des deux forces qui ont agi dans la formation de l'écorce de la terre. Le micaschiste et le gneiss offrent les caractères de la fusion ignée et de la dissolution aqueuse, à un degré tel qu'ils nous ont paru avoir été formés par leur contact simultané avec ces deux puissances : le terrain originaire ou primitif qu'ils constituent, sera donc le zéro de notre échelle. Au-dessus, tous les terrains sont des sédiments; au-dessous, tous sont d'origine ignée.

On voit que si nous n'adoptons pas les règles qui ont servi de base à presque tous les auteurs qui se sont occupés de la chronologie des terrains, ce n'est pas que nous soyons entraîné par le facile plaisir de jeter une hypothèse de plus dans une science qui succomba trop longtemps sous le poids des théories et des systèmes. Des considérations d'origine, d'âge et de position nous ont déterminé. Nous avons exclu les granits et les porphyres de la place qu'ils occupaient parmi les terrains primaires, parce que dans l'état actuel de nos connaissances, il nous est moins démontré que jamais, que ces roches aient été formées les premières; les géologues auxquels il a été donné d'étudier avec une attention soutenue les monuments relatifs à l'histoire de la terre, ont établi que ces silicates, ainsi que plusieurs roches de la même série, qui, par leur cristallinité et leur manque de débris organiques, ont, avec ces masses, la plus grande ressemblance, ont été formés à de grandes profondeurs dans la terre, et en sont sortis à des époques, les unes antérieures, les autres postérieures à l'origine des couches fossilifères.

Cette circonstance, que plusieurs des roches que l'on appelait primaires étaient plus récentes que certaines autres qu'on nommait secondaires, nous a conduit à faire de ces terrains une classe à part, qui, sous la dénomination générale de *terrains d'épanchement* ou de *cristallisation*, comprendra les granits, les porphyres, les trachytes, les basaltes et les laves.

TERRAIN PRIMAIRE (hypogène de Lyell). — Le terrain originaire ou primaire, non fossilifère, constitue la plus grande partie de la surface découverte de notre planète. Quoique les principales roches dont il est composé soient intimement mêlées entre elles et qu'on les rencontre au bas de la série, nous croyons pouvoir les diviser en deux groupes ou formations : la formation *gneissique* et la formation *micaschisteuse.*

GNEISS. — La formation gneissique se compose de gneiss, de calcaires blancs, lamellaires ou saccharoïdes, du calcaire saccharoïde micacé, de l'ophicalce ou calcaire talqueux, soit compacte, soit saccharoïde; du quartzite compacte, ordinairement bleuâtre, et de l'amphibolite schistoïde. Dans la partie inférieure ce groupe présente souvent le gneiss passant au leptynite, tandis que dans sa partie supérieure il passe au micaschiste ou alterne avec lui.

Cette roche a une stratification ordinairement très-tourmentée, qu'il ne faut pas confondre avec celle des véritables terrains de sédiment. Ce sont des feuillets d'une épaisseur variable, superposés, séparés par des couches minces de mica souvent ondulées, d'une couleur grise ou brunâtre. Le gneiss est quelquefois divisé en lits d'une assez grande épaisseur, dans lesquels le mica ne conserve qu'un très-faible degré de parallélisme, par rapport aux plans de stratification. Il est composé de feldspath, de quartz et de mica; il diffère du granit, parce qu'il contient beaucoup plus de cette dernière substance, à laquelle il doit sa structure feuilletée. Géognostiquement, il s'en éloigne encore par la quantité de minéraux étrangers et de filons métalliques qu'il renferme. Il se lie fréquemment aux terrains de la même série, il les pénètre ou en est pénétré.

DÉPOTS PLUTONIQUES. — Ces roches sont des *eurites*, des *diorites*, des *porphyres*, des *euphotides*, des *syénites*, des *pegmatites*, des *protogynes*, et le *granit* proprement dit. Elles y forment des dépôts souvent très-puissants, des couches, des filons et des veines.

MINÉRAUX ET MÉTAUX. — Le gneiss est de toutes les roches du globe la plus abondante en substances métalliques. Il renferme des mines d'or et d'argent extrêmement riches, de l'étain, du plomb, du cuivre, de l'antimoine, du cobalt, du fer oligiste et de l'aimant; l'épidote, le grenat, la tourmaline, le titane, des cristaux de gemmes les plus précieux, le corindon, le rubis, le spinelli, etc., etc., se trouvent fréquemment dans cette roche qui, par elle-même, n'est d'aucune utilité dans les arts.

GISEMENT. — Le gneiss occupe une surface très-étendue dans le nord de l'Europe, en Suède, en Norwège, en Écosse et dans la Russie septentrionale. On le trouve presque toujours recouvrant le granit sous son vaste manteau, depuis le cap Horn jusqu'au Groënland, dans l'Amérique méridionale, aux montagnes de l'Himalaya, au Brésil, aux États-Unis, etc., etc.

FORMES DU SOL. — Les montagnes que le gneiss forme, présentent rarement ces dentelures aiguës, ces pyramides nues et démantelées qui dominent toute une contrée. L'altération que subit cette roche, sous l'influence des agents atmosphériques, sa décomposition facile donnent à ses reliefs des contours peu prononcés. Ce ne sont pas des précipices, des gorges resserrées, comme dans les terrains ignés du granit; ce sont ordinairement des vallées assez étroites, des montagnes peu élevées, des chaînes de collines, dont l'aspect gracieux est parfois très-pittoresque.

CALCAIRE SACCHAROIDE. — Cette roche se présente quelquefois en couches puissantes, consistant en un marbre diversement coloré, mais principalement blanc, cristallin, à grains très-durs et très-serrés. Ses couches ont habituellement peu d'épaisseur; elles sont séparées entre elles par des bancs schisteux, qui, dans certaines circonstances, modifient singulièrement leur caractère de cristallinité. Ce calcaire se trouve souvent avec divers minéraux, tels que de l'amphibole et du talc, du quartz, du mica, et du feldspath. Le mica lui donne une apparence schisteuse, et forme le calcaire schisteux dont il existe des bancs très-épais dans les Hautes-Alpes; le talc est le principe colorant de cette roche.

Le calcaire saccharoïde alterne avec le gneiss, le micaschiste et le schiste argileux. Il forme des montagnes entières dans la Dalmatie, dans la Grèce et dans l'Archipel, et s'étend en assises souvent considérables dans les Pyrénées, les Apennins et le pays de Gènes. Lorsqu'il ne s'allie pas au gneiss, c'est qu'il est renfermé dans le granit ou le micaschiste. On ne peut pas dire qu'il soit réellement stratifié, car la stratification produite par l'interposition des bancs schisteux ne doit être considérée que comme une interruption circonstancielle de ses couches, et non comme une véritable stratification.

MINÉRAUX ET MÉTAUX. — On trouve dans ce calcaire, comme éléments accidentels, des macles, des grenats, des pyroxènes, de l'asbeste, des pyrites martiales et de l'anthracite. Il contient aussi des substances métalliques, et est souvent traversé par des filons. Le plomb qu'on exploite à Schwartzemberg en Saxe, les pyrites arsénicales et aurifères de la Silésie, le plomb argentifère et le fer hydraté du pays de Foix appartiennent à cette roche.

BRÈCHES. — Saussure a rencontré sur les cols les plus

élevés des Alpes, sur leurs crêtes et quelquefois dans le corps même de la roche, des brèches formées aux dépens de la propre substance de cette pierre; elles consistent dans un ensemble de fragments agglutinés au moyen d'un ciment de même nature; leur présence marque ordinairement le passage ou la succession de deux terrains d'espèces distinctes.

EMPLOI DES ROCHES. — Le calcaire saccharoïde est le marbre le plus ordinairement mis en usage par les statuaires. Les plus précieux viennent de la Grèce et de l'Italie; les statues antiques de la Vénus de Médicis, de la Minerve colossale, de Diane chasseresse, de la Junon du Capitole sont en marbre de Paros. La plupart des monuments de sculpture moderne et presque tous ceux qui sont sortis des ateliers de Canova sont en marbre de Carrare (Italie). D'autres contrées de l'Europe, le Piémont, la France, renferment des marbres qui ont le grain et la blancheur des marbres grecs et italiens. Tels sont certains marbres des Pyrénées et des environs de Turin.

CALCAIRE CIPOLIN. — Le calcaire cipolin ou micacé est une roche à texture saccharoïde, souvent fissile, contenant du mica; il fait partie de cette série, et prend quelquefois un développement considérable.

OPHICALCE. — L'ophicalce (calcaire talqueux ou serpentineux) se trouve aussi dans le gneiss. (Voir le tableau des roches.) Il constitue le marbre vert et le vert antique dont il existe de magnifiques colonnes.

AMPHIBOLITE SCHISTOIDE. — L'amphibolite schistoïde se rencontre fréquemment au milieu du gneiss, roche dont il est évidemment contemporain. Ses éléments composants sont l'amphibole et le feldspath en proportions variables; quand ces deux substances sont en quantités à peu près égales, on le désigne sous le nom de *grünstein primitif;* il est ordinairement noir.

MINÉRAUX ET MÉTAUX. — On l'exploite en Saxe pour le fer oxydulé qu'il contient; il renferme souvent du grenat et des paillettes de mica.

Quelques géologues ont considéré l'amphibolite schistoïde comme ayant une origine volcanique; d'autres, comme une espèce de granit où l'amphibole prédomine. Nous pensons qu'il est assez probable que certaines masses désignées sous ce nom ont été originairement des matières minérales réduites à l'état de fusion ignée, et que leur texture, sous l'influence du refroidissement, a dû se rapprocher plus ou moins de l'état cristallin.

QUARTZITE COMPACTE. — Le quartzite compacte qui se trouve mêlé avec du gneiss et du micaschiste a une texture ordinairement cristalline qui se rapproche beaucoup de la texture de ces roches. Il acquiert en Écosse, aux Andes et au Brésil, une étendue et une épaisseur bien supérieures à celles que nous lui connaissons en Europe.

MINÉRAUX ET MÉTAUX. — Plusieurs sont aurifères et platinifères. Les dépôts de cette nature que l'on trouve au Brésil, paraissent dus à la décomposition et à la destruction de cette roche.

Il passe au gneiss ou au micaschiste par l'addition du mica soit seul, soit associé avec du feldspath.

MICASCHISTE. — Le gneiss et le micaschiste offrent entre eux des différences si légères, des nuances si insensibles, qu'on pourrait, à la rigueur, les considérer comme des modifications d'une seule et même roche. En effet, le micaschiste ne se distingue du gneiss que par l'absence du feldspath, ou parce que cette substance s'y trouve en très-petite quantité. Cependant sa structure est plus feuilletée ; ses strates sont aussi irrégulières, mais plus ondulées peut-être que celles du gneiss.

La formation micaschisteuse constitue de grandes masses qui couvrent des étendues de pays considérables, elle forme aussi des couches peu épaisses intercalées au milieu d'autres roches. Les roches qui lui sont subordonnées sont les mêmes que celles du gneiss. On y remarque, en outre, le quartzite micacé ou l'hyalomicte, le quartzite topazosème ou renfermant des topazes, la dolomie, le gypse et des leptynites.

MINÉRAUX ET MÉTAUX. — Le micaschiste renferme un grand nombre de minéraux disséminés, tels que le quartz blanc, la tourmaline, le disthène, la staurotide, le fer oligiste, le fer hydroxydé. Le graphite y forme des veines, des filons et même des petites couches. M. de la Bèche fait observer que « le micaschite contient quelquefois des « grenats en si grande abondance, qu'on peut presque « les regarder comme une partie composante régulière « de la roche. »

DÉPOTS PLUTONIQUES. — Il existe dans le micaschiste les mêmes dépôts plutoniques que dans la roche précédente ; le calcaire saccharoïde y abonde. Cette roche si remarquable devient quelquefois schisteuse par un mélange de talc ou de mica, passe de l'état cristallin à une substance compacte, ou se mêle avec divers minéraux tels que l'amphibole, l'augite, le quartz, etc., etc.

EMPLOI DES ROCHES. — Comme le micaschiste se laisse diviser facilement en feuillets ou en tables fort minces, il sert assez souvent à couvrir les toits et à daller le sol ; il s'étend sur tout le revers méridional des Alpes depuis le mont Rose jusqu'au mont Blanc. Il est aussi très-abondant aux Pyrénées, dans les montagnes du Forez et du Bourbonnais, et dans le nord de l'Europe.

FORMES DU SOL. — Les montagnes de micaschiste n'offrent point de pentes abruptes, point d'escarpements, point de saillies élevées. Leurs sommets ont des contours légèrement arrondis et se terminent par des plateaux d'une certaine étendue. Les chaînes quelquefois disposées par groupes ont leurs pentes en forme de terrasses que traversent souvent de nombreux ravins. Les vallées qu'elles forment, peu profondes, plus larges que celles du gneiss, sont presque toujours transversales.

AGRICULTURE. — Le sol qui recouvre les formations gneissique et micaschisteuse se charge parfois de chênes, de châtaigniers, mais plus ordinairement de conifères. Il est sec et aride, et ce n'est que dans certaines conditions indépendantes de la volonté de l'homme qu'il jouit d'une fertilité plus ou moins marquée.

CHAPITRE XII.

PÉRIODE SECONDAIRE.

DES TERRAINS DE SÉDIMENT INFÉRIEURS.

Considérations générales. — Des terrains de sédiment inférieurs. — Leur division en deux groupes principaux. — TERRAIN SCHISTEUX. — Schiste argileux. — Schiste chloriteux. — Schiste talqueux. — Calcaires. — Psammites. — Schiste Ardoisier. — État du globe. — GRAUWACKE. — Division en deux étages. — ÉTAGE INFÉRIEUR. — Composition. — Débris organiques. — ÉTAGE SUPÉRIEUR. — Composition. — Débris organiques. — Minéraux et métaux. — Emploi des roches. — Agriculture. — Dépôts plutoniques. — Soulèvement.

La formation du terrain primaire touchait à sa fin lorsque les sédiments, qui font le sujet de ce chapitre, commencèrent à se déposer. Il est même très-probable que le refroidissement du gneiss et du micaschiste n'était pas complet dans toute l'étendue du globe, puisque l'on voit souvent ces roches alterner avec celles du terrain schisteux proprement dit, et que leur passage à ces dernières se fait par des nuances tellement insensibles, qu'il est presque impossible de donner des noms distinctifs à ces différentes associations. De même que les roches de la période précédente, mais à un degré moins marqué peut-être, les dépôts de sédiment inférieurs paraissent avoir été formés dans une espèce de bain thermal, sous l'influence de forces cristallines immenses, capables de donner aux fragments sédimentaires, arrachés par les eaux au sol préexistant, un caractère minéralogique nouveau, assez souvent identique à celui du gneiss et du micaschiste.

La disposition des strates du terrain secondaire est très-variée. Tantôt elles sont concordantes avec celles des roches du terrain primaire, tantôt, par suite du changement qui s'est opéré dans leur gisement primitif, elles sont bouleversées, contournées, fléchies dans tous les sens. On se rend facilement compte de ces nombreux dérangements, lorsqu'on pense que ces couches, situées à la base de tous les terrains de sédiment, ont dû nécessairement participer à tous les mouvements successifs, lents ou insensibles, subits ou violents, qui ont élevé certaines étendues du sol qu'elles supportent au-dessus de leur ancien niveau, ou qui les ont abaissées au-dessous.

Nous partagerons les terrains de sédiment inférieurs en deux groupes principaux; l'un inférieur, l'autre supérieur; le premier comprendra le *terrain schisteux*, le second sera composé du *terrain carbonifère*.

GROUPE INFÉRIEUR.

FORMATION SCHISTEUSE. — Les roches qui constituent ce terrain ont en général une structure schisteuse. Elles comprennent le schiste *argileux*, le schiste *chloriteux*, le schiste *talqueux*, des *calcaires*, des *psammites* et le schiste *ardoisier*. On rencontre à la partie inférieure de la série les schistes maclifères et les schistes amphiboliques ou actinoteux du groupe précédent. Les roches subordonnées aux roches de cet étage sont des masses et des couches de quartzite, d'amphibolite et de calcaire blanc grenu ou saccharoïde.

SCHISTE ARGILEUX. — Les schistes argileux ou phyllades qui appartiennent à ce groupe, ont, pour caractère principal, une tendance continuelle à changer de composition et d'aspect. Ils forment la base de cet étage, et leur puissance varie de 50 à 1,400 mètres. Lorsqu'ils sont fissiles et bien feuilletés, ils se laissent diviser en grandes lames minces dont les joints coupent transversalement les plans de stratification. Quelquefois ils sont terreux et à feuillets très-épais.

Ils passent par des nuances insensibles aux micaschistes qui leur sont inférieurs et au grauwacke qui leur est supérieur. Dans le premier cas, ils offrent de grandes lames de mica très-adhérentes vers leur point de contact; dans le second cas, ce ne sont que de petites paillettes isolées de mica. On voit assez souvent des dykes de porphyre les traverser.

SCHISTE CHLORITEUX. — Le schiste chloriteux est, ainsi que son nom l'indique, composé de chlorite seule ou mélangée de quartz, de feldspath, d'amphibole et de mica dans diverses proportions. Il passe fréquemment au micaschiste et au schiste argileux. Au mont Snowdon dans le pays de Galles, il est associé à la serpentine.

SCHISTE TALQUEUX. — Le schiste talqueux est une roche à laquelle passe le schiste argileux, en présentant d'abord quelques plaques de talc et en se changeant ensuite en ce minéral. Ses passages au micaschiste ne sont pas rares.

CALCAIRES. — Les calcaires de ce groupe sont à texture

cristalline, durs, susceptibles d'un beau poli. Leur couleur, ordinairement bleuâtre, passe au gris-clair, au noir, selon que le principe colorant est plus ou moins abondant. Nous avons rencontré à Luchon (Pyrénées), à mont Dauphin (Hautes-Alpes), des calcaires remarquables auxquels l'oxyde de fer avait donné une belle couleur rouge. Brisés récemment, ils dégagent parfois une odeur d'hydrogène sulfuré assez prononcée. Lorsqu'ils alternent avec des schistes, souvent cette alternance se fait de telle sorte que chaque lame de schiste est soudée sur une lame calcaire. (Alpes près de Gênes, Pyrénées, Hongrie.)

PSAMMITES. — Les psammites schistoïdes et siliceux qui se trouvent au bas des terrains de sédiment inférieurs sont la plupart fissiles, et forment des couches ordinairement minces, rarement d'une certaine puissance. Leurs couleurs sont très-variées. Tantôt très-tenaces, tantôt très-friables, on observe qu'ils tendent assez souvent à se diviser en dalles ou en plaques. On considère ces roches comme une nuance de la série de passages qui s'établit depuis le schiste jusqu'au quartz pur.

SCHISTE ARDOISIER. — Le schiste ardoisier se distingue du schiste argileux par sa cassure constamment schistoïde, par sa tendance à se partager en feuillets minces, larges, rarement en petits fragments, et par sa décomposition en une pâte légère, onctueuse, qui ne fait pas corps avec l'eau.

Cette roche passe à la stéatite, à la coticule et à l'ampélite; quelquefois elle ressemble, sous cette dernière forme, tellement au schiste houiller, que, trompé par cette apparence, on a cherché la houille dans son gisement; les recherches ont toujours été infructueuses.

Les passages insensibles que l'on observe assez souvent entre le gneiss, le micaschiste, le schiste argileux et les autres roches de la même série, ont fait croire à plusieurs géognostes que ces formations mêlées entre elles, sans ordre bien déterminé, n'en constituent réellement qu'une seule. On voit en effet de vastes étendues de pays dans lesquelles elles présentent une oscillation constante de l'une à l'autre; mais ce phénomène est-il assez général pour faire loi? nous ne savons. Toutefois, au milieu de cette confusion apparente, nous ne pouvons nous empêcher de reconnaître cette cause commune, principalement chimique, à laquelle nous avons rapporté la formation des roches sur lesquelles celles-ci reposent. Quant aux variétés qui les distinguent, elles sont bien évidemment le résultat de causes secondaires. Les espèces minérales qui entrent dans la composition des roches de la période précédente et de celles-ci sont les mêmes, seulement elles se sont arrangées d'une manière différente l'une par rapport à l'autre, de telle sorte que dans l'un des deux cas, elles ont formé des masses stratifiées, et non dans l'autre. Ainsi, dans la structure du gneiss, du micaschiste, du schiste argileux, du schiste chloriteux, du schiste talqueux, il est facile de voir que c'est à la disposition du mica, de la chlorite ou du talc suivant certains plans généraux, que la structure fissile ou schisteuse qui caractérise ces roches est principalement due.

DÉBRIS ORGANIQUES. — Les premiers débris de corps organisés que l'on ait rencontrés, paraissent dans ce groupe. Ils appartiennent au règne animal, au règne végétal et sont renfermés dans les schistes argileux et dans les psammites. Ce sont :

Parmi les zoophytes : des polypiers, *Astrea* et *Caryophylla*.

Parmi les radiaires : la nombreuse famille des *Encrinites.*

Parmi les conchifères : plusieurs *Spirifer; Terebratula*, *Wilsoni* (fig. 17); *Producta.*

Parmi les mollusques : des *Orthocératites.*

Parmi les crustacés : des *Trilobites*, *Calimène Blumenbachii* (fig. 16), *Ogygia*, *Paradoxides.*

Si les plantes qui ont été trouvées à l'état fossile, dans la partie la plus inférieure des terrains de sédiment, sont peu nombreuses, c'est que, sans doute, elles n'ont pu se conserver aussi facilement que les débris des animaux. En effet, on doit reconnaître que des continents ont existé avec des végétaux à leur surface, à une époque contemporaine de la première apparition de la vie animale; nous ajouterons que, d'après l'harmonie générale qu'on observe dans la nature, il est assez naturel de supposer que cette végétation servait de nourriture à des animaux terrestres, dont l'organisation était en rapport avec les milieux ambiants, et que probablement cette flore primaire, dont les débris ont été en grande partie anéantis, était à peu près semblable à celle qui se retrouve dans la série carbonifère.

Déjà la formation micaschisteuse a présenté quelques traces végétales; déjà l'on aperçoit dans les terrains de sédiment que nous avons fait connaître de petits amas d'anthracite, des empreintes et des débris de grands végétaux (calamites, stigmaria, sigillaria, etc., etc.); mais le fait le plus remarquable de cette époque, c'est que ces premiers échantillons de végétaux fossiles appartiennent tous à la famille des cryptogames.

Algues : *Fucoïdes antiquus.*

Équisétacés : *Calamites radiatus.*

Fougères : *Sphenopteris dissecta; Sigillaria tessellata; Sigillaria Voltzii; Cyclopteris flabellata; Pecopteris aspera.*

Lycopodiacées : *Stigmaria ficoïdes.*

MÉTAUX. — Les métaux sont assez abondants. Ainsi on trouve dans cet étage, de la limonite et d'autres oxydes de fer, de la galène, du cuivre, du plomb, de l'or, de l'argent, de l'étain; quant aux minéraux, on rencontre la macle et quelques autres substances minérales peu intéressantes.

EMPLOI DES ROCHES. — Les roches les plus utiles sont les marbres, les schistes argileux souvent employés dans les constructions, les schistes ardoisiers qui servent à couvrir nos toits, et dont une variété bleuâtre ou jaunâtre est exploitée comme pierre à rasoirs; l'ampélite graphique (crayon noir, pierre des charpentiers), enfin les psammites dont on retire de bonnes meules à aiguiser et d'excellentes pierres dites à *faux*.

AGRICULTURE. — Partout où se rencontrent à nu les divers schistes qui forment l'étage inférieur des terrains de sédiment inférieurs, le sol est peu favorable à la culture; il est ordinairement aride, recouvert de landes, de maigres pâturages, quelquefois de forêts.

FORMES DU SOL. — Les montagnes sont en général assez élevées, mais rarement d'une grande étendue : les pentes en sont douces, les vallées peu profondes, les lignes de collines se terminent assez souvent par de larges plateaux, comme en Bretagne, en Normandie, en Belgique et en Angleterre. Du reste, il est rare qu'elles ne soient pas recouvertes par des terrains tertiaires.

ÉTAT DU GLOBE. — Si, comme on le reconnaît généralement, le globe que nous habitons a été originairement et est encore, pour la plus grande partie de sa masse, à l'état de fluidité ignée, on peut conséquemment admettre, comme très-probable, qu'il a commencé par être semblable à ces corps planétaires tellement fluides, qu'ils ne paraissent former qu'une masse de vapeurs que les astronomes désignent sous le nom de nébuleuses. L'immense atmosphère qui l'entourait se composait non-seulement des fluides élastiques de l'atmosphère actuelle, mais encore de tous les corps simples et de tous les oxydes métalliques, de telle sorte que les plus légères de ces vapeurs, telles que les éléments de l'eau et de l'air, se trouvaient dans les régions les plus éloignées du point central, occupé principalement par les oxydes métalliques.

Le calorique, cause de l'état de fusion dans lequel se trouvaient les matières dont la croûte actuelle de la terre se compose, étant venu à rayonner de la surface à travers l'espace, la première consolidation de cette nébuleuse a eu lieu, et les molécules minérales, soumises à l'influence de milieux qui agissaient sur elles, se sont rapprochées peu à peu et ont cristallisé.

Cette enveloppe de pierre cristalline, comparable jusqu'à un certain point aux amas de scories que l'on voit flotter sur un bain de matières fondues, était si chaude originairement, que l'eau ne pouvait se fixer à sa surface. Rendue de plus en plus épaisse par le refroidissement qui s'opérait d'une manière incessante, il vint un moment où sur cette frêle pellicule encore brûlante, la vapeur aqueuse se condensa et finit, en retombant sous forme de pluie, par former une couche de liquide d'une immense étendue, espèce d'océan thermal qu'aucun être aquatique ne pouvait habiter. Dès lors commencèrent les premiers sédiments, véritables dépôts de sable, de vase et d'autres matières charriées par les eaux, qu'une forte pression atmosphérique, une température très-élevée et des actions chimiques puissantes transformèrent en gneiss et en micaschistes; en même temps que ces couches hypogènes se constituaient, l'oxyde de silicium donnait naissance à des amas de quartzite, l'oxyde de calcium combiné avec des silicates formait des amas d'ophicalce, etc.

Cette première croûte de notre planète, mince et flexible, fréquemment soulevée, fendillée ou rompue, a donné passage, au travers de ses nombreuses fissures, d'abord d'une manière presque continue, puis sous des intervalles plus longs, à des matières ignées qui, poussées de bas en haut, se sont associées aux sédiments qui se formaient par une autre voie, les ont pénétrés, se sont épanchées au-dessus d'eux pour être recouvertes et modifiées à leur tour par de nouveaux dépôts. Cette action simultanée et continue des phénomènes dus à deux puissances antagonistes, le feu et l'eau, instruments d'une immense énergie, la ressemblance des débris remaniés par les eaux avec les matières d'origine ignée, nous ont porté à conclure que les produits mixtes dans lesquels les caractères propres à l'une ou à l'autre origine se sont confondus, ont été formés au point de contact des deux forces qui ont agi dans la formation de l'écorce de la terre.

Un des phénomènes les plus curieux de la période primaire, c'est le mouvement que devait éprouver la surface de la terre par l'attraction de la lune et du soleil, mouvement analogue à nos marées actuelles, qui devait s'exécuter sur une immense atmosphère et agir sur la masse fondue du globe. Ce furent là, selon notre excellent ami Lecoq, géologue d'un haut mérite, les premiers soulèvements de la terre; et quand déjà quelques couches minces étaient figées, elles étaient de nouveau brisées ou pliées par les grandes marées, qui, à des époques périodiques, venaient agiter ces premiers terrains. Il est probable que c'est à ces mouvements réguliers et si souvent répétés, avec quelque différence d'intensité, que sont dus ces lames de gneiss et de micaschistes, ces plissements de la roche originaire, dont les feuillets minces et serrés, de nature et d'épaisseur variables, se suivent avec un parallélisme parfait, malgré toutes les ondulations auxquelles ils obéissent; plusieurs couches, déjà formées et soulevées par des marées extraordinaires, ont dû retomber sur elles-mêmes et produire en partie ces zigzag si singuliers que l'on ne rencontre que dans ces roches, et qui supposent un grand état de mollesse, par suite une grande flexibilité. La prédominance de l'action plutonique dans les premiers âges, explique suffisamment la présence des roches ignées dans les couches du terrain primaire et des schistes de la période suivante. On conçoit aisément que ces émissions devaient être d'autant plus fréquentes que les résistances qu'elles avaient à vaincre étaient moindres. C'est ainsi que se sont formées ces masses puissantes de granits, de protogynes, de porphyres, de syénites, de pegmatites, etc., qui s'unissent si intimement aux gneiss, aux micaschistes, et qui traversent les diverses roches feuilletées du terrain schisteux. Les fissures dues aux soulèvements du sol, au retrait des matières argileuses, donnaient une issue incessante aux diverses substances métalliques vaporisées qui se sublimaient dans ces fentes et y formaient ces filons d'or, d'argent, d'oxyde de cuivre, d'étain, de plomb, de fer, que nous avons signalés dans les formations précédentes.

Les eaux dans lesquelles s'étaient déposés la vase et le sable qui se transformèrent plus tard en gneiss, en micaschiste, atteignaient une température que l'on évalue à 165°; la pression qu'elles avaient à supporter et sous l'influence de laquelle s'opérait le remaniement des premiers détritus qu'elles tenaient en suspension, est représentée comme égale au poids de 50 atmosphères.

Quand les lois auxquelles l'Éternel avait confié l'évolution de notre planète eurent, à la suite de réactions sans nombre, établi une sorte d'équilibre entre les agents et les éléments du monde matériel, les merveilles de l'organisme se montrèrent: des Orthocératites, des Spirifer, quelques Crustacés, des Poissons, vinrent peupler la solitude des mers; mais les espèces et les genres, peu nombreux d'abord, prirent un accroissement notable vers la fin de la seconde période. En même temps que la vie animale s'organisait, façonnée de la manière la plus propre aux fonctions des êtres, et suivant un plan général, avec un fini de combinaisons dignes de toute notre admiration, des végétaux de la structure la plus simple, des *Cryptogames* vasculaires, des *Sphenopteris*, des *Cyclopteris* et des *Pecopteris* recouvraient les premières terres émergées, îles très-basses, dépassant à peine le niveau des mers environnantes, et qui étaient bien loin d'atteindre l'étendue de nos continents actuels.

Telle fut, selon les physiciens modernes, l'origine probable de notre planète, tels furent les phénomènes qui durent accompagner et suivre la coagulation des premières couches de son enveloppe minérale. Tel fut encore le point de départ des manifestations de la vie à la surface du globe, commencement qui ne peut être attribué qu'à la volonté d'une puissance créatrice infiniment sage, infiniment intelligente. Ainsi se trouve établi sur des preuves physiques cet argument, qu'il a été un temps où l'incandescence de la terre, la température élevée des eaux étaient dans des conditions telles, qu'aucun être organisé, animal ou végétal, n'aurait pu subsister un seul instant. De là, cette déduction incontestable, que toutes les espèces ont été créées postérieurement à l'état de liquéfaction ignée de notre planète. Cette absence de restes organiques dans les formations primaires enlève leur dernier refuge à une foule de philosophes spéculatifs qui prétendent expliquer l'origine des organisations actuellement existantes, soit par une succession éternelle des mêmes espèces, soit par des évolutions d'espèces passant des unes aux autres, sans interposition d'une Puissance Créatrice, agissant avec sagesse et suivant un plan arrêté. Elle démontre « que les espèces actuellement existantes ont eu un commencement, que ce commencement « date d'une époque comparativement récente dans l'histoire physique de notre globe, et que ces mêmes espèces ont été précédées d'autres systèmes organiques, « animaux et végétaux (Buckland). » Or, puisque, pour chacun de ceux-ci comme pour les premiers, on peut établir qu'il fut un instant où ils n'existaient pas encore, il est évident que la doctrine d'une succession éternelle et indéfinie, que celle de la transmutation, appliquées aux systèmes plus anciens comme à ceux de l'époque actuelle, dans le passé et dans l'avenir, sont également insoutenables, qu'elles sont un non-sens aux yeux de ceux qui ne se paient pas de mots et qui n'aiment pas le fantastique dans la science. Un fait subsiste, c'est ce magnifique ensemble qui relie toutes les existences, depuis la première apparition de la vie sur notre globe jusqu'à nos jours, c'est cette merveilleuse harmonie qui se révèle de toutes parts dans les œuvres de la création, c'est cette unité de plan constamment suivie dans les mécanismes innombrables que la vie a revêtus, arrangements supérieurs à l'action des lois connues de la nature, et contre lesquels viennent se briser les prétentions de ceux qui admettent qu'il y a dans la vie organique une capacité de se modifier suivant les circonstances, capacité dont le résultat définitif serait de convertir un polypier en un homme.

GROUPE MOYEN ARÉNACÉ. — Ce groupe, désigné par Labèche sous le nom de groupe de grauwacke, répond au traumate de Daubuisson, au grauwacke schistoïde, au schiste traumatique du même, au groupe arénacé et calcaire de Brongniart, à la formation caradocienne ou diluvienne de Murchison. Afin d'en faciliter l'étude, nous le diviserons en deux étages; chaque étage pourra être partagé en plusieurs groupes, chaque groupe en différentes assises.

ÉTAGE INFÉRIEUR. — Et d'abord, en procédant de bas en haut, l'étage inférieur est composé : 1° de schistes bruns, souvent calcarifères, alternant avec des schistes noirs et des grès; 2° de gravier quartzeux; 3° de grès plus ou moins grossier, vert ou rouge; 4° de quartzite; 5° de calcaire blanc quartzeux et graveleux, dur et cristallin; 6° de grès carbonifères; 7° de psammites quelquefois légèrement micacés et carbonifères; 8° de calcaire ordinairement d'un gris bleuâtre.

DÉBRIS ORGANIQUES. — Les corps organisés qui appartiennent à cet étage sont principalement des Crinoïdes, des Bellérophes, des Trilobites, et de petites Pentamères.

ÉTAGE SUPÉRIEUR. — L'étage supérieur comprend: 1° une argile schisteuse d'un rouge foncé ou brun, rarement micacée, passant au schiste; 2° un calcaire plus ou moins argileux, d'un gris tantôt clair, tantôt bleuâtre ou noirâtre; d'une texture ordinairement compacte, d'une structure fissile, quelquefois feuilletée, et dont les couches, épaisses de 10 à 12 centimètres, sont séparées par des lits argileux (calcaire de Dudley); 3° des argiles schisteuses et sableuses noirâtres; 4° des schistes d'un rouge foncé et brun, avec des concrétions de calcaire argileux; 5° un calcaire dur, argileux, gris ou bleuâtre, renfermant des nodules d'un calcaire plus compacte, dont la texture est souvent semi-cristalline; 6° un calcaire recouvert par des psammites très-argileux, fréquemment calcarifères.

DÉBRIS ORGANIQUES. — Les débris organiques de cet étage sont très-abondants dans les calcaires, il en existe peu dans les roches arénacées; les classes et les genres d'animaux et de végétaux que l'on y rencontre présentent le résumé suivant :

ZOOPHYTES : Manon, 2. Scyphya, 4. Tragos, 2. Gorgonia, 1. Stromatopora, 2. Madrepora, 1. Cellepora, 3. Retepora, 3. Flustra, 1. Ceriopora, 5. Agaracia, 1. Lithodendron, 1. Caryophylla, 1. Antophyllum, 1. Turbinolia, 1. Cyathophyllum, 17. Strombodes, 1. Astrea, 2. Columnanaria, 1. Coscinopora, 1. Catenipora, 4. Syringopora, 1. Tubipora, 1. Calamopora, 8. Autopora, 4. Favosites, 5. Mastrema, 1. Amplexus, 2. TOTAL, 77.

RADIAIRES : Pentacrinites, 6. Actinocrinites, 3. Cyathocrinites, 5. Platycrinites, 4. Rhodocrinites, 5. Melocrinites, 2. Cupressocrinites, 2. Eugeniacrinites, 1. Eucalyptocrinites, 1. Sphœronites, 4. TOTAL, 34.

ANNELIDES : Serpula, 4. TOTAL, 4.

CONCHIFÈRES : Thecidea, 1. Spirifer, 18. Terebratula, 33. Strygocephalus, 2. Calceola, 2. Strophomena, 6. Producta, 12. Gryphœa, 1. Pecten, 3. Plagiostoma, 1. Megalodon, 1. Trigonia, 1. Cardium, 6. Cardita, 4. Isocardia, 2. Cypricardia, 1. Posidonia, 1. TOTAL, 95.

MOLLUSQUES : Patella, 4. Pileopsis, 1. Melanopsis, 1. Melania, 2. Natica, 1. Nerita, 2. Solarium, 1. Delphinula, 1. Cirrus, 1. Pleurotomaria, 1. Evomphalus, 5. Trochus, 2. Turbo, 4. Turritella, 3. Pleurotoma, 1. Murex, 1. Buccinum, 4. Bellerophon, 9. Conularia, 4. Orthoceratites, 30. Cyrtoceratites, 4. Lituites, 2. Nautilus, 9. Ammonites, 3. TOTAL, 96 espèces.

CRUSTACÉS : Calymene, 13. Asaphus, 16. Ogygia, 4. Paradoxides, 5. Nileus, 2. Illœnus, 3. Ampyx, 1. Olenus, 1. Agnostus, 1. Isotelus, 2. Trilobites, 1. (espèce non déterminée). TOTAL, 49 espèces.

POISSONS : Os de poissons et une dent; empreintes de poissons (ichthyodorulites).

VÉGÉTAUX.

ALGUES : Fucoïdes, 3 espèces. ÉQUISÉTACÉS : Calamites, 3. FOUGÈRES : Sphenopteris, 1. Cyclopteris, 1. Pecopteris, 1. Sigillaria, 2. LYCOPODIACÉS : Lepidodendron, 1. Stigmaria, 1. CLASSE INCERTAINE : Astérophyllites pygmœa.

MINÉRAUX ET MÉTAUX. — Cet étage renferme de l'anthracite et de la bouille. Les mines de charbon de terre de *Montrelais*, de *Saint-Georges*, de *Chatelaison*, de *Miluzeo*, situées dans les environs d'Angers, appartiennent à ce groupe. Il contient aussi de riches mines de plomb, comme au Huelgoët et à Poullaouen en Bretagne; de la barytine, de la fluorine et des macles.

EMPLOI DES ROCHES. — Plusieurs calcaires, ceux de Dudley en Angleterre surtout, quelques-uns en Suède, fournissent d'excellentes pierres à chaux.

Les schistes que l'on trouve auprès d'Angers, entre Avrillé et Trélazé, placés par M. Dufrenoy à la partie supérieure de cet étage, donnent lieu à de grandes exploitations d'ardoises très-estimées.

AGRICULTURE. — Le sol que forment les diverses roches de ce groupe est quelquefois couvert d'arbres, de forêts, de conifères et de pâturages maigres, peu fournis. La culture est, en général, ingrate, difficile, et donne des produits médiocres. Les montagnes sont peu élevées, la décomposition des schistes émousse les arêtes, adoucit les pentes; les vallées sont comme arrondies, peu profondes, et offrent çà et là une assez belle végétation. Les calcaires de ce groupe constituent un sol bien moins infertile que le sol schisteux. Cependant les dislocations fréquentes qu'ils présentent en rendent assez souvent la surface inculte.

Quand les grès ou psammites sont très-durs, très-tenaces, leur infertilité est la même que celle des calcaires avec lesquels on sait qu'ils alternent assez fréquemment; ils ne deviennent aptes à la culture que lorsqu'ils jouissent d'une friabilité assez grande pour être réduits, par les agents atmosphériques, en une terre pulvérulente ou en une espèce de sable, susceptibles d'être facilement amendés par des argiles ou des calcaires.

DÉPOTS PLUTONIQUES. — Pendant que les divers terrains de sédiment inférieurs (groupe inférieur et groupe moyen) étaient en voie de formation, des éruptions de granit, de porphyre et de syénite les traversaient, s'épanchaient à leur surface et modifiaient puissamment leur structure et leur texture, la disposition et la direction de leurs couches. Ainsi, en Bretagne, les grès ont été transformés en quartzites par le voisinage du granit, et les dépôts de vases marines fossilifères qui les recouvraient, modifiés par l'action ignée de cette roche, sont devenus des schistes maclifères.

SOULÈVEMENTS. — Vers l'époque de la consolidation du calcaire de Dudley, les matières qui cherchaient à faire irruption au dehors, venant de points plus éloignés de la première surface, surmontèrent le poids des masses qui s'opposaient à leur mouvement d'expansion, en soulevant le sol sur une grande étendue. Les montagnes peu élevées que ce mouvement produisit sont importantes à faire connaître, en ce que ce sont les plus anciens soulèvements dont on ait constaté la trace. Ce sont, dans la Grande-Bretagne, les montagnes de Cornouailles, du Westmoreland et de la partie méridionale de l'Écosse;

une partie de celles de la Bretagne et du Bigorre, etc., en France; celles de la Finlande, de la péninsule scandinave, du Hansdruck, de l'Eifel, du Hartz, en Allemagne, et de plusieurs autres chaînes.

A ces convulsions en ont succédé d'autres : le groupe moyen arénacé calcaire, qui s'était déposé sur les couches de l'étage inférieur ainsi redressées, a été à son tour disloqué et soulevé. C'est pendant cette révolution, qui correspond à l'éruption des masses de roches ignées connues dans les Vosges sous les noms de ballons d'Alsace et du Comté, que paraissent s'être élevées les collines du Bocage dans le Calvados, et certaines chaînes de montagnes de l'Angleterre, de la Pologne et de l'Allemagne.

CHAPITRE XIII.

SUITE DES TERRAINS DE SÉDIMENT INFÉRIEURS.

GROUPE SUPÉRIEUR.

FORMATION PALÆOPSAMMÉRYTHRIQUE. — Composition. — Débris organiques. — Minéraux et métaux. — Emploi des roches. — Agriculture. — Formes du sol. Dépôts plutoniques. — FORMATION CARBONIFÈRE. — Composition. — Débris organiques. — Minéraux et métaux. — Gisement. — Emploi des roches. — Agriculture. — Dépôts plutoniques. — Formes du sol. — Soulèvements. — FORMATION HOUILLÈRE. — Caractères principaux. — Composition. — Débris organiques. — Houille. — Ses variétés. — Son gisement. — Son utilité. — Bitumes. — Emploi des roches. — Dépôts plutoniques. — Soulèvements. — États du globe.

Trois formations sont comprises dans le groupe supérieur des terrains de sédiment inférieurs. Ce sont : 1° la formation dans laquelle domine le VIEUX GRÈS ROUGE (old-red-sandstone), désignée sous le nom de formation palæopsammérythrique ; 2° la formation carbonifère; 3° la formation houillère.

FORMATION PALÆOPSAMMÉRYTHRIQUE.

Syn. : *Vieux grès rouge* (*old-red-sandstone*, angl.); grès rouge de trans.

Cette formation, ainsi nommée parce qu'elle a pour caractère principal des grès rouges qui ont reçu la dénomination de *vieux*, à cause de leur ancienneté, consiste en un grès à grains quartzeux plus ou moins fins, souvent micacés, disposé en bancs parallèles, solides, quelquefois en une argile schisteuse, en un conglomérat grossier, en fragments de quartz et de schiste, en marnes diversement colorées, en grès rouges et verts, qui alternent avec des couches marneuses et argileuses.

Les fragments de roches dont se composent ordinairement les grès de cette formation, sont le quartz, la lydienne, le silex, le porphyre, la syénite, le thonschiefer, le gneiss, le micaschiste et le granit; toutefois, un ou plusieurs de ces fragments peuvent manquer. Cette composition donne tout lieu de croire que les grès sont le résultat de la destruction d'une immense quantité de roches siliceuses préexistantes, charriées par des eaux courantes, d'une vitesse variable, et qui ont formé des alluvions, des bancs de sable ou des plages. La couleur générale du vieux grès est rouge de brique, quelquefois verdâtre, blanche ou rosée; elle n'est pas toujours répandue d'une manière égale : elle est distribuée par zones droites ou ondulées. Cette formation a une épaisseur très-variable; tantôt sa puissance atteint au delà de mille mètres; tantôt elle se borne à un petit nombre de couches de conglomérats. Le vieux grès rouge passe fréquemment au poudingue, au psammite, au quartz grenu, et plus souvent encore au schiste argileux.

DÉBRIS ORGANIQUES. — On trouve dans cette formation peu de fossiles. Ceux que l'on y a observés se rencontrent également dans le groupe arénacé moyen sur lequel le vieux grès repose, et dans le calcaire carbonifère qui lui est supérieur. Les plus remarquables sont, l'*orthoceratites cordiformis*, l'*orthoceratites giganteus*, le *nautilus bilobatus* et le *nautilus pentagonus*, des *producta*, des *modioles*, des *avicules*, des *asaphes*, des *encrines*, des *térébratules*, quelques *polypiers*, des *plantes terrestres*. On cite comme appartenant à cette formation des débris de sauriens et de tortues, un poisson d'une forme bizarre, nommé *cephalaspis*, à cause de sa tête qui ressemble assez bien à un bouclier.

MINÉRAUX ET MÉTAUX. — Les substances minérales sont en petit nombre, elles se bornent au *quartz cristallisé*, à la *célestine* et à quelques couches de *calcaire concrétionné*; l'*oxyde de fer*, le *fer carbonaté*, et la *sidérose* sont les seuls métaux qui, jusqu'à présent, ont été rencontrés dans ce dépôt.

Les localités où le grès rouge a été observé en masses puissantes, sont : Huy, près Namur; Mey, près Caen; les environs de Bristol en Angleterre; Heresfort, le sud du pays de Galles.

EMPLOI DES ROCHES. — On l'emploie comme pierre de taille, comme pierre d'appareil, et pour le pavage des rues; quand il est micacé et schisteux, on en couvre les maisons dans les pays où il abonde.

AGRICULTURE. — La formation palæopsammérythrique est généralement aride; elle comprend beaucoup de terres incultes.

FORME DU SOL. — Les montagnes qu'elle constitue atteignent une hauteur de 3 à 400 mètres dans leur plus grande élévation; leurs formes sont, en général, arrondies, les pentes doucement inclinées; rarement les sommets se terminent en pics aigus, en cônes, en pyramides: ces caractères ne semblent appartenir qu'au terrain granitique.

DÉPOTS PLUTONIQUES. — Dans différentes localités, plusieurs roches d'origine ignée traversent la formation du vieux grès rouge. Ce sont des porphyres, des dolérites, des diorites, des phonolithes et des trapps. Tantôt elles alternent avec le grès, tantôt elles s'entre-croisent dans des directions opposées avec les couches de cette roche.

FORMATION CARBONIFÈRE.

Syn. : Calcaire carbonifère; calcaire anthraxifère; calcaire à encrines; calcaire de transition. (*Mountain limestone; carboniferous limestone*, angl.)

Les calcaires des formations précédentes prennent dans celle-ci un développement considérable; ils sont principalement composés d'une roche qui présente des caractères généraux à peu près semblables dans les diverses contrées où elle a été observée. Ainsi, en France, en Belgique, en Écosse, en Angleterre, cette roche est compacte ou sublamellaire, très-cohérente, à grain fin, moins cristallin et moins régulier que celui du calcaire primitif; sa texture, quelquefois bréchiforme, est rarement saccharoïde; sa cassure, plus ou moins conchoïdale, dégage par le choc une odeur d'hydrogène sulfuré. Sa couleur, ordinairement grise ou noire, paraît due à l'anthracite ou au carbone. Traversée fréquemment par des veines de spath calcaire, cette roche alterne en bancs parallèles distincts avec des schistes bitumino-calcaires, des grès micacés, des psammites schisteux et du schiste argileux; elle contient de temps en temps des couches de phtanite qui se présentent soit en petits bancs minces, soit en rognons.

Les roches principales subordonnées au calcaire carbonifère sont des couches de dolomie grise ou blanche, et des couches d'anthracite. Il passe fréquemment au calschiste, au psammite, à la dolomie et au schiste (environs de Liége et de Namur).

DÉBRIS ORGANIQUES. — On trouve dans ce dépôt une grande quantité de débris organiques; quelquefois les tiges d'encrines y abondent tellement, que la roche paraît en être entièrement composée; aussi quelques géologues ont-ils proposé de l'appeler *calcaire à encrines*.

Les principaux genres des espèces fossiles que l'on rencontre dans cette formation sont les suivants:

POLYPIERS : Millepora, 5 espèces. Cellepora, 1. Retepora, 1. Caryophylla, 6. Fungites, 2. Turbinolia, 5. Cyathophyllum, 1. Meandrina, 1. Astrea, 2. Catenipora, 5. Tubipora, 1. Syringopora, 1. Calamopora, 1. Favosites, 4. Lithostrotion, 3. Amplexus, 1. Polypiers, genre indéterminé. TOTAL, 40.

RADIAIRES : Pentremites, 3. Poteriocrinites, 2. Platycrinites, 7. Actinocrinites, 5. Melocrinites, 1. Rhodocrinites, 1. Cyathocrinites, 2. TOTAL, 21.

ANNELIDES : Serpula, 2. TOTAL, 2.

MOLLUSQUES : Pentamerus, 3. Spirifer, 27. Terebratula, 32. Crania, 1. Producta, 32. Cardium, 3. Atrypa, 7. Orthis, 4. Pecten, 3. Cyrtia, 2. Gypidia, 1. Vulsella, 1. Ostrea, 1. Hinnites, 1. Mytilus, 1. Modiola, 1. Megalodon, 1. Nucula, 1. Arca, 1. Chama, 1. Hippopodium, 1. Cypricardia, 1. Tellina, 1. Sanguinolaria, 1. TOTAL, 128.

CONCHIFÈRES : Patella, 1. Planorbis, 1. Natica, 3. Melania, 2. Ampullaria, 2. Melanopsis, 1. Nerita, 2. Pyramidella, 2. Delphinula, 8. Cirrus, 2. Evomphalus, 14. Pleurotomaria, 1. Trochus, 1. Turbo, 4. Helix, 1. Turritella, 2. Buccinum, 5. Bellerophon, 8. Conularia, 2. Orthoceratites, 18. Nautilus, 9. Ammonites, 3. TOTAL, 91.

CRUSTACÉS : Calymene, 4. Asaphus, 1. Paradoxides, 1. Trilobites, genre non déterminé.

POISSONS : Ichthyodorulites; palais de poissons.

VÉGÉTAUX FOSSILES : Des équisétacées, des fougères et des lycopodiacées.

Les fossiles les plus caractéristiques sont : le *productus lobatus* (fig. 18), et le *bellerophon hiulcus* (fig. 19).

MINÉRAUX ET MÉTAUX. — Les principales substances minérales de la formation carbonifère sont :

Le calcaire spathique, le quartz, le phtanite, l'arragonite, la barytine, la withérite, la fluorine, l'halloysite, le gypse, la célestine, le soufre, le bitume ordinaire, le caoutchouc fissile (espèce de bitume), la sidérose, la pyrite, la galène, la calamine, l'argile ferrugineuse, le zinc, le cuivre, la limonite, l'ocre, la houille et l'anthracite.

GISEMENT. — Le calcaire carbonifère se trouve dans un grand nombre de localités. On en observe un banc qui s'étend depuis le nord de la France jusqu'au milieu de l'Allemagne. Dans les Pyrénées, il occupe un espace considérable. Les Alpes suisses sont bornées au nord par une bande de cette roche qui a une largeur moyenne de 48 kilomètres et qui court jusqu'en Hongrie, après avoir contribué à former les sommets des hautes montagnes, tels que les dents de Morcle et du Midi, à l'entrée du Valais, la chaîne des Diablerets, les montagnes de l'Oldenhorn, du Gemmi, du Jungfrau, etc., etc.

EMPLOI DES ROCHES. — Les marbres noirs de Namur et de Dinan; le marbre de Cliston près Bristol; le marbre des Écaussines, près de Mons en Belgique; le marbre des environs de Theux dans le Hainaut, dit marbre de Sainte-Anne, appartiennent à cette formation. Il faut aussi lui rapporter le marbre de Campan, dont on voit quatre belles colonnes dans la grande galerie du Louvre, et le marbre noir (nero antico), si renommé dans l'antiquité sous le nom de marbre de Lucullus, *marmor luculleus*. On fait aussi avec ce calcaire d'excellente chaux.

Les psammites sont employés, en général, à faire des pavés plus solides que ceux du grès, mais qui ont l'inconvénient d'être très-glissants par le poli qu'ils acquièrent. Ils fournissent aussi des moellons, des pierres de taille, des meules à aiguiser, des carreaux, etc., etc.

Les poudingues forment souvent des meules de moulin, des pavés, des pierres très-solides avec lesquelles on construit de hauts fourneaux.

AGRICULTURE. — Le sol qui appartient à la formation carbonifère est sec et stérile. L'eau, s'infiltrant avec facilité dans les nombreuses fissures des roches qui la composent, devient une cause incessante d'infécondité; néanmoins le talus inférieur et le pied des montagnes offrent quelques traces de végétation.

DÉPOTS PLUTONIQUES. — La syénite, le porphyre, le trapp et la dolérite traversent fréquemment la formation carbonifère; ces roches s'y présentent intercalées, quelquefois à l'état de masses prismatiques. On attribue à ces éruptions le passage de l'anthracite à la structure prismée (Écosse), et la transformation du calcaire à une dolomie ordinairement couleur gris de cendre; enfin les marbres dits petits granits (granitelli), sont considérés par beaucoup de géologues comme de la dolomie résultant du voisinage des roches plutoniques.

FORMES DU SOL. — Les montagnes que constituent les roches de cette formation sont assez élevées, et se terminent par de grands plateaux que brisent de temps en temps des vallées étroites et des gorges. Leurs flancs sont abruptes, escarpés et creusés assez fréquemment par des cavernes spacieuses.

SOULÈVEMENTS. — Elles sont dues à un système de soulèvement qui, selon M. Élie de Beaumont, a concouru avec le précédent (syst. du Westmoreland) à donner un relief ondulé et une structure disloquée au sol primaire. Dans les inégalités que ces rides ont formées, sont venus se déposer plus tard les premières couches de cet ensemble de dépôts, que les géologues français et anglais ont nommé *dépôts secondaires*, dépôts dont la série carbonifère (vieux grès rouge, calcaire carbonifère, terrain houiller) compose l'assise inférieure. Plusieurs ballons des

Vosges, le ballon d'Alsace et le ballon du Comté, les collines du Bocage (Calvados), sont des redressements contemporains de cette époque; ils paraissent avoir été produits par des éruptions considérables de syénite, de porphyre et de diorite.

FORMATION HOUILLÈRE.

Syn. : Terrain houiller; grès houiller (*coal measures*, angl.)

Le terrain houiller est caractérisé principalement par la présence de couches abondantes de houille, par la nature des fossiles végétaux qu'on y rencontre, par la tendance de ses couches principales à alterner un grand nombre de fois dans le même sens, et par sa disposition très-fréquente en bassins affectant la forme de bateaux. Les couches de ce terrain sont presque toujours contournées, brisées ou fléchies sur elles-mêmes, de sorte que la direction des lits de charbon est assez difficile à déterminer sans des observations directes. Ainsi, un puits vertical peut traverser plusieurs fois la même couche.

Les roches qui composent la formation houillère sont des psammites, des schistes, des grès, des argiles schisteuses et de la houille; elles se mélangent, dans certaines contrées, à des conglomérats, et passent par des liaisons insensibles à d'autres roches que nous considérerons comme accessoires. Ces roches sont le grès micacé, souvent argileux et gris, le grès blanc, le pouddingue, l'arkose, le schiste bitumineux, le phtanite, le fer carbonaté, l'argile schisteuse, le calschiste, le calcaire, la dolomie et l'anthracite.

PSAMMITES. — Les psammites sont ordinairement composés de grains de quartz plus ou moins gros, quelquefois de feldspath, agglutinés tantôt par un ciment siliceux, tantôt par un ciment argileux. Leur couleur est très-variable, elle est ou noire, ou grise, ou rougeâtre, ou jaunâtre; ils ont presque toujours une structure schistoïde; ils passent fréquemment au schiste argileux, au phtanite; d'autres fois à un véritable grès.

SCHISTES. — Les argiles schisteuses paraissent formées des mêmes composants que les psammites, mais en particules plus ténues. Leur couleur, grisâtre ou brunâtre, augmente d'intensité au fur et à mesure qu'ils s'approchent des couches de houille; liées intimement avec celles-ci, elles deviennent tout à fait noires, ce qui rend leur distinction très-difficile à établir à la vue; leur dureté varie beaucoup. Exposées à l'air, elles se délitent et se décomposent facilement. Si elles sont fortement imprégnées de bitume, elles passent à la houille; mais si le mica y est prédominant, elles passent au grès. C'est dans cette roche de sédiment que se rencontrent en plus grand nombre les empreintes de végétaux.

HOUILLE. — La houille ou charbon de terre, qui est, sinon la plus puissante, du moins la roche principale de cette formation, est généralement placée entre deux lits d'argile schisteuse; ses assises se reproduisent dans certaines localités jusqu'à soixante fois, mais toujours disposées par couches alternatives d'argile schisteuse et de grès; leur épaisseur varie de quelques centimètres à plusieurs mètres.

GRÈS HOUILLERS. — Les grès houillers, presque constamment chargés de mica, sont composés de grains de sable dont le volume varie. Lorsque le quartz y est en galets assez considérables, ils sont regardés alors comme de véritables poudingues; souvent ils sont formés des mêmes éléments que l'arkose; le fer carbonaté ou la sidérose se présente en nodules ou rognons engagés dans le schiste argileux ou la houille, et forme quelquefois des bancs épais. Lorsque ce minerai est en quantité exploitable, on l'emploie pour la préparation du fer (pays de Liége). Les calcaires sont ordinairement très-imprégnés de bitume, ils acquièrent peu de développement. Les conglomérats consistent très-souvent en gros galets de quartz et de diverses autres roches réunies par un ciment argileux. Les schistes bitumineux en fragments existent principalement dans les fentes ou *failles* formées par la séparation ou l'écartement des lits de houille, dont presque toujours l'un s'est affaissé de plusieurs mètres audessous de l'autre, et s'en est quelquefois écarté de cent mètres environ.

DÉBRIS ORGANIQUES. — Les fossiles du terrain houiller sont très-abondants et très-variés; ils appartiennent principalement aux végétaux, et se trouvent dans les couches de schistes qui avoisinent la houille. Ce sont des empreintes bien conservées des feuilles, des tiges, quelquefois les tiges elles-mêmes, de quelques centaines d'espèces différentes qui, presque toutes, atteignaient une taille gigantesque. La liste suivante est dressée d'après les propres observations et les travaux de MM. Adolphe Brongniart, Sternberg, Schlotheim et autres.

CRYPTOGAMES VASCULAIRES. ÉQUISÉTACÉS : Equisetum, 2 espèces. Equisetites, 1. Calamites, 16. TOTAL, 19. (Fig. 27.)

FOUGÈRES : Sphenopteris, 29. Cyclopteris, 9. Nevropteris, 19. Glossopteris, 1. Pecopteris, 75. Lonchopteris, 2. Odontopteris, 6. Schizopteris, Sigillaria, 47. Filicites, 15. Aspidites, 1. Karstenia, 2. Cottœa, 1. Bockscia, 1. Glokeria, 1. Danœites, 1. Asterocarpus, 1. Balantites, 1. TOTAL, 209. (Fig. 22, 23, 25.)

MARSILIACÉES : Sphenophyllum, 8. Rotularia, 2. TOTAL 10. (Fig. 24.)

LYCOPODIACÉES : Lycopodites, 10. Selagenites, 2. Lepidodendron, 48.

Lepidophyllum, 5. Lepidostrobus, 4. Cardiocarpon, 5. Stigmaria, 9. Syringodendron, 4. Favularia, 4. TOTAL, 91. (Fig. 26, 28.)

PHANÉROGAMES MONOCOTYLÉDONES. PALMIERS : Flabellaria, 1. Nogerathia, 1. Zeugophyllites, 1. TOTAL, 3.

CANNÉES : Cannophyllites, 1. TOTAL, 1. CONIFÈRES : Pinites, 3. TOTAL, 3.

MONOCOTYLEDONES de familles incertaines : Sternbergia, 4. Poacites, 3. Trigonocarpum, 5. Musocarpum, 3. TOTAL, 15.

PLANTES dont la classe est incertaine, mais qui paraissent se rapprocher plus des deux classes ci-dessus que des autres :

Phyllotheca, 1. Annularia, 7. Asterophyllites, 10. Volkmannia, 7. Bornia, 2. Bruckmannia, 2. Bechera, 5. Artisia, 1. Knorria, 2. Palonia, 1. Megaphyton, 2. Galium, 1. TOTAL, 41.

Il existait aussi à l'époque de la formation houillère des insectes assez semblables à des charençons et aux névroptères d'aujourd'hui, des scorpions, des mollusques d'eau douce et des poissons très-remarquables par les grosses plaques solides qui couvraient leur corps, et leurs formes analogues à celles des lézards (mégalichtys).

CONCHIFÈRES : Pentamerus Knigtii, 1. Lingulla, 1. Vulsella, 2. Pecten, 2. Mytilus, 1. Unio, 2. Nucula, 2. Saxicava, 1. Hyatella, 1. Mya, 3. TOTAL, 16.

MOLLUSQUES : Evomphalus, 1. Turritella, 2. Bellerophon, 2. Orthoceratites, 5. Nautilus, 1. Ammonites, 6. ARTICULÉS : Plusieurs insectes coléoptères ; des arachnides. TOTAL, 17.

POISSONS : Ichthyodorulites, empreintes et palais de poissons. Amblipteres, 4 (Saarbruk). Des megalichtys (Édimbourg). (Fig. 21).

MÉTAUX ET MINÉRAUX. — Les substances minérales de la formation houillère sont à peu près les mêmes que celles de la formation carbonifère. On y trouve des schistes alunifères, de la sidérose, des amas et des petites veines de blende et de galène ; les sulfures de fer, appelés *sperkise* et *marcassite*, se montrent quelquefois dans la houille en rognons épars. Nous avons vu cette substance former d'assez jolies dendrites à la surface de fragments de houille provenant des mines de Decize. Le calcaire spathique est assez rare.

VARIÉTÉS DE HOUILLE. — La houille est sans contredit la roche la plus importante de celles qui entrent dans la composition du groupe qui nous occupe. C'est une substance minérale noire plus ou moins brillante, combustible avec flamme, fumée noire et odeur bitumineuse; elle est formée de carbone, d'hydrogène et d'oxygène, dans des proportions variables, et d'une légère quantité d'azote.

Suivant les proportions d'hydrogène et d'oxygène qu'elle renferme, la houille présente des caractères différents. De là sa distinction en quatre variétés principales :

1° La *houille forte* ou *des hauts fourneaux*, qui renferme à peu près 5 pour 100 d'hydrogène et un peu moins d'oxygène. Elle donne un charbon dur, plutôt poreux que boursoufflé, d'un éclat métalloïde. Elle convient surtout aux préparations qui demandent un feu vif et soutenu.

2° La *houille maréchale*, dont les fragments s'agglutinent fortement et se fondent ensemble par la combustion, renferme une même quantité d'hydrogène que la précédente, un peu plus d'oxygène, et laisse pour résidu un charbon très-boursoufflé.

3° La *houille des foyers à longue flamme*. La quantité d'hydrogène est un peu plus considérable; l'oxygène augmente et se trouve dans une proportion de 7 à 9 pour 100. Son résidu est un charbon poreux, sonore, léger, à fragments distincts les uns des autres, qui brûle sans donner ni fumée ni odeur désagréable, et que les Anglais apellent *coak*. Elle convient parfaitement au chauffage domestique et à la fabrication du gaz d'éclairage.

4° La *houille sèche à longue flamme*. Les proportions d'oxygène augmentent encore, et le carbone diminue. Cette houille, lourde et solide, est d'un noir plus foncé, et brûle plus difficilement que les autres, elle donne un charbon poreux, et répand, par la combustion, une odeur empyreumatique assez désagréable. Elle convient au service des verreries, à la fonte et aux chaudières d'évaporation.

GISEMENT. — Les gîtes de houille se présentent en général par zones, qui s'étendent souvent à de grandes distances, et dans chacune desquelles on observe une série plus ou moins nombreuse de petits bassins séparés les uns des autres. On les rencontre à toutes les hauteurs : ceux de Santa-Fé, dans les Cordilières, sont à 4,600 mètres d'élévation ; ceux de Saint-Ours, dans les Basses-Alpes, à 2,160 mètres, etc., etc. D'autres se trouvent au niveau des mers, comme en Flandre ; quelques-uns sont exploités à une profondeur de 100 mètres au-dessous de la mer, et s'avancent à plus d'un kilomètre sous les eaux (Withaven en Angleterre). Il n'en existe pas dans les terrains de cristallisation ni dans les terrains de sédiment modernes (Suède, Norwège, Russie, Italie). L'Angleterre compte 5,000 lieues carrées de terrain houiller exploitable, et l'on peut évaluer à 6,400,000,000 de tonnes la quantité du combustible qui s'y trouve enfouie. La France en renferme des dépôts considérables : les principales exploitations se trouvent dans le département du Nord, aux environs de Lille et de Valenciennes (mines d'Anzin et de Raismes). On en compte une quantité considérable dans plusieurs départements du centre de la France : celles du Creuzot dans Saône-et-Loire, celles de la Nièvre, de l'Allier et du Puy-de-Dôme. Cette formation houillère, qui repose sur le granit, le gneiss, le micaschiste, etc., sans en être séparée par aucun calcaire, aucun grès ou aucun schiste argileux que l'on puisse rapporter au groupe carbonifère, se dirige par Roanne, Montbrison, Saint-Etienne, Rive-de-Gier, vers le département du Rhône, puis continue en se prolongeant dans l'Ardèche, le Gard, l'Hérault et l'Aude, jusqu'au pied des Pyrénées. De là on retrouve la houille, et quelquefois en quantité considérable, dans le Tarn, l'Aveyron, le Lot, la Dordogne, et enfin dans le Cantal. Les départements de Maine-et-Loire, des Deux-Sèvres, de la Loire-Inférieure, de la Sarthe, de la Manche et du Calvados présentent un assez grand nombre de mines de houille; mais les dépôts en sont si fréquemment bouleversés et brisés, que l'exploitation en devient souvent impossible. Enfin on a calculé que nos dépôts houillers occupaient 15,000 ouvriers environ, qu'ils fournissaient annuellement 15 à 18 millions de quintaux métriques, dont le produit brut était représenté par une valeur de plus de cinquante millions de francs.

Partout où l'on découvre la houille, elle est accompagnée des mêmes roches; c'est toujours la même argile schisteuse, le même grès, le même minerai de fer, les mêmes débris organiques, les mêmes empreintes végétales, les mêmes dispositions de terrains redressés ou déprimés, contournés en demi-cercle ou en zigzag (environs de Mons et de Valenciennes), ou bien encore formant une espèce de ꟿ couché, dont les angles, plus ou moins aigus, semblent avoir été brusquement ployés, quand le dépôt était encore dans un certain état de mollesse.

Dans les parties supérieures du groupe carbonifère, les assises de houille sont moins tourmentées; elles sont plus régulières, plus isolées, ne forment point de bassins successifs, et semblent s'étendre parallèlement à l'horizon sur les couches inférieures dérangées et brisées.

UTILITÉ DE LA HOUILLE. — Tout le monde connaît l'utilité de la houille; cette substance, une des productions minérales les plus importantes que la terre renferme, est devenue une source de richesse immense par ses nombreuses applications à l'industrie. C'est à l'exploitation de ce minerai qu'est due en grande partie la prospérité de la Belgique, de l'Angleterre et de plusieurs contrées de la France. Tantôt il est employé comme élément principal des machines à vapeur, qui suppléent aux cours d'eau; tantôt il devient l'agent le plus rapide de communication entre les peuples. Nos foyers, nos forges, nos fourneaux, nos usines de tout genre sont alimentés par ce précieux combustible. Soumis à une distillation plus ou moins parfaite, son résidu donne le charbon connu sous le nom de coak, si utile pour le chauffage; et sa matière huileuse, convertie en gaz hydrogène bicarboné, mêlé d'hydrogène protocarboné en proportion beaucoup plus grande, sert à l'éclairage de nos ateliers et de nos villes.

Lorsque le fer carbonaté accompagne la houille en quantité exploitable, l'industrie utilise l'un par l'autre, et cette circonstance devient pour le spéculateur une source de bénéfices considérables.

BITUMES. — Les autres substances qui accompagnent la houille ont peu d'importance, considérées dans leurs rapports avec l'économie domestique et les arts utiles; l'anthracite est employée pour cuire la chaux, pour faire toute espèce de taillanderie; les bitumes, matières huileuses très-inflammables qui paraissent provenir de la décomposition de la houille, fournissent plusieurs variétés : le *naphte* et le *pétrole* servent dans certains pays à l'éclairage; la malthe, de même nature que les précédents, mais plus solide et plus glutineuse, entre dans la composition de la cire noire à cacheter; l'*asphalte* employé par les Égyptiens à l'embaumement de leurs cadavres et à la préparation des momies, uni à des fragments de quartz ou à du sable, est aujourd'hui d'un usage général pour le pavage des trottoirs et des places publiques.

EMPLOI DES ROCHES. — L'alun que l'on extrait des schistes alumineux; les sels de fer sont employés en teinture et en médecine.

Les calcaires fournissent de la chaux; les grès, des pierres à aiguiser; les poudingues, des meules de moulin; et les uns et les autres, des pierres de taille et d'appareil pour les constructions.

Le terrain houiller est presque toujours recouvert par d'autres terrains; dans les lieux où on peut le regarder comme formant la couche superficielle du sol, il forme un détritus argileux peu favorable à la culture, mais qui souvent finit par être productif; car le besoin rend industrieux: il force les populations qui s'agglomèrent autour des centres d'extraction à se créer des ressources alimentaires.

DÉPOTS PLUTONIQUES. —Les diverses roches de sédiment qui composent la formation houillère sont quelquefois traversées par des roches d'une autre origine, telles que des porphyres, des basaltes, des trapps; elles s'y intercalent ou forment des dykes; ce sont elles qui, introduites de bas en haut au milieu de ce groupe, ont donné lieu aux contournements, aux plissements, aux failles, que nous avons signalés plus haut.

SOULÈVEMENTS. — Les soulèvements qui ont formé les reliefs du terrain houiller sont en général dus à des éruptions de diorite; ils paraissent avoir eu lieu immédiatement avant la formation du nouveau grès rouge, car les dépôts de cette roche n'en ont point été affectés, tandis que les dépôts houillers présentent presque tous, ainsi que nous l'avons déjà dit, de nombreuses traces de fractures et de dérangements de leurs assises.

L'origine de la houille n'est pas douteuse. Les naturalistes la considèrent comme le résultat de la décomposition des végétaux enfouis dans le sein de la terre en masses immenses sur des surfaces plus ou moins étendues, depuis un temps dont la longueur échappe au calcul. Quand on étudie avec soin la structure de cette roche, on ne tarde pas à reconnaître des traces bien distinctes d'organisation végétale, on y rencontre des fragments de plantes qui ont conservé leur forme originairement cylindrique, leurs couches ligneuses et jusqu'à leur écorce. Enfin quand on brûle ou que l'on décarbonise de la houille à un feu lent et à vase clos, le charbon ou coak privé de sa résine présente un tissu fibreux qui lui donne l'apparence du charbon végétal. Toutefois les géologues diffèrent d'opinion sur les circonstances d'enfouissement des corps organisés dont elle est le produit. Les uns regardent les terrains houillers comme des espèces de tourbières formées de plantes qui auraient vécu dans le lieu même où on rencontre leurs débris ; tandis que les autres pensent que les végétaux, enlevés aux terres sur lesquelles ils vivaient, ont été portés par des eaux fluviatiles dans de profonds bassins marins ou lacustres. Sans nous prononcer d'une manière absolue entre ces deux hypothèses, nous dirons que cette dernière supposition s'accorde peu avec la présence, dans le terrain houiller, de feuilles de fougères parfaitement conservées et de nombreuses tiges de végétaux enfouies dans une position verticale, leurs racines dirigées de haut en bas. Dans l'état de choses actuel, il y a une grande quantité de végétaux qui sont entraînés jusqu'à la mer par les crues des rivières, mais ces végétaux, s'ils sont d'une nature tendre comme les fougères du terrain houiller, subissent constamment une profonde altération pendant leur transport. M. de la Bèche, qui a eu de fréquentes occasions d'observer sur la côte de la Jamaïque des fougères arborescentes emportées jusqu'à la mer par les torrents des montagnes voisines, les a toujours trouvées tellement endommagées, qu'il pouvait à peine les reconnaître.

L'explication qui admet un transport de végétaux accompagnés de sable et de boue, tel qu'il peut avoir lieu à l'embouchure d'une grande rivière, nous paraît donc insuffisante dans la plupart des cas; nous préférons admettre avec M. Ad. Brongniart, que le terrain houiller a été formé à la manière des tourbes dans des îles peu élevées, couvertes d'une épaisse végétation, sujettes à des inondations qui déposaient au-dessus des accumulations de végétaux, les couches de schistes et de psammites que nous avons vues plus haut alterner avec la houille; et de même que tous les sédiments, les éléments de ce groupe se sont déposés dans l'eau douce ou dans l'eau salée pendant une assez longue période de tranquillité. La périodicité de la stratification indique une cause également périodique dans le dépôt des matériaux de cette formation, on a cru trouver cette cause dans la succession de deux saisons opposées (une saison des pluies et une saison de sécheresse). Ce qu'il y a de certain, c'est qu'il est difficile d'expliquer d'une autre manière ce curieux phénomène.

Toutes ces accumulations, tous ces dépôts successifs ne pouvaient se faire sans le concours de grandes masses de continents arrosés par des cours d'eaux, renfermant quelques lacs d'eau douce, hérissés d'aspérités en général peu élevées, et présentant toutes les autres circonstances physiques nécessaires à la formation d'une quantité considérable de détritus, et cela indépendamment des forces agissantes intérieures.

Les preuves déduites de la nature des végétaux de la

houille, de leur énorme développement, nous font reconnaître qu'à l'époque de la période carbonifère, la température du globe était plus élevée encore que celle de nos régions équatoriales : ce degré constituait probablement le point le plus favorable à la vie végétale, à l'absorption et à la décomposition de l'acide carbonique. Le peu d'épaisseur de l'écorce terrestre permettait à la chaleur centrale de se distribuer d'une manière uniforme à la superficie, les glaces polaires n'existaient pas, les sources thermales et les jets de vapeur chaude étaient fréquents, chaque fois que le soleil s'éloignait de l'horizon des pôles, le sol devait se couvrir de brouillards qui tempéraient le froid des nuits sans rien changer à la chaleur des jours ; à cette température dont l'uniformité et l'élévation ne suffisent pas entièrement pour expliquer la présence des mêmes végétaux à des latitudes très-différentes, se joignait, selon M. de Candolle, l'action d'une lumière plus également répartie, plus prolongée que celle que produit aujourd'hui le soleil, dans les régions polaires. Cette lumière dont nous ignorons la nature, et qui pouvait tenir à des phénomènes physiques dont les aurores boréales ne nous donnent qu'une faible idée, est attestée par la présence de ces végétaux fossiles que l'on retrouve intacts, sur les lieux mêmes où ils ont existé, et qui ne pourraient y vivre aujourd'hui, quand même la chaleur du sol y compenserait les différences de latitude.

Les couches de houille peuvent s'enflammer spontanément et brûler pendant un temps plus ou moins long (mines de Commentry, 1838). L'air arrivant difficilement, la combustion est ordinairement lente, mais lorsqu'il vient à pénétrer librement au sein de la mine, il en résulte une inflammation très-vive, souvent difficile à arrêter. On conçoit que si cet embrasement a une certaine intensité, toutes les matières environnantes sont calcinées, aussi les grès sont vitrifiés, l'argile schisteuse passe à l'état de *tripoli*, de *porcellanite*, de scories analogues à celles des volcans. Il se forme fréquemment aussi des matières alunifères, de l'hydrochlorate et du sulfate d'ammoniaque; des globules d'acier provenant de petits nids d'oxyde de fer.

ÉTAT DU GLOBE. — Si nous jetons un coup d'œil sur cette importante époque de l'histoire de notre globe, nous voyons qu'après la formation du vieux grès rouge, un grand changement a eu lieu dans la nature du dépôt et dans la force de transport des courants. Alors, au lieu d'un sédiment siliceux et arénacé, il s'est produit un dépôt de carbonate de chaux remarquable par les restes de divers animaux marins et par la longue durée de la période pendant laquelle il s'est continué. Après ce dépôt, un nouveau changement s'est opéré dans la matière sédimenteuse, mais point assez subit, cependant, pour que la matière calcaire et le terrain arénacé, qui devint plus tard si abondant, n'aient pu être déposés alternativement pendant un espace de temps comparativement très-limité; alors une masse immense de grès, d'argile schisteuse, de houille, s'est accumulée en couches, l'une au-dessus de l'autre; et ces couches, bien qu'irrégulières par rapport aux différentes périodes relatives du dépôt, se sont continuées souvent sur des étendues très-considérables.

Tout porte à croire qu'à l'époque où se forma le terrain carbonifère, l'aspect de la surface du globe, déjà plissée par les soulèvements dus aux éruptions de granits, de syénites et de porphyres, était assez semblable à celui que présente cette partie du monde que l'on nomme Océanie; ce n'était qu'une immense suite de groupes d'îles plus ou moins étendues qui bientôt se couvrirent de végétaux gigantesques. En effet, toutes les circonstances étaient alors réunies pour activer la végétation.

L'acide carbonique, si nécessaire à la nutrition des plantes, déjà répandu en abondance dans l'atmosphère, était absorbé par les feuilles nombreuses des cryptogames vasculaires et des phanérogames monocotylédones qui vivaient alors sur le sol émergé. L'atmosphère ainsi saturée donnait aux plantes une vie indépendante d'un sol encore peu chargé de terreau; car, seul, elle devait suffire en grande partie à leur alimentation. Il est évident que si elle eût eu les mêmes proportions d'oxygène qu'elle contient aujourd'hui, les végétaux morts se seraient facilement décomposés, et leur transformation en terreau n'aurait laissé aucune trace de leur existence. Cette saturation de l'atmosphère par l'acide carbonique, ajoutée à la chaleur du globe, à l'évaporation active, incessante des eaux, et à l'humidité du sol, imprimait à la végétation un développement extraordinaire que l'on ne retrouve à aucune autre époque géologique.

CHAPITRE XIV.

TERRAINS DE SÉDIMENT MOYENS.

Leur division en quatre groupes principaux : GROUPE DU GRÈS ROUGE. — Sa composition. — Débris organiques. — Minéraux et métaux. — Gisement. — Emploi des roches. — Agriculture. — Formes du sol. — FORMATION MAGNÉSIFÈRE. — Étage inférieur. — Étage supérieur ou zeichstein. — Débris organiques. — Minéraux et métaux. — Emploi des roches. — Agriculture. — Dépôts plutoniques. Soulèvements du sol. — GROUPE DU GRÈS BIGARRÉ. — Grès vosgien. — Gisement. — Débris organiques. — Minéraux et métaux. — Formes du sol. — Emploi des roches. — Grès bigarré. — Débris organiques. — Ornitichnites. — Minéraux et métaux. — Emploi des roches. — Agriculture. — Dépôts plutoniques. — Formation du sol. — FORMATION CONCHYLIENNE. — Muschelkalk. — Gisement. — Débris organiques.

Nous diviserons les terrains de sédiment moyens en quatre groupes principaux. Celui du *grès rouge ;* celui du *grès bigarré ;* celui du *Jura*, et celui de la *craie*.

GROUPE DU GRÈS ROUGE.

Syn. : *Terrain du grès rouge ; terrain triasique* (Alberti) ; *red conglomerate* (angl.) ; *rothetodteliegende* (allemand) ; *pséphite rougeâtre* (Brongn.).

Les roches qui constituent l'étage inférieur de la série des terrains de sédiment moyens comprennent le grès rouge proprement dit, le calcaire magnésifère appelé zechstein par les géologues allemands, le grès vosgien, le grès bigarré, le calcaire conchylien ou muschelkalk, et les marnes irisées ou keuper (allem.).

GRÈS ROUGE. — On a donné le nom de grès rouge à un système de roches arénacées, formées de fragments de roches primordiales, réunis par un ciment argileux et siliceux, d'une couleur rouge plus ou moins intense: ce dépôt a beaucoup d'analogie avec celui qui occupe dans l'échelle géologique l'étage inférieur du terrain houiller; il est presque impossible de ne pas les confondre lorsque celui-ci n'existe pas.

Le grès rouge, composé de grains de quartz, quelquefois de feldspath (arkose), doit la couleur qui le caractérise à la présence du fer peroxydé qui enveloppe chaque grain. Lorsque les grains dont il est formé ont un certain volume, le grès passe au poudingue; d'autres fois, prenant une pâte argileuse, il se transforme en un conglomérat à fragments tantôt arrondis, tantôt anguleux, d'une grosseur plus ou moins considérable. Enfin cette roche consiste quelquefois dans un mélange de sable et d'argile qui lui donne une texture schistoïde; elle passe alors au schiste argileux. Cette argile schistoïde est ordinairement à pâte fine, rougeâtre, contenant un peu de mica; elle est dure, à cassure unie.

Les roches subordonnées sont quelques brèches composées de fragments de porphyres, quelques variétés d'un calcaire rougeâtre et compacte, du fer oligiste rouge, des schistes analogues aux schistes houillers, du spilite porphyroïde et de la houille. Dans les Vosges, les arkoses du grès rouge sont situées à la base de ce dépôt, et reposent sur le granit, auquel elles ont probablement pris leurs matériaux; elles sont souvent remplacées par des argilolithes schistoïdes ou compactes, de couleurs et d'aspects différents, qui sont tantôt en couches distinctes alternant avec l'arkose, tantôt en amas ayant à un tel point l'apparence de filons, qu'elles ont souvent été regardées comme des roches feldspathiques d'éruption.

Le feldspath dans les arkoses du grès rouge est très-souvent passé au kaolin. Ce changement, après coup dans une roche aussi dure, est généralement attribué à une action chimique des eaux dans lesquelles ces dépôts ont été formés.

DÉBRIS ORGANIQUES. — On trouve dans les grès rouges des bois fossiles en assez grande quantité, dont la plupart appartiennent aux conifères, des palmiers, des équisétacées, des fougères, des lépidodendron et des lycopodiacées d'une élévation égale à celle des conifères. On les reconnaît à leurs tiges plus ou moins aplaties, articulées de distance en distance et sillonnées longitudinalement. On y a découvert dernièrement des empreintes de pas de tortue et de christerium. (Fig. 45.)

MINÉRAUX ET MÉTAUX. — Le grès rouge contient peu de métaux. On y rencontre quelquefois de l'oxyde de manganèse, du fer oligiste, de la galène, de la blende, de la malachite, de la calamine, du chrome oxydé; parmi les autres substances minérales, se trouvent la fluorine, la dolomie, la chaux carbonatée, la barytine et du quartz en filons souvent énormes (Vosges).

GISEMENT. — Le Hartz, la Thuringe, la Saxe, les Vosges, Cartigny dans le Calvados, les environs d'Exeter en Angleterre présentent des exemples bien caractérisés de ce terrain.

EMPLOI DES ROCHES. — En Lorraine et en Alsace, des villes et de nombreux villages sont construits avec cette roche qui, exposée à l'air, acquiert une dureté remarquable. Tous les voyageurs en Allemagne ont pu admirer les ruines du vaste château d'Heidelberg, édifice du moyen âge, bâti en grès rouge; la magnifique cathédrale de Bâle est construite avec ce grès, dont la couleur est en harmonie parfaite avec les sculptures romanes de ce monument, l'une des plus anciennes basiliques de la chrétienté, car il date de la première moitié du XIe siècle. Là, toute l'ornementation disposée en saillie, soit à l'intérieur, soit à l'extérieur, a conservé intacts ses moindres moulures, ses filets les plus délicats, ses fleurons les plus riches. Des voyageurs, trompés par l'aspect uniforme de ces grès, ont écrit que cette vieille église était peinte en rouge!!!

AGRICULTURE. — La végétation du sol que le grès rouge constitue est languissante, et donne des produits médiocres en céréales. La pomme de terre y réussit mal, les prairies se couvrent d'une croûte herbacée qui suffit à peine à l'alimentation de quelques maigres troupeaux, et des sources rares, peu abondantes, ne donnent qu'une eau de médiocre qualité.

Des roches porphyritiques et trappéennes, des diorites, des eurites, se lient avec le grès rouge, l'ont traversé, et y ont formé des dykes et des filons.

FORMES DU SOL. — Le grès rouge présente des reliefs qui, ordinairement, sont terminés par des plateaux plus ou moins étendus; d'autres fois il forme des collines arrondies, rarement escarpées.

FORMATION MAGNÉSIFÈRE.

Syn. : Calcaire magnésien; calcaire alpin; terrain pénéen. (*Magnesian limestone*, angl.; *Alpen kalkstein*, *zechstein*, allem.)

FORMATION DE SÉDIMENT. — Grand dépôt calcaire placé

entre le grès rouge précédent et le grès bigarré, atteignant quelquefois 150 mètres d'épaisseur.

Les roches élémentaires de cette formation lui donnent une puissance assez grande pour qu'il soit convenable de la diviser en deux étages.

ÉTAGE INFÉRIEUR. — L'étage inférieur se compose de schistes marneux, souvent bitumineux, contenant des veines et des amas de gypse, recouverts de calcaire fétide. Dans certaines localités il renferme principalement du schiste cuivreux, argentifère, du calschiste et de la marne schisteuse.

ÉTAGE SUPÉRIEUR OU ZEICHSTEIN. — L'étage supérieur comprend des calcaires et des marnes. Il est magnésifère à sa base, c'est-à-dire qu'il est formé par un calcaire magnésifère appelé zeichstein (pierre à marquer), gris de cendre ou noirâtre, compacte, cellulaire, dur, tenace, quelquefois marneux, à cassure écailleuse et grenue; sa puissance est de 20 à 30 mètres. Cette roche, ainsi désignée par les mineurs allemands, parce qu'elle constituait le seul calcaire compacte qu'ils devaient traverser avant d'arriver aux schistes exploitables, a donné son nom à cette formation et aux différents bancs qu'elle renferme. Ses assises, au nombre de cinq, ont reçu les dénominations suivantes : *rauchwake*, *rauchstein*, *asche*, *stinkstein*, *letten*. Leur ordre de superposition a lieu ainsi :

Au-dessus du zeichstein se présentent : 1° La *rauchwacke* (wacke enfumé), calcaire magnésifère, de couleur gris de fumée, ou plutôt une dolomie criblée de grandes cavités, longues, étroites, fendillées, remplies de terre, et qui n'en altèrent pas la tenacité; pure et compacte, elle n'a qu'un mètre d'épaisseur; caverneuse, elle atteint quelquefois 15 à 16 mètres;

2° Le *rauchstein*, calcaire marneux, rude au toucher passant probablement à la dolomie;

3° L'*asche* (sable), qui consiste dans une couche peu puissante de calcaire terreux ou de marne magnésienne pulvérulente, ordinairement grise, bitumineuse, friable;

4° Le *stinkstein*, calcaire fétide, ordinairement brun-noirâtre, imprégné de bitume, mélangé et accompagné d'argile de fer hydraté et de gypse; ses couches compactes ont une épaisseur qui varie de 1 à 30 mètres;

5° Le *letten*, argile glaise, d'un gris bleuâtre ou gris verdâtre, qui passe à la marne et se lie intimement au calcaire fétide, sur lequel il repose. Des schistes marneux et bitumineux, très-analogues par leur position au-dessus du grès rouge et par les poissons fossiles qu'ils renferment, ayant été trouvés en France (Autun), en Angleterre (Durham), et en Amérique (Connecticut), forment une sorte d'horizon géologique très-remarquable. Les liaisons et les alternatives de ces schistes avec les assises inférieures du système calcaire du zeichstein en Allemagne, et avec celles du calcaire magnésien en Angleterre (*magnesian limestone*), établissent, jusqu'à un certain point, le parallélisme de ces deux dernières roches calcaires qui ne se voient pas ensemble. Le nom de calcaire alpin (voyez plus haut *synonymie*) pourrait induire en erreur, si l'on en inférait que les calcaires des Alpes appartiennent à ce terrain. Cette opinion, assez longtemps admise, cède, chaque jour à l'évidence des observations, qui prouvent que les roches des Alpes, assimilées à tort aux calcaires de la Thuringe, sont en général beaucoup plus nouvelles (lias, craie).

Les roches subordonnées à la formation qui nous occupe, sont la limonite, des gypses fibreux, des argiles et du sel gemme.

DÉBRIS ORGANIQUES. — Les schistes bitumineux et cuivreux qui forment les assises inférieures de ce terrain abondent en débris organiques.

VÉGÉTAUX : Fucoïdes, 6. Cupressus, 1. Pecopteris, 2. Lycopodites, 1. Bruckmannia, 1. Asterophyllites, 1. TOTAL, 12.

ZOOPHYTES : Retepora, 2. Gorgonia, 4. Calamopora, 1. Polypiers (genres non déterminés). TOTAL, 8.

RADIAIRES : Cyathocrinites, 1. Encrinites, 1. Crinoïdes (genres non déterminés). TOTAL, 3.

MOLLUSQUES : Producta, 8. Spirifer, 4. Terebratula, 9. Axinus, 1. Arca tumida, 1. Cucullœa, 1. Avicula, 1. Ostrea, 2. Astarte, 2. Modiola, 2. Mytilus, 3. Unio, 1. Pecten (espèce non déterminée). Plagiostoma, 2. Venus, 2. Serpula, 2. Turbo, 2. Pleurotoma, 2. Melania, 2. Ammonites (espèce non déterminée). TOTAL, 41. Le *gryphites aculeatus*, qui appartient aux *producta*, caractérise, par sa présence, d'une manière spéciale le *zeuchstein*.

POISSONS : Palæothrissum, 8. Palæoniscus, 1. Pygopterus, 1. Platisomus, 1. Esox, 1. Clupœa, 1. Stromatœus, 1. Chœtodon, 2. TOTAL, 15.

REPTILES : Monitor, 1. Protosaurus, 1. TOTAL, 2.

MÉTAUX ET MINÉRAUX. — Les schistes bitumineux et cuivreux du pays de Mansfeld, célèbres depuis longtemps par les exploitations auxquelles ils donnent lieu, fournissent des cuivres pyriteux, carbonatés et bitumineux en abondance. On trouve encore dans cette formation, du fer hydroxydé, du manganèse, de la galène ou plomb sulfuré, de la calamine, de l'argent uni au cuivre et du mercure. Les substances minérales sont : le *gypse*, le *quartz*, le *mica*, l'*aragonite*, et la *barytine*.

EMPLOI DES ROCHES. — On emploie pour les constructions et pour faire de la chaux hydraulique le calcaire dit zeuchstein et le gypse comme engrais pour les prairies artificielles.

AGRICULTURE. — Le sol de cette formation, souvent assez fertile, est susceptible d'être amendé facilement.

DÉPOTS PLUTONIQUES. — Les émissions de basaltes, de porphyres et de trapps ont fréquemment modifié la nature et dérangé la stratification des dépôts de calcaires et de schistes qui composent ce terrain.

SOULÈVEMENTS DU SOL. — Il est assez naturel de croire qu'il y a eu dans les couches qui reposent sur le *zeuchstein*, un mouvement général et simultané de perturbation qui les a disloquées dans une certaine étendue, et que c'est à cette cause perturbatrice que l'on doit attribuer les chaînes de collines appelées Mendip-Hills (pays de Galles), dont les couches sont contournées d'une manière extraordinaire; le plissement en zigzag de plusieurs terrains de la même formation, qu'on rencontre aux environs de Liége, de Valenciennes, de Mons et du pays de Mansfield, nous a paru devoir être attribué au voisinage de ce même foyer de bouleversement.

On reconnaît les montagnes du système calcaire du zeuchstein à leurs pentes arides et dépouillées, à la raideur de leurs escarpements, à leurs sommets assez semblables à des remparts en ruines, à des ballons gigantesques, qui semblent menacer de leur chute incessante l'observateur qui les explore. Le zeuchstein manque en France, on le rencontre en Allemagne et en Angleterre très-fréquemment.

FORMATION PŒCILIENNE.

GROUPE DU GRÈS BIGARRÉ.

1° GRÈS VOSGIEN.

2° GRÈS BIGARRÉ, (*Bunder sandstein*, allem.; *Newredsanstone*, angl.; *Terrain pœcilien*, Brongn.).

3° CALCAIRE CONCHYLIEN, Brongn. (*Muschkelkalk*, allem.)

4° MARNES IRISÉES, (*Keuper*, allem., *Redmarls* ou *Variegatedmarls*, angl.).

Le *grès vosgien*, le *grès bigarré*, le *calcaire coquillier* et les *marnes irisées* sont les membres de ce groupe. Le dernier membre est le plus développé, il atteint 150 mètres de puissance; chacun des autres n'a jamais plus de 90 mètres. Le calcaire coquillier (Muschkelkalk) manque souvent, et la formation se trouve réduite alors aux grès qui passent par nuances insensibles aux marnes irisées.

GRÈS VOSGIEN. — Le grès vosgien est formé de grains de quartz sableux, souvent d'apparence cristalline, réunis par un ciment ferrugineux, siliceux, quelquefois argileux. Sa couleur varie du rouge-amaranthe foncé au blanc-rosâtre; dans certaines circonstances, il est d'un blanc ferrugineux brun. Son conglomérat ou poudingue, est formé par la réunion de fragments arrondis de quartz de différentes couleurs, fortement cimentés par un suc siliceux qui leur donne une adhérence solide. Le grès vosgien n'a pas toujours le même aspect minéralogique, il offre fréquemment des variétés de roches qui, cependant, ne peuvent pas être regardées comme des couches différentes, parce qu'elles se rencontrent partout et qu'on ne peut leur assigner une place certaine; ce ne sont que des modifications et des accidents. Ainsi, quelquefois il a l'aspect d'une arkose lorsqu'il contient des petits grains blancs de feldspath en décomposition, ou bien celui d'une psammite schistoïde lorsqu'il est argileux et micacé. On reconnaît aussi entre les bancs de grès de petites couches d'argile micacée se divisant en feuillets minces; cette argile se retrouve encore en noyaux applatis engagés dans le grès, quelquefois offrant moins de résistance aux actions atmosphériques; ils laissent des cavités qui donnent au grès une apparence cariée. Enfin, par fois, il est presque entièrement friable, et se réduit sans efforts en sable.

De même que dans le grès rouge, le grès vosgien doit sa consolidation à de la silice en dissolution dans les eaux. Il est bien probable aussi qu'une partie de ses grains de quartz, dont un grand nombre présente des facettes cristallines, provient d'une action chimique analogue; c'est encore à cette dissolution siliceuse, qui est plus en excès dans quelques parties que dans d'autres, que le grès doit quelquefois son aspect de quartzite à texture serrée plus ou moins homogène. On peut aussi attribuer à la même origine ces masses de quartz amorphes qui passent souvent à une véritable calcédoine et qui constituent peu à peu, en enveloppant des galets de quartzite, un poudingue particulier (forêt de Hamont, environs de Bains, Vosges). Le fer oligiste forme quelquefois avec la silice un ciment fort dur, qui unit les galets quartzeux et constitue un poudingue ferrugineux (Remiremont, environs de Faucogney).

Les matières qui forment les assises du grès vosgien ont été examinées bien des fois; mais on n'a pas toujours été d'accord sur leur origine. L'opinion la plus générale est qu'elles proviennent de la destruction du terrain de transition. Les cailloux quartzeux qui constituent son poudingue, ont, en effet, une analogie frappante avec les quartzites des terrains précédents; ce sont toujours ces quartz blancs, grisâtres, rougeâtres, quelquefois micacés, et ayant une structure lamellaire, schistoïde et compacte. Parmi eux se trouvent des fragments de granit, de gneiss et de leptynite; ceux d'eurite et de porphyre sont plus rares, et presque toujours décomposés.

La couleur rouge du grès vosgien, si constante et si uniforme, a été aussi le sujet de scrupuleuses investigations. On est maintenant d'accord pour attribuer sa cause à des filons de fer oligiste et de fer hydraté qui se trouvaient dans les couches du terrain de sédiment inférieur, lors de sa destruction.

GISEMENT. — Le grès vosgien constitue toute la partie septentrionale de la chaîne des Vosges : au midi et à l'est il forme des bancs détachés ; mais à l'ouest, il est en couches continues ; il repose sur le granit, le leptynite et le gneiss. Au nord de Saint-Dié, à Sénonnes, au Valdajol et à Bruyères, il se réunit au grès rouge avec lequel il se confond. La stratification de ces deux dépôts n'est pas toujours concordante ; au contact, ils contiennent les mêmes roches ; enfin, à Saint-Hippolyte et à Sainte-Croix-aux-Mines, il repose sur le terrain houiller avec lequel il ne se lie pas.

DÉBRIS ORGANIQUES. — Les débris organiques sont si rares dans cette roche, qu'on a cru longtemps qu'elle en était entièrement privée ; mais depuis peu, MM. Mongeot et Hogard ont recueilli des fragments de calamites (*calamites arenaceus*), dans le grès et le poudingue de ce dépôt. On y a rencontré aussi quelques coquilles bivalves et du bois à l'état de silicate.

MINÉRAUX ET MÉTAUX. — Le grès vosgien renferme divers minerais métalliques qui, quelquefois, sont en quantité exploitable. On peut citer en première ligne des filons de fer oxydé, du carbonate, de l'arséniate et du phosphate de plomb, de la galène, de la calamine, du manganèse et quelques indices de cuivre. Les mines de plomb du Bleyberg, près de Commern dans l'Eifel, celle des environs de Saint-Avold (Moselle), sont considérées par plusieurs géologues comme appartenant à ce terrain.

ASPECT. — Les roches du grès vosgien sont souvent escarpées et inaccessibles ; vues de loin, l'aspect singulier qu'elles présentent donne à leurs formes une ressemblance assez analogue à celle de vieilles ruines de monuments féodaux : l'illusion est d'autant plus grande, que les pentes de la montagne sont parsemées de débris d'un grès couvert d'un lichen blanchâtre. M. Hogard a crayonné, dans son atlas du système des Vosges, de jolis dessins qui représentent les roches de St-Martin et du Kamberg près Saint-Dié ; il ne pouvait faire un meilleur choix pour donner une idée exacte de ces masses imposantes que l'on prend pour des forteresses et qui ne sont que des témoins de la continuité de ces dépôts.

EMPLOI DES ROCHES. — Le terrain qui nous occupe acquiert quelquefois une grande puissance ; M. Rozet lui a reconnu dans les environs de Raon-l'Étape plus de 500 mètres. Il est massif, et il se divise en couches assez régulières ; des fissures verticales les coupent en gros blocs ; il fournit de bonnes pierres de taille, et il est exploité pour cet usage dans toutes les localités où il se trouve : il est réfractaire, et, comme tel, employé dans les fours de forges et de fonderies ; les couches minces fournissent des dalles pour l'intérieur des habitations, pour le pavage ; rarement on s'en sert pour couvrir les toits.

Tous les observateurs qui ont décrit le grès vosgien, entre autres MM. Élie de Beaumont, Rozet et Voltz, ont pensé que ce terrain n'avait éprouvé aucun dérangement depuis son dépôt, que ses couches avaient une stratification à peu près horizontale, et qu'elles s'étaient déposées sur les pentes de la chaîne des Vosges dont elles avaient suivi le niveau. Ils considèrent les différences plus ou moins grandes de niveau de ce grès, comme une conséquence des dénudations opérées par des courants d'eaux qui auraient enlevé sur un grand nombre de points, lors du creusement des vallées, de grandes épaisseurs de ce dépôt.

GRÈS BIGARRÉ. — Le grès bigarré est une roche quartzeuse, à grains fins, composée de quartz et de mica; sa couleur dominante est le rouge-amarante, bariolée de taches bleuâtres, jaunâtres, etc. Ses couches se présentent par séries alternantes de marnes, d'argiles, de grès micacé et schisteux, avec des masses de glaises à formes aplaties et lenticulaires, et d'oolithes généralement bruns-rougeâtres. Les principales roches qui s'y montrent subordonnées sont : des grès quartzeux, des calcaires magnésiens, globulaires ou compactes, des marnes calcaires, bitumineuses, des argiles calcarifères au sein desquelles se trouvent disséminées de petites masses de sel gemme, et du gypse quelquefois lamelleux, le plus souvent fibreux. Ses assises inférieures se distinguent par leur structure massive et par la dureté et la finesse des grains; minces et fissiles à leur partie supérieure, elles ont rarement plus d'un à deux centimètres d'épaisseur (quelquefois elles contiennent de la dolomie schistoïde à feuillets assez épais). Les oolithes du grès bigarré passent d'une manière insensible à une roche arénacée, et diffèrent essentiellement des oolithes blanches et jaunâtres du calcaire jurassique.

DÉBRIS ORGANIQUES. — Le grès bigarré renferme surtout, dans sa partie supérieure, des végétaux fossiles très-remarquables. Voici la liste des principaux genres :

VÉGÉTAUX : Equisetum columnare. Calamites. 3. Anomopteris Mongeotii. Nevropteris, 2. Sphenopteris, 2. Filicites scopolendrites; Voltzia, 5. Convallarites, 2. Paleoxyris regularis; Echynostachis oblongus : Actophyllum stipulare. TOTAL, 20.

Plusieurs polypiers :

MOLLUSQUES : Plagiostoma, 2. Avicula, 2. Mytilus, 2. Trigonia, 1. Mya, 2. Gryphœa, 1. Pecten, 1. Natica, 1. Turritella. 2. Buccinum, 1. Melania, 1. Rostellaria, 1. TOTAL, 17.

Des empreintes produites par le passage de petits crustacés (comté de Dumfries).

On a signalé, comme ayant été trouvées dans le grès bigarré, quelques empreintes de pas de tortues terrestres (Écosse).

ORNITHICHNITES. — Le professeur Hitchcock a publié en 1836 une histoire très-intéressante de la découverte récente des ornithichnites, ou empreintes de pieds d'oiseaux dans le nouveau grès rouge de la vallée du Connecticut, en Amérique. Ces traces ont été rencontrées à différentes profondeurs au-dessous de la surface actuelle du sol, à cinq endroits différents, voisins de cette rivière, sur une distance de 30 milles. Elles sont si distinctes les unes des autres, que cet observateur pense qu'elles ont été faites par des oiseaux d'espèces, sinon de genres différents (voyez Bukland, *Géologie*, tome II, pl. 26). Les empreintes se succèdent régulièrement et constituent la trace d'un animal dans l'acte de marcher ou de courir, les pieds droit et gauche se montrant toujours à leurs places respectives. La plus remarquable est celle d'un oiseau gigantesque ayant deux fois la taille de l'autruche, son pied offrant 41 centimètres de long, non compris l'ongle, dont la longueur est de cinq centimètres et demi; ses trois doigts sont larges et épais. La distance d'une enjambée varie d'un mètre 42 centimètres à 2 mètres. Aucune des empreintes observées ne paraît avoir été faite par des oiseaux palmipèdes; elles ressemblent plutôt à celles que feraient des échassiers ou des oiseaux d'habitudes analogues. Toutes ces traces paraissent avoir été faites sur le bord d'une eau basse sujette à changer de niveau, et dans laquelle se déposaient alternativement des sédiments de sable et de vase; dans la roche où l'on rencontre ces empreintes, on n'a trouvé encore que des ossements de poissons (palæothrissum).

La découverte de ces ornithichnites est d'un haut intérêt; outre qu'elle établit l'existence d'oiseaux à l'époque de la formation du grès rouge, elle tend à démontrer que les plus anciennes formes de cette classe d'animaux atteignaient, dans certains cas, des dimensions bien plus grandes que celles des plus grandes espèces actuellement existantes, et qu'elles étaient constituées plutôt pour marcher et courir que pour voler. (Fig. 44.)

MÉTAUX ET MINÉRAUX. — Le grès bigarré renferme du gypse et du sel gemme, souvent en quantité assez considérable pour être exploités (Wurtemberg, Souabe); on y rencontre aussi de la barytine, du feldspath, du quartz, de la cornaline, du fer sulfuré oligiste, du fer hydraté en quantité exploitable, du manganèse, de l'oxyde de chrome (Allemagne), une houille grasse appelée *stipite* (Russie), des oxydes de cuivre et du sulfate de strontiane (Angleterre, Écosse).

EMPLOI DES ROCHES. — Les roches de cette formation sont souvent assez fissiles pour qu'on les emploie comme des ardoises à couvrir les toits et comme pierres de dallage; dans quelques localités, comme à Épinal (Vosges), elles donnent de belles pierres de taille; dans d'autres, on en fait de bonnes meules à aiguiser.

AGRICULTURE. — Quelques plateaux portent d'assez belles forêts, dont les principales essences sont le chêne, le hêtre et le sapin. Le sol de cette formation, en général peu fertile, est quelquefois recouvert par d'assez belles prairies (couches marneuses); l'orge et la pomme de terre réussissent sur le grès vosgien; la rareté des sources est une des causes principales qui s'opposent à l'établissement de la végétation.

DÉPOTS PLUTONIQUES. — Le grès bigarré est souvent traversé et même recouvert par des dépôts plutoniques. Ainsi, dans plusieurs parties de la Suisse, les trapps forment des dykes et des filons au sein de cette formation. Sur plusieurs points de l'Allemagne, dans le Tyrol et le Vicentin, le basalte s'est déposé au-dessus du grès bigarré sous l'apparence de dômes. D'autres fois, l'épanchement de cette roche l'a tellement altéré, qu'il lui a donné une structure prismatique (environs de Saanen, en Suisse).

FORMES DU SOL. — Ce grès constitue dans les Vosges et dans une partie de l'Allemagne de petites collines arrondies terminées assez souvent par des plateaux (Plombières, Sarrebruck) d'une certaine étendue, des montagnes peu élevées, circonscrites, isolées, à pentes raides, escarpées; les vallées auxquelles ces montagnes et ces collines donnent naissance sont ordinairement étroites, resserrées, pierreuses, et laissent fréquemment voir sur leurs flancs de nombreuses aspérités.

FORMATION CONCHYLIENNE.

Calcaire conchylien ou *muschelkalk*.

Cette formation, due à un sédiment qui se serait tranquillement déposé dans une mer profonde, est en général composée d'un calcaire ou d'une dolomie variable dans sa texture, mais ordinairement compacte, gris de fumée, à cassure conchoïde, et d'une puissance de 40 à 300 mètres. Ce calcaire, qui a reçu en Allemagne la dénomination de *muschelkalk* (calcaire coquillier), alterne avec des marnes qui affectent la même couleur. Ses assises inférieures, formées d'une couche mince de calcaire compacte ou de dolomie, alternent avec des marnes grises, feuilletées, quelquefois avec le grès bigarré, en se chargeant de sable, d'argile, et même de magnésie; supérieurement, elles présentent un calcaire gris-noirâtre, à cassure légèrement conchoïdale, et d'une texture tantôt compacte, tantôt oolithique. On trouve à sa partie moyenne souvent du gypse, du sel gemme, du silex en rognons, de la marne et de la dolomie.

La stratification qu'offre cet ensemble de roches est plus ou moins régulière.

Les roches principales subordonnées au muschelkalk sont des calcaires noirâtres, des lumachelles, des calcaires à encrines, du gypse strié, et quelquefois des couches de houille argileuse ou *stipite*, mêlée à des schistes alumineux et à des fruits charbonnés.

GISEMENT. — Cette formation, qui n'a pas été reconnue en Angleterre, et dont quelques lambeaux sont indiqués dans le nord-est de la France, aux environs de Lunéville et dans d'autres localités de la Lorraine, près de Niederbrunn en Alsace, aux environs de Toulon, est très-puissante dans le nord de l'Allemagne, dans la Thuringe et dans le Wurtemberg; on la rencontre aussi en Pologne.

DÉBRIS ORGANIQUES. — Les débris organiques du muschelkalk sont très-abondants. Quelques-uns sont caractéristiques; ce sont l'*encrinites liliformis*, *terebratula vulgaris*, *mytilus eduliformis*, *cypricardia socialis*, *ammonites nodosus*, et la *trigonia vulgaris* ou *pes anseris*. (Fig. 29, 30, 31.) Les végétaux observés sont peu nombreux; ils indiquent des plantes terrestres apportées dans la mer par des courants d'eau douce, à l'embouchure ou sur le trajet desquels vivaient sans doute les reptiles qui commencent à paraître dans ce calcaire.

VÉGÉTAUX : CYCADÉES Nevropteris, 1. Mantellia cylindrica, 1. TOTAL, 2.

ZOOPHYTES : Astrea pediculata.

RADIAIRES : Cidaris, 1. Encrinites, 2. Ophiura, 2. Asterias, 1. TOTAL, 6.

ANNÉLIDES : Serpula, 2.

CONCHIFÈRES ET MOLLUSQUES : Terebratula, 4. Delthyris, 1. Lingula, 1. Ostrea, 11. Pecten, 4. Plagiostoma, 5. Avicula, 4. Mytilus, 1. Trigonia, 6. Arca, 1. Cardium, 2. Mya, 6. Venus, 1. Mactra, 1. Cucullœa, 1. Balanus, 1. Calyptrœa, 1. Capulus, 1. Dentalium, 2. Trochus, 1. Turritella, 5. Buccinum, 2. Strombus, 1. Natica, 2. Turbo, 2. Nummulites, 1. Nautilus, 2. Ammonites, 5. TOTAL, 75.

CRUSTACÉS, POISSONS et REPTILES : Palinurus, 1. Rhyncholites, 2, dents de squale, raia, plesiosaurus, 1. Ichthyosaurus, 2 grand saurien, espèce non déterminée. Chelonia (espèce non déterminée). TOTAL, 6. (Fig. 40, 41.)

MINÉRAUX ET MÉTAUX. — Des cristaux de silex, de calcédoine, de quartz, de barytine, de célestine, de blende, de galène, de pyrite, de sperkise (fer sulfuré blanc), de la calamine et de la limonite, sont contenus dans cette formation; quelques-uns de ces oxydes métalliques s'y trouvent en quantité exploitable.

EMPLOI DES ROCHES. — Le muschelkalk est quelquefois assez dur pour être employé comme marbre (Épinal) dans certaines localités; il fournit une chaux de bonne qualité; l'argile avec lequel il alterne sert à la fabrication de la poterie. Le gypse et le sel gemme donnent lieu à des exploitations considérables en France et en Allemagne.

AGRICULTURE. — Fertilité très-variable.

DÉPOTS PLUTONIQUES. — Des dykes et des filons de porphyre pyroxénique traversent cette formation dans certaines localités; on a signalé aux environs de Grumoriondo, dans le Vicentin, un gisement de muschelkalk, qu'un filon de porphyre a transformé en marbre blanc à grains fins et à veinules noirâtres.

FORMES DU SOL. — Les montagnes et les collines sont ordinairement arrondies, à pentes douces, et se terminent fréquemment par des plateaux (France, Bade, Wurtemberg, Bavière).

FORMATION KEUPRIQUE.

Des marnes irisées (*Keuper des Allemands*).

Les marnes irisées, ainsi nommées à cause des bigarrures de rouge lie de vin, de violet et de gris verdâtre qu'elles présentent constamment à la partie supérieure de leur dépôt, constituent une formation dont les caractères minéralogiques diffèrent peu dans les diverses localités où elle a été observée; ce sont presque toujours des marnes diversement colorées, argileuses, en feuillets souvent très-minces, prenant la disposition schisteuse alternant avec des grès quartzeux rougeâtres, plus ou moins solides, que l'on confond quelquefois avec le grès bigarré. Des calcaires marneux, du calcaire magnésien grisâtre ou jaunâtre, du gypse, du sel gemme, de la houille ou stipite, des grès à ciment argileux ou calcaire, de la dolomie, s'y rencontrent en bancs ou amas subordonnés.

GISEMENT. — A Vic, à Dieuze (Meurthe), et sur plusieurs points de l'est de la France, l'argile salifère et le gypse se trouvent plus constamment à la partie inférieure de la formation keuprique; cependant ils en occupent quelquefois la partie supérieure.

DÉBRIS ORGANIQUES. — Les marnes irisées contiennent un assez grand nombre de débris organiques.

VÉGÉTAUX : Equisetum, 3. Calamites, 1. Pecopteris, 1. Tæniopteris, 1. Filicites, 2. Marantoïdœa, 1. Pterophyllum, 3. TOTAL, 12.

RADIAIRES : Ophiura, 1 (espèce non déterminée).

MOLLUSQUES : Plagiostoma, 1. Cardium, 1. Trigonia, 3. Mya, 2. Avicula, 3. Perna, 1. Posidonia, 2. Modiola, 1. Veneri cardia, 1. Lingula, 1. Saxicava, 1. Buccinum, 1. TOTAL, 18.

POISSONS : (Espèces non déterminées). Dents de Squalus raja; Phytosaurus, 2. Mastodonsaurus, 1. Ichthyosaurus, 1. Plesiosaurus, 1. TOTAL, 5.

Les environs de Lons-le-Saulnier fournissent un exemple de ce terrain qui se lie avec les assises inférieures du lias (voir le chapitre suiv.), d'une manière tellement intime, qu'il semble réunir les caractères des marnes irisées et ceux du grès du lias. Cet exemple se retrouve encore dans certaines localités en Pologne, en Souabe, en Scanie et dans l'île de Burnholm. Plusieurs géologues rattachent ce terrain au groupe qui nous occupe et le séparent du groupe jurassique ou oolithique.

On a cité comme lui appartenant les fossiles dont les noms suivent :

VÉGÉTAUX : Clathropteris, 1. Glossopteris, 1. Pecopteris, 1. Tænioptéris, 1. Marantoïdea, 1. Lycopodites, 1. Pterophyllum, 2. Nilsonia, 1. TOTAL, 9.

MOLLUSQUES : Belemnites, 1. Tellina, 1, et plusieurs autres coquilles indéterminées.

MINÉRAUX ET MÉTAUX. — On trouve dans la formation keuprique : la *barytine*, la *célestine*, la *galène*, la *malachite*, l'*azurite*, la *pyrite* et le *fer hydroxydé*.

EMPLOI DES ROCHES. — On fabrique avec l'argile rouge, dont les couches se trouvent subordonnées aux marnes irisées, des briques, des tuiles et des poteries grossières qui prennent à la cuisson l'apparence du grès (cruches, jarres, terrines, etc.). L'argile jaune sert à faire des plats, des assiettes et des pots; l'argile grisâtre fournit une faïence de bonne qualité (Lunéville).

Les grès sont employés à bâtir, et les calcaires magnésiens donnent une chaux hydraulique estimée.

DU SEL GEMME. — C'est dans ce terrain que sont situées les salines de l'est de la France.

Le sel gemme (*syn.* salmare, sel commun, sel marin) constitue des dépôts formés en grande partie d'argiles salifères, grisâtres ou rougeâtres, au milieu desquels cette substance se trouve disséminée en nids, en amas, en bancs plus ou moins puissants, presque toujours accompagnés de sulfate de chaux. Quelquefois il donne naissance à des montagnes entières où il est exploité à ciel ouvert (Cardona en Catalogne), comme les carrières des pierres à bâtir. Le plus souvent les argiles salifères sont seulement imprégnées de sel que l'on obtient pur, après avoir lavé celles-ci et fait évaporer le liquide. En France, on a découvert en 1819, près de Vic en Lorraine, des dépôts salifères dont les diverses couches présentent une épaisseur moyenne de 32 mètres.

Le dépôt le plus précieux de sel gemme est, sans contredit, celui de Willizcka en Pologne. On estime qu'il forme une masse de 400 kilomètres de longueur sur 125 kil. de largeur. Il y est déposé par couches stratifiées sur des lits de grès et d'argile. Les travaux d'exploitation vont jusqu'à 240 mètres de profondeur, s'étendent à 3000 mètres en longueur et à 1600 mètres en largeur. On y trouve des salles taillées carrément, soutenues par des piliers de sel, et qui ont 100 mètres environ d'élévation. L'intérieur de ces souterrains si extraordinaires présente des chapelles ornées d'autels, de colonnes, de statues, de bancs en substance saline; des écuries habitées par des chevaux, un escalier de plus de 1000 degrés, sont également taillés dans le sel. On y trouve plusieurs lacs d'eau salée, sur lesquels on peut se promener en bateau : 12 à 1500 ouvriers, 40 à 50 chevaux restent dans ces singuliers souterrains pendant plusieurs années, et ne sont nullement incommodés des travaux auxquels ils sont employés. Les fossiles marins que nous avons vus si abondants dans les calcaires, sont rares dans les argiles salifères. Celles-ci, ainsi que le sulfate de chaux qui les accompagne, ne contiennent, en général, que des débris de corps organisés terrestres.

ORIGINE DU SEL GEMME. — On ignore encore l'origine des dépôts du sel marin sur les continents. La plupart des géologues l'ont attribuée aux eaux des mers anciennement répandues à la surface des terres. Ils ont supposé qu'elles avaient trouvé accès dans de grandes cavités; que là, elles avaient subi une évaporation due à quelque influence plutonienne analogue à celle qui aurait contribué à la transformation de certaines chaux carbonatées en dolomie, et que cette évaporation avait laissé pour résidu une pâte saline qui s'est durcie, et a formé ces énormes dépôts d'argiles salifères dont il a été question dans ce chapitre. Nous ferons remarquer que cette hypothèse n'explique pas le renouvellement incessant des efflorescences salines des plaines de l'Asie, et l'éternelle constance des eaux salées.

AGRICULTURE. — Les contrées où dominent les marnes irisées sont ordinairement productives, parce qu'elles sont en général arrosées par des sources abondantes, et que l'agriculteur y trouve à sa disposition tous les éléments qui peuvent corriger et modifier le sol. Les céréales, les prairies artificielles, la vigne, le pommier, le chêne et l'orme s'y font remarquer par leur belle végétation.

DÉPOTS PLUTONIQUES. — La formation keuprique a été traversée par des émissions de porphyre et de basalte qui, dans certaines localités (le Vicentin, la Lorraine, etc.), ont quelquefois donné une texture cristalline aux marnes irisées.

SOULÈVEMENTS DU SOL. — Selon M. Élie de Beaumont, les montagnes du Morvan, celles du Bœhmerwald et du Thuringerwald en Allemagne, ont été soulevées immédiatement après l'époque de la formation des marnes irisées, puisque celles-ci sont redressées et que les couches du terrain jurassique qui les recouvrent ont conservé leur horizontalité; mais ce ridement n'a produit que des accidents d'une faible saillie. On retrouve les traces de ce soulèvement dans une série de montagnes et de collines qui, depuis les environs de Firmy dans l'Aveyron, se dirige vers l'île d'Ouessant, en déterminant la direction générale des côtes de la Vendée et des côtes sud-ouest de la Bretagne.

FORMES DU SOL. — Les formes du sol de la formation keuprique sont à peu près les mêmes que celles du muschelkalk. (Voir plus haut.)

CONSIDÉRATIONS GÉNÉRALES. — Maintenant si, laissant de côté les subdivisions, nous considérons en masse cette première série des terrains de sédiment moyens, nous verrons qu'elle constitue un système qui a vu se développer alternativement des masses arénacées, des calcaires et des marnes, et que la série de ces roches a rempli de nombreuses dépressions du sol, en Angleterre et dans plusieurs contrées de l'Europe. Toutefois, sans aller puiser les faits dans des régions éloignées, nous dirons qu'on trouve un exemple remarquable du comblement de ces inégalités, en étudiant la manière d'être du grès vosgien dans la vallée du Rhin; en effet, il est facile de reconnaître que cette vallée était comblée par le dépôt de ce grès jusqu'à une certaine hauteur; que c'est à une érosion considérable qu'elle doit sa configuration actuelle, et que les eaux, en se retirant, ont laissé ces dépôts du grès bigarré et du muschelkalk qui se font voir à la base des escarpements du grès vosgien. Beaucoup de vallées étaient comblées ainsi; celle de la Moselle en fournit une preuve remarquable.

En recherchant les causes qui ont produit cette masse de terrains, nous sommes disposés à croire que des forces puissantes ont dispersé, soit en même temps, soit à des époques différentes, des fragments de roches préexistantes, et les ont transportés çà et là, au moyen de courants d'eau qui changeaient de direction par suite d'affaissements et de légères oscillations du sol, et qui, animés d'une force inégale, déposaient, selon leur plus ou moins de vitesse, des grès, des marnes, des conglomérats, sur des espaces souvent considérables. Lorsque les causes quelconques qui avaient produit ces divers dépôts se furent en partie modifiées, il se forma dans un grand nombre de localités, et probablement à la même époque, un sédiment de matière calcaire, contenant quelquefois du carbonate de magnésie et des amas de gypse; c'est le muschelkalk.

Tout annonce que le grès vosgien, le grès bigarré et le calcaire conchylien se sont déposés de la manière la plus tranquille, et que ces formations ont passé de l'une à l'autre par des nuances insensibles. C'est aussi par des passages graduels que le muschelkalk a fait place aux marnes colorées par divers oxydes métalliques.

Les sources minérales qui avaient produit du gypse dans le zechstein, dans le grès bigarré et dans le muschelkalk, devenues plus abondantes, formèrent des amas de gypse plus considérables; d'autres sources minérales contenant les éléments du sel gemme, c'est-à-dire du chlore et de l'oxyde de sodium, et qui s'étaient déjà fait jour du sein de la terre, dans des dépôts antérieurs, se montrèrent aussi en plus grande abondance et déposèrent des amas plus considérables de sel dans le terrain keuprique.

Cette abondance bien plus grande de gypse et de sel gemme que dans les terrains de sédiment inférieurs, annonce suffisamment qu'il s'était passé dans la croûte minérale et dans l'atmosphère, des phénomènes nouveaux qu'il est naturel d'attribuer en grande partie aux changements que la température de la terre avait dû éprouver.

Sous le rapport paléontologique, on ne peut s'empêcher de reconnaître que durant le dépôt du groupe bigarré, il s'est produit de grands et remarquables changements dans la nature des animaux et peut-être aussi des végétaux existants, et qu'à cette époque certains animaux, d'abord très-nombreux dans les dépôts antérieurs, avaient disparu pour ne plus jamais reparaître. Quelle a été la cause commune qui les a fait périr? C'est ce qui n'est pas encore démontré.

Cependant avec ce groupe, abstraction faite du grès vosgien, surgit une série plus complète d'êtres organisés; les poissons et les sauriens si rares dans les groupes précédents deviennent dix fois plus nombreux en espèces, et une douzaine de genres qui ne s'étaient pas encore montrés vient peupler les océans. En même temps apparaît une famille nombreuse de sauriens de formes diverses, souvent d'une stature gigantesque, et qui semblaient construits pour résister aux convulsions qui agitaient la surface de notre planète. Les oiseaux dont on ne trouve aucune trace antérieure, probablement à cause de la composition de l'atmosphère qui ne leur permettait pas de respirer dans un milieu trop chargé de carbone, commencent à se montrer. Ce sont de grands échassiers, dont l'organisation semble plutôt en rapport avec l'action de marcher ou de courir qu'avec celle de voler.

Tel est le groupe qui termine cette série de terrains dans la formation desquels les variations de climat paraissent n'avoir eu aucune influence, puisque très-probablement la chaleur centrale jouissait encore d'une intensité assez grande pour rendre nulles les distances de latitude et pour donner des caractères communs ou presque uniformes aux différents dépôts d'une même formation. Cet état de chose va cesser; à partir du groupe qui suit, nous le verrons tendre constamment à se rapprocher par des nuances de plus en plus marquées et par des passages graduels de la période où nous vivons.

CHAPITRE XV.

SUITE DES TERRAINS DE SÉDIMENT MOYENS.

GROUPE DU JURA.

Synonymie : Terrain jurassique.

GROUPE MOYEN OU DU JURA : Sa division en deux formations. — FORMATION LIASIQUE. — Minéraux et métaux. — Emploi des roches. — Agriculture. — Dépôts plutoniques. — Formes du sol. — Gisement. — FORMATION OOLITHIQUE. — Sa division en trois étages. — *Inferior oolite.* — Calcaire de Caen. — Débris organiques. — *Bradford clay.* — *Forest marble.* — *Cornbrash.* — Débris organiques. — *Kelloway rock.* — *Oxford clay.* — Débris organiques. — ÉTAGE MOYEN. — *Coral rag.* — *Calcareous grit.* — Débris organiques. — ÉTAGE SUPÉRIEUR. *Weymouth beds*, *Kimmeridje clay.* — *Portland oolite.* — Débris organiques. — Tableau général des fossiles du groupe du Jura. — Minéraux et métaux. — Agriculture. — Dépôts plutoniques. — Soulèvements du sol. — Formes des montagnes. — Situation géographique. — État du globe.

GROUPE MOYEN *ou* **DU JURA.** — Ce groupe, qui commence par le lias et se termine aux couches arénacées du système crétacé, présente diverses formations qui, probablement, se sont déposées dans le fond de mers locales, plus ou moins étendues, dont elles ont peu à peu comblé les bassins. Comparé d'une manière générale au groupe précédent, il en diffère par la prédominance des assises calcaires, entre lesquelles des argiles sont venues s'intercalcr d'une manière assez peu constante et comme secondaire. Les calcaires sont, le plus souvent, compactes ou oolithiques, et d'une teinte jaunâtre, au lieu que dans les formations dernières, ils sont plus fréquemment gris et verdâtres; les argiles sont presque toujours grises ou bleuâtres, tandis que précédemment leur couleur dominante est rouge ou violacée. Du reste, nous verrons que le groupe jurassique est très-compliqué, qu'il se compose d'une longue série de couches arénacées, sableuses, calcaires et argileuses alternantes, mais très-inégalement développées, et dont l'ordre des uccession varie souvent.

Le nom de *terrain jurassique* a été donné à cette association de roches, parce qu'on en trouve le type dans les montagnes du Jura. On le divise ordinairement en deux formations distinctes : le *lias* et l'*oolithe*.

FORMATION DU LIAS.

Syn. : *Calcaire à griphées; mergelkalk; gryphiten kalkstein*, all. La dénomination anglaise de LIAS est celle généralement adoptée.

La formation liasique, qui constitue l'étage inférieur du groupe jurassique, consiste principalement en grès, en calcaires et en marnes. Les caractères qui distinguent cet étage de l'étage supérieur ou oolithique, sont la présence d'abondantes gryphées parmi lesquelles dominent la *gryphœa arcuata* ou gryphée arquée de Lamark. Cette coquille, dont nous donnons ici le dessin, se trouve ordinairement en plus grande quantité dans les assises moyennes; le *plagiostoma* occupe la partie inférieure de l'étage, et les bélemnites se font remarquer à la partie supérieure.

Le grès inférieur du lias est blanc ou jaunâtre, quartzeux ou micacé, renfermant quelquefois des rognons argileux ou des silex roulés. Souvent il passe à l'arkose, au psammite, et l'accession du calcaire le transforme en un grès marneux calcarifère appelé *macigno*.

Au-dessus du grès viennent des marnes bleues, noirâtres, quelquefois d'un blanc jaunâtre, alternant assez régulièrement avec des calcaires de même couleur.

Les marnes de cette formation sont souvent schisteuses, bitumineuses et fétides ; leur puissance est d'autant plus grande, que leurs assises sont plus élevées dans la série du groupe jurassique; dans quelques contrées, elles empàtent des noyaux de véritable calcaire. Enfin elles contiennent parfois des amas de combustible qui se rapprochent beaucoup de la houille, comme à Mende et à Milhau; on y trouve encore de l'anthracite mélangée de pyrite et de noyaux de quartz, et quelques roches gypseuses, soit à l'état de gypse, soit à l'état de karsténite (Tarentaise).

Les calcaires sont rarement purs et cristallins, mais à grains fins et argileux, à texture compacte et à cassure lisse ou conchoïde. Celui du Jura (environs de Lons-le-Saulnier et de Salins) est souvent chargé de marne, grossier, blanc, bleuâtre ou grisâtre, quelquefois noir, et passe par des nuances insensibles aux marnes irisées.

DÉBRIS ORGANIQUES. — Les dépôts qu'ils forment abondent en gryphées (*calcaire à gryphites*) et en bélemnites (*calcaire à bélemnites*, Dufresnoy); celui des Cévennes est presque toujours marneux, gris de fumée, et traversé par des veines de spath blanc. Le calcaire de la Tarentaise, que M. Élie de Beaumont rapporte au lias, est ordinairement bleuâtre avec beaucoup de taches blanches et de raies; sa texture est tantôt grenue ou compacte, schistoïde ou bréchiforme; il est susceptible d'acquérir un beau poli; il contient presque toujours du talc, assez souvent de la magnésie à l'état de carbonate; il passe alors à la dolomie. Les débris fossiles caractéristiques de la formation liasique sont le *plagiostoma gigantea*, la *gryphæa arcuata*, l'*ammonites Walcotii* et l'*ammonites Bucklandi*. (Voir à la fin du chapitre la liste générale des fossiles du groupe jurassique). (Fig 49, 46, 50, 48, 47.)

MINÉRAUX ET MÉTAUX. — On trouve dans le lias des veines, des rognons et des grains de barytine et de fluorite, du gypse, de la stipite, de la galène, de la blende, de la calamine, de la sidérose, du fer oligiste et du fer hydraté, en quantité quelquefois exploitable; le mercure natif et sulfuré, dont l'extraction a singulièrement enrichi la petite ville d'Idria, appartient à cette formation.

EMPLOI DES ROCHES. — Le calcaire liasique fournit dans quelques localités de beaux matériaux de construction, de la chaux recherchée pour les constructions hydrauliques, et des marbres coquilliers d'un effet souvent très-agréable; les grès sont souvent assez durs pour être employés avec avantage comme pierres de taille.

AGRICULTURE. — La formation liasique est en général très-favorable à la culture. Ainsi la vallée d'Auge, en Normandie, et un assez grand nombre de contrées en France et en Angleterre doivent à ce sol leur richesse et leur fertilité.

DÉPOTS PLUTONIQUES. — Des roches d'origine ignée ont traversé, sur plusieurs points du sol, les diverses assises du lias. Ainsi le granit, le porphyre, la syénite, la diorite, le basalte, s'y montrent en couches, en filons et en dykes. Leurs rapports avec les roches liasiques ont été tels, que dans certaines localités le calcaire grossier a été changé en un calcaire marbre, etc.

FORMES DU SOL. — Escarpements rares, montagnes à sommets arrondis et à pentes douces, vallées évasées.

GISEMENT. — Les falaises du *Lime-Regis*, en Dorsetshire, le sol de la Bourgogne, les environs de Bayeux, près Caen, ceux de Lons-le-Saulnier, les Cévennes, la Tarentaise (Alpes), présentent des exemples du lias que l'on rencontre encore dans un grand nombre d'autres contrées situées autour du bassin central de l'Europe.

FORMATION OOLITHIQUE.

Syn. : Système oolithique (*oolitic system* de M. Philips); — *Calcaire jurassique supérieur et moyen* de M. de Humbolot; — *Calcaire alpin* de M. Boué et de plusieurs autres géologistes.

Cette formation, la plus compliquée de toutes celles qui constituent les différents terrains, doit son nom à la texture fréquemment oolithique de ses calcaires, quelquefois de ses marnes, qui, le plus souvent, sont argileuses. Elle renferme comme couches subordonnées de la dolomie, des grès, des sables, du macigno, du fer hydraté et d'autres roches.

Les terrains oolithiques ayant été étudiés avec beaucoup de soin en Angleterre, les géologues de ce pays ont été conduits par leurs recherches spéciales à y reconnaître un grand nombre de systèmes différents, assez faciles à saisir, auxquels ils ont donné des dénominations particulières qui, toutes vicieuses qu'elles nous ont paru, sont cependant généralement adoptées. Nous suivrons donc, dans l'indication des associations de roches qui forment ces terrains, les noms qui les désignent en Angleterre; à cet effet, nous distribuerons la formation oolithique en trois étages : l'étage inférieur, l'étage moyen et l'étage supérieur.

OOLITHES. — Toutefois, avant d'aller plus loin, nous croyons devoir faire connaître qu'on donne le nom d'oolithes à de petits globules arrondis plus ou moins régulièrement, que l'on a comparés à des œufs de poissons, et dont certains grands dépôts de la formation qui nous occupe sont entièrement composés. Ces grains, de grosseur inégale et de forme irrégulière, sont agglutinés ou du moins tellement rapprochés, qu'ils forment une roche souvent très-dure; ils paraissent être dus à un mode particulier de dépôt de la roche. On trouve fréquemment à leur centre un petit fragment de coquille ou de tout autre corps qui semble avoir été encroûté de carbonate calcaire.

ASSISE INFÉRIEUR (*inferior oolite*). — L'oolithe inférieure ou ferrugineuse a une puissance de 100 mètres environ; elle se compose d'un calcaire jaunâtre ou brunâtre chargé d'oxyde de fer, sous forme d'oolithes, reposant sur des sables légèrement calcaires, au sein desquels on trouve des concrétions de carbonate de chaux. C'est à cette subdivision qu'appartient l'oolithe ferrugineuse des environs de Bayeux.

La liste des fossiles que cette roche renferme, comparée à celle des fossiles du lias, concourt, avec quelques superpositions non contrastantes que l'on a observées, à établir qu'il s'est écoulé un temps assez long avant que les argiles du lias aient été recouvertes par les premiers calcaires oolithiques. La *gryphœa arcuata*, si commune dans le lias, est remplacée ici par la *gr. cimbium.*

L'oolithe inférieure renferme de la houille exploitable (Whitby), avec des empreintes de fougères, d'équisétacées et de cycadées.

ASSISE MOYENNE. — Au-dessus de l'oolithe ferrugineuse se trouvent la terre à foulon, *fullers' earth*, et la grande oolithe (*great oolite*). La *terre à foulon* se compose de couches nombreuses d'argiles et de marnes ordinairement d'un gris jaunâtre, qui alternent avec des couches de calcaire quelquefois bleuâtre, tantôt à texture greuue, tantôt à texture oolithique, et qui contiennent des fossiles marins moins nombreux et mieux conservés que dans les assises inférieures de l'oolithe. Ces dépôts marno-calcaires se rencontrent en Angleterre aux environs de Bath, dans les Ardennes, dans le Jura, etc.; les falaises d'Arromanches à Port-en-Bessin, en Normandie, en présentent un de ce genre qui a un développement très-remarquable.

La grandeo olithe, ou oolithe de Bath, est composée de calcaires blancs-jaunâtres, à grains oolithiques très-fins, très-égaux, d'une consistance variable, rarement très-dure, donnant des pierres qu'il est facile de tailler. Le calcaire qu'on exploite aux environs de Caen et de Bath appartient à ce groupe.

CALCAIRE DE CAEN. — Celui qui a été nommé *calcaire de Caen*, parce qu'il a fourni les belles pierres de taille qui ont servi à bâtir cette ville, est d'une couleur blanche ou d'un jaune clair, à texture grenue, rarement oolithique, quelquefois lamellaire. Il tache souvent les doigts comme de la craie; de même que celle-ci, il contient des silex cornés jaunâtres ou noirs.

DÉBRIS ORGANIQUES. — La grande oolithe renferme quelques fossiles marins entiers au milieu de débris très-finement triturés; ce sont des poissons, des crocodiles, des plésio-saures, des ichthyosaures, des mégalosaures, des dents de squales, etc. (Voir la liste des fossiles du groupe jurassique.)

GROUPE SUPÉRIEUR. — Au-dessus de cette roche, dont les exploitations importantes ressemblent beaucoup à celles du calcaire grossier des environs de Paris, se présente une série de couches dont les caractères minéralogiques sont très-variables. Elle se compose de diverses variétés d'argiles, de marnes et de calcaires. Ce sont : 1° l'argile de *Bradford* (*Bradford-clay* des Anglais), marne argileuse bleuâtre, beaucoup plus puissante en Angleterre que sur le continent, où elle manque très-souvent, et dans laquelle se rencontre un grand nombre d'*apiocrinites rotundus*.

2° Le *forest-marble* ou marbre de forêt, ainsi nommé parce qu'en Angleterre il est exploité dans la forêt de Wichwood; ensemble de couches calcaires à polypiers, à texture ordinairement fissile et alternant avec des couches de marnes.

Les roches de calcaire fissile exploitées à Stonesfield, près Oxford (Stonesfield-slate), appartiennent au *forest-marble*. On rapporte aussi à cette roche le calcaire de Ranville, le calcaire à polypiers de Caen, les schistes calcaires de Solenhofen (pierres lithographiques) et d'Eichstœdt, célèbres par les nombreux fossiles qu'ils renferment.

3° Le *cornbrash*, petit système calcaire plus ou moins oolithique, ordinairement schistoïde, distribué par couches de 2 à 3 décimètres d'épaisseur, alternant quelquefois avec des couches marneuses, et auquel semble correspondre l'oolithe filicifère de Mamers ou oolithe à fougères, décrite par J. Desnoyers.

FOSSILES. — On trouve dans le *cornbrash* des débris de végétaux terrestres et d'animaux. Parmi les premiers, on cite le *pecopteris Reglei*, *pecopteris Desnoyersii*, le *zamites Bechii*, *zamites Bucklandi*, *zamites lagotis*, *zamites hastata*, le *poacites yuccæfoliæ*, le *mamillaria Desnoyersii*.

Les débris d'animaux, difficiles à déterminer à cause de leur état de destruction, consistent dans diverses espèces de peignes, dans des fragments de pinnigènes, d'huîtres, d'avicules, de térébratules, de vénus, d'encrinites, de petites pointes d'oursins, de millépores et de favosites, convertisen calcaire saccharoïde, et dans un grand nombre d'autres coquilles.

KELLOWAY-ROCK. — 4° Le *Kelloway-rock*, calcaire marneux alternant avec des lits d'argile peu épais, contenant du gypse en cristaux lenticulaires, du lignite et du sulfure de fer.

OXFORD-CLAY. — 5° L'*Oxford-clay* ou argile d'Oxford, système composé de bancs épais d'une argile bleu-violacée, plus ou moins siliceuse, et de lits minces ou de nodules de calcaires marneux à grains fins. Ce terrain, dont la puissance atteint quelquefois un développement de 200 mètres, paraît s'étendre, avec de légères modifications, sur toute l'Angleterre, et probablement aussi sur une grande partie de l'Allemagne. Les côtes du Calvados, les environs de Villers-sur-Mer, Dives, le Boulonnais, le Jura, et bien d'autres contrées en France, présentent des exemples très-remarquables de ce dépôt fluvio-marin; il renferme, comme roches subordonnées, du calcaire, du gypse et du schiste bitumineux.

FOSSILES. — Les fossiles y sont très-nombreux. On y trouve des débris de crocodiles, d'ichthyosaures, mêlés à des végétaux terrestres et à des ammonites, à des trigonies, des pernes, des térébratules, etc. Le *gryphæa dilatata* caractérise le calcaire de l'*Oxford-clay*.

ÉTAGE MOYEN OU CORALLIEN.

CORAL-RAG. — CALCAREOUS-GRIT. — A cette couche puissante d'argile, qui prend le nom d'Oxford parce qu'elle forme le sol des environs de cette ville, succède une couche de sable, de grès et de pierre calcaire, que les Anglais ont nommé *coral-rag*, à cause de la grande quantité de polypiers qu'elle renferme. Les sables et les grès calcarifères qui, dans certaines localités, la séparent de l'*Oxford-clay*, ont reçu la dénomination de *calcareous-grit*. En allant toujours de bas en haut, on reconnaît que les polypiers du *coral-rag* diminuent, et que la roche, changeant de texture, devient de plus en plus oolithique. Ainsi l'oolithe de Lisieux ou de Mortagne qui, bien évidemment, correspond au *coral-rag* des géologues anglais, est principalement composée d'oolithes jaunes dont les grains, généralement gros, inégaux, irréguliers, tantôt sans cohérence entre eux, tantôt grossièrement cimentés par une pâte calcaire, donnent aux masses qu'ils constituent une apparence tuffacée. Cette oolithe passe, dans quelques lits supérieurs, à un calcaire compacte renfermant des nodules et des plaques de silex cornés, plus souvent à un calcaire carié, traversé par des tubulures sinueuses dues à la destruction des nombreux madrépores qu'il renfermait. L'ensemble des roches qui forment l'étage corallien atteint une puissance de 50 mètres environ. On exploite comme pierres de taille à Mortagne, à Lisieux, à la Ferté-Bernard, l'oolithe jaune du *coral-rag*.

Les fossiles de ce système, quoique très-abondants, sont en général fort altérés et difficiles à déterminer. On considère comme caractéristiques les *nerina elegans* et *pulchella* et l'*astarte minima*. (Fig. 47.)

Le calcaire à dicerates des environs de Mortagne, de Trouville, d'Heddington près Oxford, etc., sont des exemples de ce terrain, dont quelques assises supérieures semblent presque uniquement composées d'une petite gryphée, *gryphœa virgula* (lumachelle du Hâvre, du Boulonnais, des environs de Beauvais, de La Rochelle, etc.).

ÉTAGE SUPÉRIEUR. — Au-dessus de cette oolithe on retrouve des calcaires marneux alternant avec des marnes (Weymouth-beds), des couches d'argile et de marne argileuse qui, à Kimmeridge, ont une puissance de 152 mètres (Kimmeridge-clay). Cette dernière formation est recouverte par l'oolithe de Portland (Portland-oolite), d'une épaisseur moyenne de 37 mètres.

Le *Weymouth-beds*, ainsi nommé parce que ses couches sont très-développées dans les environs de Weymouth, en Angleterre, se trouve encore dans le Jura et aux environs de Boulogne. Dans ces dernières localités, ses assises inférieures contiennent une grande quantité de glauconie.

Le *Kimmeridge-clay* (argile d'Honfleur, marne argileuse hâvrienne) est formé par une succession d'argiles et de calcaires qui renferment assez souvent des rognons de calcaire ferrugineux, de fer carbonaté, des cristaux de gypse, des lits de schistes bitumineux et des noyaux de lumachelle et de brèche à fragments compactes. A Honfleur, l'argile de ce groupe est bleuâtre, passant quelquefois au blanc sale et au jaunâtre; le calcaire marneux avec lequel elle alterne à sa partie inférieure devient sableux et renferme des bancs peu épais de grès calcarifère ou *macigno*, dont la pâte, plus ou moins chargée de silice, est remplie de globules oolithiques ferrugineux.

Le *Kimmeridge-clay* présente en France les mêmes caractères qu'en Angleterre. On cite comme fossile caractéristique de ce dépôt l'*ostrea deltoidea;* les fossiles qu'on y rencontre le plus fréquemment sont des gryphées, des peignes, des ammonites, des toupies, des lucines, une grande méléagrine, une grande espèce d'huitres, un ichthyosaure, un plesiosaure, des pterocères et des végétaux passés à l'état de lignite.

On trouve l'argile de Kimmeridge en France, à Boulogne-sur-Mer, au Hâvre, à Honfleur, à Villersville, à Hennequeville, à Gros, à Hécourt, aux environs de Beauvais, de Senantes, etc.

L'*oolithe de Portland*, qui la recouvre, se compose d'une série de couches calcaires jaunâtres, alternant ensemble, à grains fins, oolithiques, d'une dureté variable, et dans lesquelles on rencontre assez fréquemment des silex cornés et pyromaques en lits interrompus, quelquefois de la barytine. Ce calcaire fournit de très-belles pierres de construction. On en expédie de Portland, chaque année, à Londres, plus de 120,000 quintaux métriques.

Le *pecten lamellosus*, l'*ammonites triplicatus* sont regardés comme fossiles caractéristiques de cette formation, qui d'ailleurs renferme de nombreuses coquilles.

L'île de Portland est le type de ce terrain, dont on ne peut citer des exemples bien positifs sur le continent, quoique dans le Boulonnais on en retrouve des traces.

DÉBRIS ORGANIQUES DU GROUPE JURASSIQUE.

VÉGÉTAUX. Algues : Fucoïdes, 3. Équisétacées, 1. Fougères : Pachypteris, 2. Pecopteris, 6. Sphœnopteris, 5. Tæniopteris, 2. Cycadées : Pterophyllum, 1. Zamia, 11. Zanites, 4. Conifères : Thuytes, 4. Taxites, 1. Liliacées : Bucklandia, 1. Classe incertaine : Mamillaria, 1. Beaucoup de végétaux non décrits. Total, 42.

ZOOPHYTES : Achilleum, 7. Manon, 3. Scyphia, 42. Tragos, 10. Spongia, 3. Alcyonium, 1. Cnemidium, 10. Limnorea, 1. Siphonia, 1,

Myrmecium, 1. Gorgonia, 1. Millepora, 7. Madrepora, 2. Eschara, 1. Cellepora, 3. Retepora, 2. Flustra, 2. Ceriopora, 14. Agaricia, 3. Lithodendron, 4. Caryophyllia, 8. Antophyllum, 3. Fungia, 3. Cyclolites, 1. Turbinolia, 2. Turbinolopsis, 1. Cyatophyllum, 3. Meandrina, 8. Astrea, 22, Sarcinula, 1. Aulopora, 2. Entalophora, 1. Favosites, 1. Spiropora, 4. Eunomia, 1. Crysaora, 2. Theonoa, 1. Idomenea, 1. Alecto, 2. Berenicea, 2. Terebellaria, 2. Cellaria, 1. Thamnasteria, 1. Polypifères, genres non déterminés. Total, 190.

RADIAIRES : Cidaris, 19. Echinus, 7. Galerites, 3. Clypeaster, 3. Nucleolites, 7. Amanchytes, 1. Spatangus, 5. Clypeus 7, Échinites 2, genres non déterminés. Eugenia crinites, 5. Apiocrinites, 8. Pentacrinites, 14. Solanocrinites, 3. Rhodocrinites, 1. Comatula, 4. Ophiora, 3. Asterias, 8. Total, 98.

ANNÉLIDES : Lumbricaria, 7. Serpula, 54.

CONCHIFÈRES : Aptychus, 6. Spirifer, 1. Delthyris, 2. Terebratula, 57. Orbicula, 4. Lingula, 1. Estrea, 23. Oxogyra (espèce non déterminée). Gryphœa, 15. Plicatula, 2. Pecten, 23. Plagiostoma, 18. Posidonia, 2. Lima, 6. Avicula, 11. Inoceramus, 1. Gervillia, 8. Perna, 5. Crenatula, 2. Trigonellites, 2. Piuna, 7. Mytilus, 7. Modiola, 20. Lithodomus, 1. Chama, 3. Unio, 6. Diceras, 2. Trigonia, 15. Nucula, 12. Pectunculus, 2. Arca, 7. Cucullœa, 13. Hippopodum, 1. Isocardia, 10. Cardita, 4. Cardium, 11. Myoconcha, 1. Astarte, 9. Crassina, 8. Venus, 2. Cytherea, 5. Pullastra, 3. Donax, 1. Corbis, 3. Tellina, 1. Psammobia, 1. Lucina, 4. Sanguinolaria, 3. Corbula, 5. Mactra, 1. Amphidesma, 5. Lutraria, 1. Gastrochœna, 1. Mya, 8. Pholadomya, 17. Panopœa, 1. Pholas, 2. Total, 392.

MOLLUSQUES : Dentalium, 3. Patella, 7. Emarginula, 1. Pileolus, 1. Ancilla, 1. Bulla, 2. Helicina, 4. Auricula, 1. Melania, 5. Paludina, 1. Ampullaria, 1. Nerita, 5. Natica, 6. Tornatilla, 1. Vermetus, 3. Delphinula, 1. Solarium, 2. Cirrus, 6. Pleurotomaria, 3. Trochus, 23. Bissoa, 4. Turbo, 10. Phasianella, 1. Turritella, 7. Nerinea, 5. Cerithium, 3. Murex, 2. Rostellaria, 4. Pteroceras, 3. Actœon, 6. Buccinum, 2. Terebra, 4. Total, 128.

Belemnites : Canaliculées, 8. B. Conoïdes, 44. Lancéolées, 8. Cylindroïdes, 14. Gigantesques, 5. Espèces non classées, 7. Orthocératites, 1. Nautilus, 11. Hamites, 2. Scaphites, 3. Turrilites, 1. Total, 131.

Ammonites : Famille des Arietes, 10. Famille des Falciferi, 25. Famille des Amalthei, 26. Famille des Capricorni, 9. Famille des Planulati, 25. Famille des Dorsati, 5. Famille des Coronarii, 14. Famille des Macrocephali, 12. Famille des Armati, 9. Famille des Dentati, 4. Famille des Ornati, 2. Famille des Flexuosi, 4. Espèces appartenant à des familles indéterminées, 46. Onychotentis, 1. Loligo, 2. Sepia, 1. Restes de Sepia avec poche à encre conservée, (Rhyncolites ou becs de Sepia). Total, 195.

CRUSTACÉS : Pagarus, 1. Eryon, 2. Scyllarus, 1. Palæmon, 3. Astacus, 6, (espèces non déterminées). Crustacea (genre non déterminé). Total, 14.

INSECTES de la famille des libellules.

Élytres de coléoptères.

POISSONS : Dapedium, 1. Clupea, 5. Pœcilia, 1. Esox, 1. Uræus, 1. Sauropsis, 1. Ptycholœpis, 1. Semionotus, 1. Lepidotes, 3. Leptolepis, 3. Tetragonolepis, 5, (poissons, plusieurs espèces non déterminées). Ichthyodorulites, plusieurs genres, plaques, palais et dents de poissons. Ichthyocopros. Total, 23.

REPTILES : Pterodactylus, 7, (plusieurs espèces indéterminées). Crocodilus, 3. Gavial, 2, débris de plusieurs espèces non déterminées de crocodile (Cuvier). Crocodilus macrospondylus, 1. Teleosaurus, 1. Megalosaurus, 1, plusieurs espèces non connues. Geosaurus, 2. Lacerta, 1. Rhacheosaurus, 1. Pleurosaurus, 1. Plesiosaurus, 7. Ichthyosaurus, 6. Pœkilopleuron; Coprolites d'ichthyosaurus; Tortue. Total, 34.

MAMMIFÈRES : Didelphis, 1. (Fig. 37, 38, 39, 40, 41, 42, 43.)

MINÉRAUX ET MÉTAUX. — L'oxyde de fer, la houille (stipite), le lignite, la barytine, le quartz, la calcédoine, le silex, la célestine, le gypse et le fer sulfuré se trouvent, en quantité plus ou moins considérable, dans le groupe jurassique.

On y rencontre aussi d'excellentes pierres lithographiques (Pappenheim, Solenhoffen), des argiles propres au dégraissage des draps (terre à foulon), de la terre à potier, de la chaux de diverses qualités, que quelquefois l'on exploite comme marbre. Les grès sont ordinairement employés pour le pavage, etc.

AGRICULTURE. — Souvent l'étage inférieur du groupe jurassique se trouve constitué dans des conditions assez favorables à la culture des prairies artificielles et de certains légumes. Cependant il est d'observation que le sol qui repose sur le calcaire de ce groupe est presque totalement stérile. Cette infécondité, qui dépend de la texture caverneuse et fendillée des roches, de leurs nombreuses fissures, dans lesquelles se perd l'eau des pluies, se fait particulièrement remarquer lorsqu'on parcourt les plaines étendues de certaines contrées appartenant à cet étage, véritables déserts de sables et de calcaires qu'aucun ruisseau ne vivifie.

L'étage moyen étant plus ou moins marneux, offre en général des produits riches et variés.

L'étage supérieur est presque constamment fertile; il réunit, dans la plupart des cas, deux grands éléments de fécondité : l'*abondance des sources*, le *mélange des matières terreuses*.

DÉPOTS PLUTONIQUES. — Le groupe jurassique a été déchiré, soulevé, redressé par des roches d'origine ignée. Dans plusieurs localités, il se trouve en rapport avec des dykes de basalte et de trapp; on y rencontre des filons de dolérite.

SOULÈVEMENTS DU SOL. — Une foule d'indices se réunissent pour attester que dans l'intervalle des deux périodes qui ont vu se former le dépôt jurassique et le terrain crétacé, il y a eu une variation brusque et importante dans la manière dont les sédiments se disposaient sur la surface de l'Europe. Selon M. Élie de Beaumont, cette variation a été considérable, car si, par anticipation, nous essayions de rétablir sur une carte les contours de la nappe d'eau dans laquelle s'est déposée la partie inférieure du terrain crétacé, nous les trouverions très-différents de ceux de la nappe d'eau dans laquelle s'est formé le terrain jurassique. Elle a été brusque, car, en beaucoup de points, il y a passage de l'un des systèmes de couches à l'autre, ce qui annonce que, dans ces points, la nature du dépôt et celle des habitants de la surface ont varié sans que le dépôt des sédiments ait été suspendu.

Cette variation subite paraît avoir coïncidé avec la formation d'un ensemble de chaînons de montagnes, parmi lesquelles on peut citer la Côte-d'Or (en Bourgogne), le mont Pilas (en Forez), les Cévennes et les plateaux du Larzac dans le midi de la France, et l'Erzgebirge en Saxe.

FORME DES MONTAGNES. — Le groupe jurassique offre beaucoup de variétés dans la forme de ses reliefs : tantôt ce sont des vallées étroites et profondes, de vastes plaines, des collines à pentes arrondies, tantôt des plateaux élevés ou de hautes montagnes séparées par de larges vallées dont la fécondité contraste brusquement avec l'état stérile du sol qui s'élève au-dessus d'elles.

SITUATION GÉOGRAPHIQUE. — Le groupe dont nous nous occupons s'étend obliquement depuis La Rochelle jusqu'à Ratisbonne, et vers le milieu de ce long trajet se prolonge au nord jusqu'à Mézières, et au sud par delà Nantua. Il constitue ainsi la chaîne du Jura, qui lui a donné son nom. On le voit à nu de chaque côté des Alpes et des Cévennes; enfin il borde du côté de l'est les terrains de transition du Maine et de la Normandie, depuis Valognes jusqu'auprès d'Angers, et divise l'Angleterre de la même manière.

ÉTAT DU GLOBE. — De grands changements ont eu lieu à la surface du globe entre la période précédente et celle qui a vu se déposer le terrain oolithique.

Et d'abord, la matière calcaire se montre en si grande abondance, qu'elle imprime ses caractères à la plupart des couches jurassiques. Les eaux dont la température est encore très-élevée contiennent une énorme quantité d'animaux marins, et des roches paraissent en être entièrement formées (*coral-rag*). Presque toutes les espèces qui déjà s'étaient montrées dans les terrains de sédiment inférieurs se retrouvent dans ce groupe. Les ammonites, les bélemnites, les térébratules acquièrent leur plus grand développement, et une foule d'autres espèces partent de ce point pour se reproduire longtemps encore dans les couches supérieures. Des reptiles nombreux, des crocodiles, des plésiosaures, des ichthyosaures, des mégalosaures, et une foule d'autres espèces peuplaient le bord des eaux, les criques, les baies et l'embouchure des grands fleuves. Des nuées de ptérodactyles ou grands lézards volants, qui se nourrissaient probablement d'insectes ou de poissons, sur lesquels ils se précipitaient à la manière des hirondelles de mer, sillonnaient l'air de leurs ailes membraneuses et tenaient lieu des oiseaux, qui n'auraient pu respirer dans un milieu aussi chargé d'acide carbonique. De grandes étendues de terre étaient émergées, et se couvraient d'une riche végétation présentant un aspect différent de celle qui l'avait précédée. Aux fougères gigantesques de la formation houillère avaient succédé de nombreuses espèces de la famille des cycadées, des conifères et des plantes de genres analogues à ceux qui vivent aujourd'hui à la Nouvelle-Hollande et au Cap de Bonne-Espérance.

Un fait très-remarquable, c'est que les couches dont l'ensemble constitue la formation du lias paraissent avoir été dérangées de leur position horizontale avant que d'avoir été recouvertes par les puissantes assises de la formation oolithique, car dans plusieurs contrées de l'Angleterre et du continent, on a constaté que leur stratification n'est pas *concordante* avec celle de ces dernières.

CHAPITRE XVI.

SUITE DES TERRAINS DE SÉDIMENT MOYENS.

GROUPE DE LA CRAIE.

Syn. : *Terrain crétacé.*

Sa division en trois étages. — ÉTAGE INFÉRIEUR. — Formation wealdienne. — Sa division en trois assises : 1° *Purbeck-beds*; 2° *Hasting-sand*; 3° *Wealden-rocks*. — Débris organiques. — Gisement. — ÉTAGE MOYEN. — Formation du grès vert. — Assise inférieure. — Sa composition. — Assise moyenne. — Gault. — Argiles. — Assise supérieure. — Grès et sable. — Débris organiques. — ÉTAGE SUPÉRIEUR. — Formation de la craie. — Assise inférieure. — Craie chloritée. — Assise moyenne. — Craie tuffeau. — Assise supérieure. — Craie blanche. — Ses variétés. — Débris organiques. — Liste générale des fossiles du groupe de la craie. — Minéraux et métaux. — Emploi des roches. — Agriculture. — Dépôts plutoniques. — Soulèvements du sol. — Formes. — Situation géographique. — État du globe.

Le groupe de la craie, tel qu'il existe en Angleterre et dans une grande partie de la France et de l'Allemagne, considéré dans son ensemble, est formé, comme les terrains qui lui sont inférieurs, de sables, d'argile et de calcaires. Ceux-ci se trouvent à sa partie supérieure, les autres en occupent la base.

On le partage ordinairement en trois étages ou formations distinctes, que nous allons successivement faire connaître.

ÉTAGE INFÉRIEUR.

(Formation wealdienne.)

La formation wealdienne (*Wealden-rocks*) se compose de trois assises subordonnées, dont la puissance totale est sur certains points de 244 mètres environ :

1° L'assise inférieure, que les Anglais nomment couches de Purbeck (Purbeck-beds), parce qu'elle offre un grand développement dans la presqu'île de ce nom, consiste en différentes sortes de calcaires et de marnes, dont les couches alternent entre elles.

2° L'assise moyenne, appelée sable de Hastings (*Hastings-sand*), du nom d'une ville du comté de Sussex, aux environs de laquelle elle acquiert une importance considérable, se compose de quelques argiles, de marnes et de quelques grès calcaires. Sa puissance moyenne est de 137 mètres environ, celle de la précédente n'est que de 76.

3° L'assise supérieure comprend l'argile wealdienne proprement dite, de couleur grise ou brune, quelquefois bleue. Elle renferme assez souvent des lits minces de sable et de calcaire lumachelle, des concrétions ferrugineuses, du sulfure de fer, des cristaux de gypse.

La formation wealdienne a été ainsi désignée, parce qu'elle a été plus particulièrement étudiée dans diverses parties des comtés de Kent et de Sussex, connues sous le nom de Weald (bois, forêt).

DÉBRIS ORGANIQUES. — Les coquilles de cette formation appartiennent presque toutes à des genres fluviatiles ou lacustres, tels que les genres melanopsis, paludina, neritina, cyclas, unio et plusieurs autres. Ils y sont souvent en très-grande abondance.

On trouve parmi les poissons les genres pycnodus et hybodus, des dents et des écailles d'une certaine espèce de lepidotus; leur forme générale était celle du genre carpe. On y rencontre aussi des tortues trionyx et emys, le crocodile, le plesiosaure, le megalosaure, l'iguanodon, l'hylœosaure, des os d'oiseaux de l'ordre des échassiers. (Fig. 34, 35, 36.)

Les végétaux se rapprochent des genres vivants cycas et zamia, des equiseta, un grand nombre de fougères, des conifères et divers autres genres qui offrent tous les caractères de ceux qui vivent sous les tropiques.

En France, on observe la forme wealdienne près de Beauvais.

ÉTAGE MOYEN.

(Formation du grès vert), syn. : *Green sand*, angl.

Cet étage est formé par un ensemble de couches de marne, de sables et de grès en partie verts et en partie ferrugineux, que l'on désigne ordinairement sous le nom de *grès vert*.

L'assise inférieure se compose de sables et de grès, tantôt colorés en vert par du fer chloriteux (glauconie), tantôt colorés en rouge par de l'oxyde de fer. Le calcaire entre aussi pour quelque chose dans sa composition.

L'assise moyenne, que les Anglais nomment *gault* ou *galt*, est formée d'une marne argileuse passant à l'argile, de couleur gris-bleuâtre ou noirâtre, rude au toucher; elle contient peu de débris organiques.

L'assise supérieure consiste en grès et en sables verts contenant parfois de la marne verte; l'*ostrea carinata* paraît caractériser ce dépôt.

L'assise supérieure et l'assise moyenne, quoique souvent réduites à deux ou trois mètres d'épaisseur, s'étendent en France, en Angleterre et en Belgique, dans des espaces considérables.

Le grès vert prend, dans beaucoup de localités, un grand développement; il acquiert souvent une grande solidité et alterne avec des couches de sable; sa couleur passe du vert à un rouge plus ou moins intense (grès ferrugineux).

DÉBRIS ORGANIQUES. — Les fossiles que l'on rencontre dans cet étage sont nombreux. Nous citerons parmi les principaux des squales, des balistes, des diodons, des nautiles, des ammonites, des hamites, des bélemnites, des cirrus, des auricules, des rostellaires, des peignes, des inocérames, des avicules, des cucullées, des nucules, des trigonies, des lucines, des myes, des térébratules, des orbicules, des échinites, des ventriculites, etc. (Voir la liste générale des fossiles du terrain crétacé.)

ÉTAGE SUPÉRIEUR.

(Formation de la craie.)

Cette formation, qui occupe une étendue considérable de l'Europe occidentale, termine la série des terrains de sédiment moyens ou terrains secondaires de la plupart des auteurs. Elle se compose de calcaire qui diffère ordinairement de texture et de couleur, suivant l'ordre de superposition de ses couches.

Nous partagerons cet étage en trois assises, que nous désignerons sous les noms de *craie chloritée* (glauconie crayeuse de Brongniart), de *craie grossière* ou *craie tuffeau* et de *craie blanche*. Il est à remarquer que ces roches se lient tellement entre elles et présentent si souvent des alternatives, qu'il est bien difficile d'y établir un ordre constant de superposition ; toutefois, la craie blanche paraît généralement former le dernier terme de la série en procédant de bas en haut.

L'assise inférieure est la *craie chloritée* ou *glauconie crayeuse* friable et parsemée de grains verdâtres que l'on attribue à la présence du silicate de fer ou de la chlorite (chaux chloritée de Brongniart); elle est blanche ou grise, quelquefois aussi d'un beau jaune. Des rognons de silex pyromaques ou noirs, calcédoniens ou blonds, y forment assez fréquemment des lits très-rapprochés, ou bien sont disséminés çà et là. Souvent elle se confond à sa partie inférieure avec le grès vert, et avec la craie tuffeau à sa partie supérieure.

L'assise moyenne est la *craie tuffeau*. Cette dénomination lui a été donnée, parce que son peu de consistance la rapproche des calcaires que l'on nomme vulgairement *tufs*. Sa couleur la plus ordinaire est le blanc jaunâtre, quelquefois même tout à fait jaune ; elle a souvent aussi une teinte grisâtre ou verdâtre. Lorsque cette roche offre une certaine consistance, elle fournit de belles pierres qui se durcissent à l'air et sont employées aux constructions. On la rencontre dans quelques localités de la Touraine, tellement imprégnée de silice, qu'on l'exploite pour le pavage.

Elle renferme des marnes, et, au lieu de silex pyromaques, des silex cornés d'une couleur peu foncée.

La craie blanche forme l'assise supérieure. Ses variétés sont la *craie blanche compacte*, la *craie sublamellaire* et la *craie blanche tendre* ou graphique.

La *craie blanche compacte* est d'un blanc sale et d'une

dureté ordinairement assez grande pour être employée comme pierre de taille. Ses assises ont un à deux mètres d'épaisseur ; elles alternent avec des bancs ou lits de silex.

La *craie sublamellaire* est tantôt jaunâtre, tantôt grisâtre ; elle a une texture plus ou moins serrée. De même que la précédente, elle est fréquemment divisée par des rangées horizontales de silex gris, blond ou noir, qui ont de 3 à 6 centimètres d'épaisseur.

La *craie blanche* ou *graphique* est d'un blanc mat, tendre, tachant les doigts et jouissant de la faculté de tracer en guise de crayon (blanc d'Espagne, blanc de Troyes). On la trouve ordinairement disposée en masse, et non en couches parallèles entre elles comme la craie sublamellaire. Elle contient des silex, dont la configuration contournée semble caractériser cette variété ; ces silex, qui sont regardés comme des restes fossiles de polypiers, et d'autres corps organisés, se présentent soit en couches horizontales, soit en couches verticales.

L'étage supérieur renferme en abondance l'*ostrea vesicularis*, l'*inoceramus Cuvieri*, le *belemnites mucronatus*, l'*ananchytes ovata*, des débris de *chelonées*, de *mosasaurus* et de crocodiles, ainsi que de plusieurs poissons des genres *squalus*, *murœna*, *zeus*, *esox*, *diodon*, etc.

LISTE GÉNÉRALE DES DÉBRIS ORGANIQUES DU GROUPE CRÉTACÉ.

VÉGÉTAUX : Confervites, 3. Fucoïdes, 9. Zosterites, 4. Cycadites, 1. Conifères, fougères, fragments de bois dycotylédone. Total, 17.

ZOOPHYTES : Achilleum, 3. Manon, 6. Scyphia, 12. Spongia, 12. Spongus, 2. Tragos, 5. Alcyonium, 3. Choanites, 3. Ventriculites, 3. Siphonia, 4. Hallirhoa, 1. Jerea, 1. Gorgonia, 1. Nullipora, 1. Millepora, 6. Eschara, 10. Cellepora, 7. Retepora, 5. Flustra, 4. Cœloptychium, 1.

Ceriopora, 21. Luculites, 1. Orbitolites, 1. Lithodendron, 2. Caryophyllia, 2. Anthophyllum, 1. Turbinolia, 2. Fungia, 3. Chenendopora, 1. Hippalimus, 1. Diploctenium, 2. Meandrina, 1. Astrea, 15. Pagrus, 1. Polypiers, genres non déterminés. TOTAL, 145.

RADIAIRES : Apiocrinites, 1. Pentacrinites, 1. Marsupites, 1. Glenotremites, 1. Asterias, 2. Cidaris, 11. Echinus, 6. Galerites, 10. Clypeus, 1. Clypeaster, 3. Echinoneus, 4. Nucleolites, 11. Ananchytes, 9. Spatangus, 29. TOTAL, 90.

ANNÉLIDES : Serpula, 31.

CIRRIPÈDES, 2.

CONCHIFÈRES : Magas, 1. Thecidea, 3. Terebratula, 56. Crania, 8. Orbicula, 1. Hippurites, 9. Sphærulites, 9. Ostrea, 20. Hinnites, 1. Exogyra, 6. Gryphæa, 10. Sphæra, 1. Podopsis, 7. Spondylus, 1. Plicatula, 2. Pecten, 32. Lima, 3. Plagiostoma, 17. Meleagrina, 1. Avicula, 3. Inoceramus, 20. Mytiloïdes, 1. Gervillia, 3. Crenatula, 1. Pinna, 8. Mytilus, 4. Modiola, 2. Pachymya, 1. Chama, 4. Trigonia, 12. Nucula, 11. Pectunculus, 3. Arca, 7. Cucullæa, 8. Cardita, 5. Cardium, 4. Venericardia, 1. Astarte, 2. Thetis, 2. Venus, 9. Lucina, 1. Tellina, 4. Corbula, 7. Crassatella, 2. Lutraria, 3. Panopæa, 1. Mya, 4. Teredo, 1. Pholas, 1. Teredina, 1. Fistulana, 1. TOTAL, 325.

MOLLUSQUES : Dentalium, 6. Patella, 2. Pileopsis, 1. Helix, 1. Auricula, 3. Melania, 1. Paludina, 1. Ampullaria, 3. Nerita, 1. Natica, 3. Vermetus, 5. Sigaretus, 1. Delphinula, 1. Solarium, 1. Cirrus, 4. Pleurotomaria, 1. Trochus, 11. Turbo, 4. Turritella, 3. Cerithium, 2. Pyrula, 2. Fusus, 1. Murex, 1. Pterocera, 1. Rostellaria, 7. Strombus, 1. Cassis, 1. Dolium, 1. Eburna, 1. Voluta, 2. Nummulites, 3. Lenticulites, 2. Lituolites, 2. Miliolites, 1. Planularia, 2. Nodosaria, 2. Belemnites, 7. Actinocamas, 1. Nautilus, 9. Scaphites, 4. Ammonites, 54. Turrilites, 6. Baculites, 5. Hamites, 21. TOTAL, 193.

CRUSTACÉS : Astacus, 4. Pagurus, 1. Scyllarus, 1. Eryon, 1. Arcania, 1. Etyæa, 1. Coryster, 1. TOTAL, 10.

POISSONS : Squalus, 2. Muræna, 1. Zeus, 1. Salmo, 1. Esox, 1. Amia, 1. TOTAL, 7. Poissons, genres non déterminés, dents et palais de poissons : excréments de poissons. TOTAL, 14. (Fig. 57, 58, 59, 60.)

REPTILES : Mosasaurus, 1. Crocodile, 1. TOTAL, 2, genres non déterminés. TOTAL, 4.

FOSSILES CARACTÉRISTIQUES : Ostrea carinata (fig. 53). Belemnites mucronatus (fig. 54). Pecten lamellosus (fig. 55). Scaphites æqualis (fig. 56.)

MINÉRAUX ET MÉTAUX. — Le groupe crétacé contient du sulfure et de l'oxyde de fer, du phosphate et du carbonate de ce métal, de la galène, de l'oxyde de manganèse, quelquefois du mercure à l'état natif. On y trouve aussi du gypse cristallisé, de la barytine, du jaspe, du lignite et une espèce de houille (environs de Berne, Suisse; Entrevernes, Savoie).

EMPLOI DES ROCHES. — Les lignites que ce groupe renferme fournissent parfois un très-bon combustible (Aude, Pyrénées, Alpes, monts Karpathes); le fer oxydé est assez souvent en quantité exploitable (Angleterre, France, etc.); les grès donnent, dans certaines contrées, de bons matériaux de construction (Pirna, Kœnigsten, Allemagne); plusieurs calcaires sont exploités comme marbres, comme pierres de construction, pour faire de la chaux et pour amender les terres. La pierre à briquet, la pierre à fusil, la craie dite d'Espagne que l'on taille en crayons, sont aussi des produits utiles de la craie.

AGRICULTURE. — *Étage inférieur.* Sol argileux, terres fortes, peu productif.

Étage moyen. Sol arénacé, maigre, terres légères, quelques bois de haute futaie, favorable à certaines cultures.

Étage supérieur. Natures de sol très-différentes. Sol argilo-calcaire très-fertile (Touraine); sol crayeux, aride, peu fertile (Champagne pouilleuse).

DÉPOTS PLUTONIQUES. — Des roches d'origine ignée, le basalte, le porphyre pyroxénique, l'ophiolite, se sont fait jour à travers le groupe de la craie, sous forme de filons et en couches alternantes qui en ont plus ou moins altéré la texture, et ont transformé ses masses en calcaire dolomitique et quelquefois en marbres (Pyrénées).

SOULÈVEMENTS DU SOL. — Il est très-probable que pendant la durée du dépôt des couches qui composent le terrain crétacé, il s'est opéré plus d'un bouleversement, soit dans nos contrées, soit dans celles qui en sont peu éloignées. En effet, il existe une ligne de partage trèstranchée entre les diverses couches de la formation wealdienne, celle du grès vert, jusques et compris la craie tuffeau et le terrain crétacé de l'étage supérieur; celui-ci se distingue zoologiquement des formations qui le précèdent dans la série, par l'absence des céphalopodes à cloisons persillées, tels que les ammonites, les hamites, le sturrilites, les scaphites, qui abondent dans l'étage inférieur.

La ligne de partage de ces deux systèmes de couches paraît correspondre à l'apparition d'un système d'accidents du sol que M. Élie de Beaumont a proposé de nommer système du *mont Viso*, d'après une seule cime des Alpes françaises qui, comme presque toutes les cimes alpines, doit sa hauteur absolue actuelle à plusieurs soulèvements successifs, mais dans laquelle les accidents de stratification propre à l'époque qui nous occupe se montrent d'une manière très-prononcée. MM. Boblaye et Virlet ont signalé, dans la Grèce, un système de crêtes très-élevées (chaîne du Pinde) qu'ils ont nommé système pindique, et dont les couches les plus récentes leur ont paru se rapporter au terrain crétacé inférieur.

La convulsion qui accompagna la naissance des Pyrénées, une des plus fortes que le sol de l'Europe ait jusqu'alors éprouvées, s'est manifestée après le dépôt du groupe de la craie, dont les couches redressées s'élèvent indistinctement sur leurs flancs, quelques-unes même jusqu'à leur crête, et avant la période du dépôt des couches tertiaires de différents âges, qui s'étendent indistinctement jusqu'à leur pied.

FORMES DU SOL. — Les reliefs qui se montrent à la surface du terrain crétacé sont en général peu élevés, plus ou moins arrondis, et se terminent assez fréquemment par des plateaux d'une certaine étendue. On a remarqué que le sol avait une grande tendance à former de vastes plaines offrant à peine quelques légères inégalités. Les collines et les montagnes formées par l'étage supérieur du groupe sont souvent sillonnées par de profonds ravins ou minées par les vagues de la mer, qui coupent leurs flancs à pic et les isolent de la masse sous forme de piliers, d'aiguilles et de colonnes plus ou moins remarquables (environs de Tournedos et d'Elbeuf près de Rouen); aiguilles de Wigt, roches du Vieux-Henry (Dorsethsire); aiguille et arche d'Étretat (Normandie).

Les vallées commencent souvent par un cirque et finissent en se rétrécissant. La propriété que possèdent les calcaires du terrain crétacé d'absorber l'eau très-avidement fait que les ruisseaux et les sources y sont très-rares. Par compensation, les puits artésiens présentent d'assez nombreuses chances de succès.

L'espace recouvert par le groupe crétacé comprend une grande partie de la surface de l'Europe. En allant du nord-ouest au sud-est, on le rencontre en couches nombreuses, plus ou moins considérables, depuis le nord de l'Irlande jusqu'à la Crimée (distance de 190 myriamètres); dans la direction opposée, il s'étend depuis le midi de la Suède jusqu'au sud de Bordeaux (distance de 140 myriamètres).

ÉTAT DU GLOBE. — Après l'époque de bouleversement qui suivit la grande formation oolithique, de nombreuses portions du sol récemment émergées se couvrirent de végétaux et de lacs d'eau douce dans lesquels les couches wealdiennes se déposèrent peu à peu. Lorsque ces dépôts fort restreints se furent opérés dans quelques localités de l'Angleterre et dans le pays de Bray, près de Beauvais, la mer recouvrit de nouveau les dépressions qu'ils occupaient, mais graduellement, car nous avons vu qu'il y avait passage entre cette formation et l'étage moyen du groupe. Dans les eaux marines se déposa le grès vert en lits de sable, d'argile, de marne et de calcaire impur; à ce dépôt de sédiments hétérogènes succéda une série d'accidents du sol à la suite desquels se formèrent lentement et sans secousses, dans une mer ouverte et profonde, les masses calcaires qui constituent l'étage supérieur de la craie.

On est partagé d'opinions sur l'origine de la craie : les uns l'attribuent à la décomposition de la matière calcaire très-pure, qui, dans un état de division pulvérulente, aurait été entraînée par les eaux et déposée par bancs à la surface du sol des vallées; la craie, d'après cette hypothèse, serait, relativement à la matière calcaire compacte, ce que le kaolin est au feldspath; d'autres prétendent que cette roche a une origine animale, alors même que toute trace de structure organique s'y trouvait effacée. Cette hypothèse pleine de hardiesse repose en partie sur ce que la craie consiste en carbonate de chaux pur, tel que celui qui résulte de la décomposition des testacés, des oursins et des coraux. Elle s'appuie aussi du passage à la craie qu'on observe dans ces fossiles quand ils sont à moitié décomposés. Le célèbre géologue Lyell vient de l'adopter. Les preuves dont il étaie son opinion méritent d'être prises en considération, car elles ont un certain degré de probabilité.

Une explication plus satisfaisante de la présence du silex dans la craie a été donnée. Quelle que soit la forme sous laquelle il se présente, on attribue son origine à ce que les eaux au sein desquelles a eu lieu la précipitation du carbonate de chaux, contenaient de la silice en abondance, qui s'est réunie par série de nodules, au lieu de se mélanger au calcaire et de le rendre siliceux. Les espaces qui séparent les couches siliceuses sont dus probablement, dit le docteur Buckland, aux intervalles de temps qui s'écoulèrent entre leur production respective, chaque masse nouvelle formant au fond de l'Océan un lit de fluide pulpeux, lequel ne pénétrait jamais celui qui le précédait et lui servait de support, par la raison que la solidification de ce dernier était trop avancée pour rendre ce mélange possible.

Pendant la longue période de repos qui vit les sédiments de la craie s'accumuler au fond des eaux, l'acide carbonique se produisait encore si abondamment, qu'aucun animal à respiration complète ne s'est montré. Les reptiles marins ou fluviatiles, l'iguanodon aux formes gigantesques, le mégalosaure, étaient encore les souverains du globe. Beaucoup d'espèces dont la formation jurassique nous avait révélé l'existence, des bélemnites, des ammonites, des gryphées, se retrouvent en plus grand nombre, mais disparaissent dans les formations suivantes. Les baculites, les turrilites, plusieurs cétacés, se montrent pour la première fois : les uns, vers la fin de l'époque, cessent d'exister; les autres, tels que les vraies squales, les lamentins, les dauphins, se maintiennent jusqu'à nos jours.

Les cycadées, les conifères, diverses espèces de fougères recouvraient le sol. Déjà de nombreuses plantes dicotylédonées, semblables à celles de l'époque actuelle, apparaissaient à sa surface.

CHAPITRE XVII.

DES TERRAINS DE SÉDIMENT SUPÉRIEURS.

Considérations générales. — Classification des terrains d'après un principe établi par MM. Lyell et Deshayes. — Division en quatre groupes principaux : Eocène, miocène, ancien piocène, nouveau pliocène. — Formation eocène ; explication de ce mot. — De l'argile plastique et du lignite, 1er terrain d'eau douce du bassin de Paris. — Sa composition. — Son gisement. — Débris organiques. — Minéraux et métaux. — Emploi des roches. — Formes du sol. — Du calcaire grossier, 1er terrain marin de Paris. — Composition. — Débris organiques. — Minéraux et métaux. — Emploi des roches. — Banc vert. — Débris organiques. — Gisement du calcaire grossier — Faluns de la Touraine. — Matières utiles.

On désigne sous le nom collectif de *terrains de sédiment supérieurs* ou de *terrains tertiaires*, la longue série de formations qui a commencé au-dessus de la craie et se termine aux couches les plus superficielles de l'écorce du globe.

Le caractère le plus important de cet assemblage de monuments de diverses époques, consiste en une succession alternative de dépôts marins et de dépôts d'eau douce, formés les uns au fond des mers, dans des golfes, dans des vallées ; les autres sur des rivages, dans des deltas et dans des lacs d'eau douce.

Ces couches de sables, d'argiles, de marnes, de gypse et de calcaires diffèrent tellement entre elles par la composition, le nombre, l'âge et la nature de leurs formations, que, pour en développer les nombreux caractères, il faudrait décrire chaque dépôt en particulier, entrer dans des détails que les limites de cet ouvrage ne nous permettent pas. Nous nous bornerons donc à indiquer les concordances principales que les géologues ont établies entre les masses dont se compose ce groupe si complexe, et à esquisser rapidement la formation tertiaire qui constitue le bassin de Paris, si célèbre par les travaux d'Alex. Brongniart et de Cuvier.

MM. Lyell et Deshayes, jaloux de surmonter les obstacles que présentaient aux géologues les anomalies réelles ou apparentes de la succession des terrains de sédiment supérieurs, ont cherché à établir une classification de ces terrains en comparant les coquilles fossiles qu'ils renferment avec les testacés vivant actuellement dans les mers les plus voisines et situées sous les mêmes latitudes. Cette étude laborieuse et pleine de difficultés les a conduits à ce résultat : « Que plus l'âge d'une formation tertiaire est « moderne, plus il y a de ressemblance entre ses coquilles « fossiles et la faune testacée des mers actuelles. »

Partant de ce principe, qu'il considère comme assez bien établi, c'est-à-dire de la ressemblance de la faune testacée de chaque époque avec celle des mers environnantes, M. Lyell a proposé de partager les formations marines de la période tertiaire en quatre divisions principales, qu'il a désignées sous les noms de *eocène*, *miocène*, *ancien pliocène*, *nouveau pliocène*.

Ces quatre grandes formations alternent avec une série quadruple d'autres couches renfermant des coquilles dont la présence démontre suffisamment que la mer, à plusieurs reprises, a cédé aux eaux continentales des espaces plus ou moins étendus qu'elle est ensuite revenue envahir.

FORMATION EOCÈNE (système de M. Lyell). — Le nom *eocène*, appliqué au premier de ces groupes, dérivé du grec *eos*, aurore, et de *kainos*, récent, signifie, selon M. Lyell, que les coquilles fossiles de l'époque à laquelle ce groupe a été formé ne comprennent qu'un très-petit nombre d'espèces existantes ; ou bien encore, il indique l'*aurore* (*eos*) de la création des existences animales, l'état récent de la faune testacée.

Les couches de la formation eocène embrassent toute la série des sédiments qui se succèdent depuis la craie jusqu'aux marnes à petites huîtres du groupe gypseux inclusivement ; elles contiennent des proportions très-faibles de mollusques offrant quelque identité avec les espèces qui vivent dans les mers intertropicales actuelles ; toutefois, on ne peut se refuser d'admettre que leur ensemble présente une certaine analogie avec la faune testacée de ces latitudes. L'argile plastique, dite argile de Londres, et le calcaire grossier marin, sont des exemples remarquables de cette première formation, la plus ancienne de la série, en procédant de bas en haut.

DE L'ARGILE PLASTIQUE ET DU LIGNITE.

(1er Terrain d'eau douce du bassin de Paris.)

L'argile plastique, ainsi nommée parce qu'elle prend et conserve aisément les formes qu'on lui imprime, et qu'elle jouit de la propriété de faire pâte avec l'eau, varie beaucoup en couleur. Elle est blanche, grise, jaunâtre, rouge, bleuâtre; elle a de 10 à 100 mètres de puissance. On y distingue deux bancs, l'un inférieur, l'autre supérieur; le banc inférieur ne contient aucun fossile, ou du moins on n'en a pas rencontré jusqu'ici; le supérieur, que les ouvriers appellent *fausses glaises* (*figuline* de Brongniart), est souvent très-riche en débris de corps organiques, qui semblent lui être particuliers. Ce sont des lignites de diverses variétés, depuis l'état fibreux qui caractérise le bois à peine altéré, jusqu'à celui de jayet, dans lequel le végétal présente une texture serrée; de nombreuses coquilles marines ou d'eau douce, et du succin ou ambre jaune. Il existe une distinction très-remarquable entre les anciennes et véritables houilles et les lignites de cette formation. Ainsi les parties de végétaux, tiges, feuilles ou fruits qui caractérisent ces dernières, appartiennent presque toujours à des dycotilédons, quelquefois à des monocotylédons, de la famille des palmiers, mais jamais à des fougères.

L'argile à lignite occupe une étendue considérable dans le bassin de Paris; on la trouve aussi dans une grande partie de la France septentrionale, en Belgique et en Angleterre.

DÉBRIS ORGANIQUES. — Les coquilles fossiles qu'elle renferme quelquefois en quantité prodigieuse proviennent, ainsi que nous l'avons dit plus haut, d'animaux dont les genres et peut-être même les espèces analogues vivent dans des milieux très-différents. Elles sont quelquefois en lits ou dépôts minces qui se touchent et qui sont cependant distincts; dans le cas le plus ordinaire, elles se trouvent mêlées au point de contact des deux terrains, « c'est-« à-dire que les coquilles d'eau douce se rapportent aux

« lignites, à ce dépôt puissant de corps organisés végé-
« taux qui croissaient à la surface de la terre lorsque
« celle-ci, terminée alors à la craie, était couverte de
« forêts, de lacs, d'étangs ou de mares, tandis que les
« coquilles marines viennent du dépôt marin et unique-
« ment marin, qui recouvre de couches quelquefois nom-
« breuses et puissantes la formation argilo-charbonneuse
« dont il est question ici (Cuvier). »

C'est aux limites supérieures de la formation d'argile et de lignite que se montre le plus ordinairement le mélange et même l'alternance des animaux marins et des animaux et végétaux ou terrestres ou d'eau douce; à mesure qu'on s'élève dans ce mélange, les corps organisés d'origine lacustre et terrestre diminuent, tandis que les corps marins deviennent tellement dominants, qu'ils se montrent bientôt seuls, ce qui prouve encore que l'origine principale du terrain d'argile et de lignite n'est point sous-marine, et ce qui justifie le nom que Cuvier et Brongniart lui ont donné, de *premier terrain d'eau douce*.

Voici, d'après d'Audebard de Férussac, la liste des corps organisés non marins qu'on trouve dans les lits inférieurs de l'argile à lignite, et des corps organisés marins mélangés ou alternant avec ceux-ci dans les lits supérieurs :

1° Coquilles d'eau douce ou terrestres : Planorbis rotundatus; P. incertus; P. punctum; P. prevostenus; Physa antiqua; Lymnea longiscata; Paludina virgula; P. indistricta; P. unicolor; P. desmaresti; P. conica; P. ambigua; Melania tritica; Melanopsis buccinoïdes; M. costata; Nerita globulus; N. pisiformis; N. sobrina; Cyrena antiqua; C. tellinoïdes; C. cuneiformis.

2° Coquilles marines du mélange des couches supérieures : Cerithium; C. funatum; C. melanoïdes; Ampullaria depressa; Ostrea bellovaca; O. incerta.

Végétaux fossiles du dépôt lacustre et du mélange marin : Exogenites (indéterminés); Phyllites multinervis; Eudogenites echinatus.

Quelquefois on y trouve aussi des ossements d'animaux vertébrés appartenant principalement aux genres anthracoterium, lophiodon, trionix, emys et crocodile.

Aucun des fossiles de la craie ne se retrouve dans l'argile.

MINÉRAUX ET MÉTAUX. — L'argile plastique contient de temps en temps quelques substances minérales, du gypse en cristaux limpides, de la strontiane sulfatée, du quartz agate, du quartz hyalin, du sulfate de fer et parfois du sulfate de zinc.

EMPLOI DES ROCHES. — L'argile plastique est en général employée à faire de la faïence fine, ou des grès ou des creusets et des étuis à porcelaine; ou bien enfin de la poterie rouge, qui a la dureté du grès lorsqu'on peut la cuire convenablement.

L'argile à lignite se trouve quelquefois en quantité assez considérable pour être exploitée comme combustible et servir à l'amendement des terres (Laonnais et Soissonnais). Elle est propre à la fabrication des tuiles et de la faïence commune.

FORMES DU SOL. — Le terrain d'argile et de lignite se montre rarement à nu. Là où il constitue la surface du sol, comme dans plusieurs contrées du Soissonnais, il forme des monticules arrondis au-dessus du fond des vallées, en suivant les sinuosités des collines calcaires contre lesquelles il s'appuie.

DU CALCAIRE GROSSIER ET DE SES SABLES COQUILLIERS MARINS.

(1er Terrain marin du bassin de Paris.)

Dans différentes localités du bassin de Paris, on voit

au-dessus de l'argile plastique une couche de sable plus ou moins épaisse, dont les couleurs sont extrêmement variées, mais assez souvent d'un blanc pur vers leur partie inférieure. Ce sable renferme quelquefois des masses ou bancs de grès assez purs, formés de l'agglomération de grains de quartz assez gros dont les uns sont opaques, les autres hyalins, tantôt réunis par un ciment siliceux, tantôt composés de calcaire de sable fin, de glauconie et d'argile, et alignés en couches horizontales comme le silex de la craie. Les traces de corps organisés sont très-rares dans ce grès, le premier, c'est-à-dire le plus inférieur des grès du terrain de sédiment supérieur. On n'en trouve d'autres indices que des empreintes de coquilles qui se font voir à sa partie inférieure lorsqu'il recouvre immédiatement les dépôts de lignite. Parfois ce grès passe au poudingue (Nemours); il est alors composé de noyaux de silex pyromaques, unis par une pâte de grès. Il passe quelquefois aussi à de simples dépôts caillouteux.

Les sables coquilliers sont assez fréquemment mélangés de glauconie; ils forment une ou plusieurs assises. On les rencontre principalement en France, dans les départements de l'Oise, de l'Eure et de l'Aisne, en Belgique, en Angleterre.

La formation calcaire, à partir de ce sable ou grès, est composée de couches alternatives de calcaire grossier plus ou moins dur, de marne argileuse souvent en couches très-minces et de marne calcaire. Ces diverses assises conservent un ordre de superposition dont les caractères sont constamment les mêmes sur une étendue de douze myriamètres au moins, mais la différence d'une couche à une autre n'est pas tellement tranchée qu'on puisse les considérer comme autant de formations particulières; on remarque seulement que les fossiles caractéristiques d'une assise deviennent moins nombreux dans l'assise supérieure et disparaissent tout à fait dans les autres, ou sont remplacés peu à peu par de nouveaux fossiles qui n'avaient point encore paru.

DÉBRIS ORGANIQUES. — Les coquilles qui servent à faire reconnaître les couches sablonneuses inférieures du calcaire grossier, sont : la *cytherea nitidula*, la *neritina conoidea*, la *cyrena Gravesi*, la *turritella imbricatoria* et la *nummulites planulata*. Il en existe un bien plus grand nombre, mais leur énumération peu caractéristique nous a paru inutile.

MINÉRAUX ET MÉTAUX. — On trouve dans ce terrain des rognons de fer hydraté, du mica et de la marne.

Aux couches sablonneuses les plus inférieures que nous avons indiquées plus haut, et qui renferment presque toujours de la terre verte en poudre ou en grain et des coquilles dans un parfait état de conservation, succède un autre système de couches peu distinct de celui sur lequel il repose. Il est, en général, formé d'une ou de plusieurs couches de calcaire tantôt tendre, friable et d'une teinte rougeâtre, tantôt dur et d'un gris jaunâtre, quelquefois verdâtre, comme à Meudon, mais contenant presque toujours de la glauconie.

DÉBRIS ORGANIQUES. — Ce banc présente les coquilles fossiles suivantes :

Nummulites lævigata; N. scabra; N. numismalis; N. rotundata; Madrepora, 3 espèces; Astræa, 3 espèces; Turbinolia elliptica; T. crispa; T. sulcata; Reteporites digitalis; Lunulites radiata; L. urceolata; Fungia Guettardii; Cerithium giganteum (fig. 63); Lucina lamellosa; Cardium porulosum (fig. 65); Voluta cithara; Crassatella lamellosa; Turritella multisulcata; Ostrea flabellula; O cymbula. De ces coquilles les plus caractéristiques sont le *cerithium giganteum*, et la *turritella imbricatoria*.

EMPLOI DES ROCHES. — Le calcaire grossier inférieur se trouve dans certaines localités du bassin de Paris en bancs assez solides pour être employé comme pierre de construction.

La partie moyenne de ce terrain se compose de plusieurs couches de calcaire gris ou jaune-verdâtre (*banc vert* des Carriers) et d'une faible consistance. Des lits de marne, de sable et d'argile lui sont quelquefois superposés. Le banc vert est quelquefois entièrement remplacé par des grès ou des masses de silex corné remplis de coquilles marines. Ce grès, qui est le second grès, en montant depuis la craie, offre alors des bancs très-puissants. Il est tantôt friable et d'un gris blanchâtre opaque, tantôt luisant, presque translucide, à cassure droite et d'un gris plus ou moins foncé. Il contient une quantité prodigieuse de coquilles en bon état, mêlées quelquefois avec des cailloux roulés. Les coquilles dont la présence semble caractériser ce grès sont :

Colyptræa trochiformis; Oliva laumentiana; Ancilla canalifera; Voluta harpula; Fusus bulbiformis; Cerithium serratum; C. coronatum; C. lapidum; C. mutabile; Ampullaria acuta seu spirata (fig. 61); A. patula; Nucula deltoïdea; Cardium lima, 2; Venericardia imbricata; Cytherea nitidula; C. elegans, 2. C. tellinaria; Venus callosa; Lucina circinaria; L. saxorum; deux espèces d'huîtres encore indéterminées, mais voisines de l'Ostrea deltoïdea et de l'O. cymbula; des coquilles de terre et d'eau douce bien caractérisées (lymnées et cyclostomes), mêlées avec les coquilles ci-dessus mentionnées.

Les gîtes de Grignon (Seine-et-Oise) et de Courtagnon (Marne), dans lesquels on a trouvé plus de six cents espèces fossiles bien entières et bien conservées, appartiennent au calcaire grossier moyen.

DÉBRIS ORGANIQUES. Nous nous bornerons à indiquer les fossiles les plus caractérisques du banc vert ; l'énumération des espèces indiquées par Brongniart serait trop longue et dépasserait les bornes de cet ouvrage :

Orbitolites plana; Cardita avicularia; Ovolites elongata; O. margaritula; Alveolites milium; Turritella imbricata; Terebellum convolutum; Colyptræa trochiformis; Pectunculus pulvinatus; Cytheræa nitidula; C. elegans; Miliolites ext. abundans; Cerithium, 2.

On trouve fréquemment, à la partie inférieure du banc vert, des empreintes brunes de feuilles et de tiges de végétaux qui ne sauraient être rapportées à aucune plante marine : ce sont des flabellites, des culmites, des phyllites, etc. Ces genres sont mêlés avec des cérites, des ampullaires épaisses et d'autres coquilles marines.

Les assises supérieures ont pour élément principal un calcaire plus ou moins dur (banc de roche des carriers), dont les couches sont souvent séparées par des lits d'argile d'une épaisseur très-variable. De même que dans le système précédent, les bancs calcaires sont quelquefois remplacés par des grès et des silex cornés.

DÉBRIS ORGANIQUES. — Le calcaire supérieur est moins abondant en corps fossiles que les assises moyenne et inférieure. La coquille la plus abondante et la plus caractéristique de ce système est le *cerithium lapidosum*, espèce qui ressemble beaucoup à celles qui vivent de préférence dans les eaux saumâtres; les autres espèces sont :

Miliolites; Cardium lima; Lucina saxorum; Ampullaria spirata; Cerithium tuberculatum; C. mutabile; C. lapidum; C. petricolum, et presque tous les autres, excepté le Cerithium giganteum.

VÉGÉTAUX FOSSILES. NAÏADES : Caulinites pratensis; ÉQUISÉTACÉS : Equisetum brachydon; CONIFÈRES : Pinus Defrancii; PALMIERS : Flabellaria parisiensis; MONOCOTYLEDONES : Culmites nodosus; C. ambiguus. DICOTYLEDONES : Exogenites; Phyllites linearis; P. nerioides, P. mucronata; P. remiformis, P. retusa; P. spathulata; P. lancea.

Le calcaire dur, appelé *banc de roche*, renferme quelquefois, comme à Nanterre et à Passy, des ossements d'anoplotherium, de palæotherium, de lophiodon et de très-beaux poissons fossiles.

GISEMENT. — Les dépôts du calcaire grossier marin occupent un espace bien plus grand aux environs de Paris, et sont partout beaucoup plus variés que celui de la craie. Modifiés par diverses circonstances qui rendent leurs caractères plus ou moins difficiles à reconnaître, ils se présentent sur une grande partie de la surface de l'Europe, tantôt identiques de composition et d'aspect, tantôt seulement analogues par leur position géognostique et par la présence d'une série de genres et d'espèces reconnus et déterminés pour le bassin de Paris.

On trouve le calcaire grossier en suivant à l'ouest le bassin de la Loire aux environs de Tours, où il forme un terrain meuble rempli de coquilles marines et de débris de ces coquilles, terrain depuis longtemps célèbre sous le nom de *faluns de la Touraine*. Si l'on avance dans la même direction, on le rencontre aux environs d'Angers, dans plusieurs endroits des environs de Nantes, dans les lieux nommés le Loroux, les Cléons, le Bas-Bergon, la Freudière, etc.

Au midi de la France, il se montre principalement dans trois localités : à Loignan, près de Bordeaux, aux environs de Dax, près de Peyrehorade, au sud de Perpignan, au pied septentrional de la petite chaîne des Albères, à Banyuls des Aspres (Pyrénées-Orientales), à Nissan entre Narbonne et Béziers, et à Boutonnet, près Montpellier. Il est représenté en Espagne, en Suisse, en Italie, en Belgique, aux environs de Mayence et de Vienne, en Pologne et en Hongrie, aux Antilles, à la Guadeloupe, à la Martinique, à Malte, etc., par un système calcaréo-sableux, moins remarquable par son mode de stratification et l'identité de ses fossiles avec ceux du calcaire grossier, que par l'absence constante, tant à l'intérieur qu'au-dessus de lui, des belemnites, des orthocératites, des ammonites et des baculites, races éteintes sur presque toutes les parties du globe à l'époque où ces terrains se sont déposés. Quant au système qui représente le calcaire grossier marin en Angleterre, il paraît n'être que le prolongement de l'argile plastique dans le bassin de Londres.

MATIÈRES UTILES. — Paris et les villes du nord sont en partie construits en calcaire grossier. Cette formation offre plusieurs espèces de pierres exploitées par l'industrie ou par les arts. Les principales sont : la pierre de *liais*, la *roche*, le *banc franc*, la *lambourde*.

1° La pierre de *liais*, remarquable par la finesse et la contexture homogène de son grain, est propre à la sculpture, et supporte les moulures les plus délicates. La plupart des monuments funéraires des cimetières de Paris en sont construits.

2° La *roche* a un grain tellement dur et serré, qu'on peut l'employer en *délit* ou dans le sens opposé à sa situation dans la carrière. On sculpte avec ses masses des fûts de colonne de 5 à 6 mètres de hauteur, comme on en voit plusieurs au Louvre.

3° Le *banc franc* est dur et d'une certaine finesse de grain ; on l'a fréquemment employé dans les constructions anciennes de Paris.

4° La *lambourde*, à grain grossier, à coquilles brisées, ne s'emploie que dans les fondations de maçonnerie commune.

CHAPITRE XVIII.

DES TERRAINS DE SÉDIMENT SUPÉRIEURS.

SUITE DE LA PÉRIODE ÉOCÈNE.

2e Terrain d'eau douce. — CALCAIRE SILICEUX. — Composition. — Gisement — Débris organiques. — Minéraux et métaux. — Emploi des roches. — GYPSE A OSSEMENTS. — Composition. — Gisement. — Aspect. — Débris organiques. — MARNES VERTES. — Composition. — Débris organiques. — Emploi des roches: Marnes à grandes huîtres. — Marnes à petites huîtres. — Minéraux et métaux. — Situation géographique. — Matières utiles. — Dépôts plutoniques. — Soulèvements du sol. — Liste générale des fossiles de la période éocène.

Sur le calcaire grossier des environs de Paris sont venues se déposer des assises distinctes de calcaire, tantôt tendre et blanc, tantôt gris et compacte, et plus ou moins imprégné de silice. Ce calcaire, que l'on a nommé *siliceux*, quoique dans plusieurs localités il forme des masses considérables dépourvues de silice (environs de Nemours), est fréquemment caverneux. Dans cet état, ses cavités sont souvent remplies de marnes, leurs parois sont tapissées de concrétions siliceuses diversement colorées, et notamment de cristaux de quartz très-courts et de mamelons de calcédoine. Il est intimement lié, vers le haut, au gypse par les marnes argileuses et gypseuses. Il ne paraît pas remplacer entièrement le calcaire grossier; mais quand il se présente en bancs puissants, celui-ci devient très-mince et disparaît presque entièrement.

Le silex qui, quelquefois, devient la partie dominante, y forme des blocs, des rognons et des veines plus ou moins considérables, et dirigés en divers sens. Il passe au silex corné, à la meulière, rarement à la calcédoine.

DÉBRIS ORGANIQUES. — Les coquilles sont extrêmement rares dans ce calcaire; il paraît même qu'on n'en a pas encore trouvé dans sa partie moyenne. Celles que MM. Cuvier et Brongniart ont eu occasion de voir à sa partie supérieure, sont les mêmes que les coquilles du calcaire d'eau douce moyen. Cependant il renferme quelquefois, dans les assises les plus inférieures, des coquilles marines analogues à celles du calcaire grossier, mêlées avec des coquilles d'eau douce. Les mollusques que l'on rencontre dans le calcaire non imprégné de silice et dans les marnes qui l'accompagnent, sont principalement la *limnœa longiscata* (fig. 66), le *planorbis rotundatus* (fig. 67), la *paludina elongata*, le *cyclostoma munia*, le *bulimus atomus*, le *bulimus pusillus*.

En rapportant à ce terrain, comme cela a paru convenable à MM. Brongniart et Cuvier, le calcaire compacte, jaunâtre, à cassure vive et nette, que les ouvriers appellent *clicart*, on doit comprendre dans l'énumération des mollusques qu'il renferme, les coquilles turbinées ayant un grand nombre de tours de spires et qui semblent être ou des *potamides* ou des *cerithium lapidum*.

Parmi les mammifères on trouve des ossements de *palœotherium minus*, de *lophiodon*, de *dichobune;* les végétaux n'y ont laissé d'autres traces que quelques graines de *chara medicaginula*.

MINÉRAUX ET MÉTAUX. — Les substances minérales de ce terrain consistent dans une grande variété de quartz (quartz hyalin, calcédoine, onyx, opale résinite). Les couches marneuses des environs de Nemours, de Coulommiers, de Moret, de Paris, etc., fournissent de la magnésite feuilletée.

EMPLOI DES ROCHES. — Le calcaire siliceux fournit une excellente chaux; on l'emploie comme pierre à bâtir, et pour le pavage des rues. Les silex de cette formation sont recherchés pour la fabrication des meules à moudre le blé.

DU GYPSE ET DES MARNES D'EAU DOUCE.

Le système gypseux repose ou sur le calcaire grossier marin, ou sur le calcaire siliceux; il est composé de couches alternantes, de gypse et de marnes argileuse et calcaire. Ce terrain, qui s'étend au nord de Paris et de l'est à l'ouest, de la Ferté-sous-Jouarre à Mantes, présente la plus grande constance dans la succession de ses couches et dans leur ordre de superposition, et peut être considéré comme un des exemples les plus remarquables de ce que l'on doit entendre par formation.

Il présente dans un espace de 80 à 100 kilomètres cinquante monticules environ que leur aspect particulier fait reconnaître de loin; constamment placées sur le calcaire, ces buttes forment comme de secondes collines ellipsoïdes, isolées, allongées dans le sens même de leur direction, comme si leurs flancs eussent été dénudés par des courants d'une extrême violence.

Les dépôts de gypse et de marne laissent voir plusieurs masses ou assises fort distinctes. L'assise inférieure est composée de couches alternantes, peu épaisses, de gypse souvent mêlé avec de gros cristaux jaunâtres de sélénite lenticulaire et de marnes calcaires solides, blanches, argileuses, très-feuilletées, contenant du silex ménilite.

Au point de contact de cette masse avec le sable marin coquillier, on trouve des coquilles marines, mais lorsqu'elle repose immédiatement sur la marne blanche qui, en certains endroits, recouvre le sol marin, ce sont des coquilles d'eau douce que contiennent ses parties les plus inférieures.

Au-dessus de la première assise il s'en présente une autre qui contient plus de gypse et moins de marne; on y trouve quelques poissons fossiles, de la strontiane sulfatée, mais point de coquilles; ces deux couches ont chacune environ 10 mètres d'épaisseur. Sur cette seconde assise gypseuse repose une troisième, d'une puissance moyenne de 40 mètres; elle est formée d'un gypse granulaire saccharoïde, presque sans mélange. Cette assise est divisée en prismes verticaux à plusieurs pans, qui lui donnent quelque ressemblance avec les masses basaltiques columnaires; on nomme ces bancs intermédiaires les *hauts piliers*. Les plus superficiels sont appelés *chiens;* ils sont peu puissants, et alternent avec des marnes, dont les couches, ordinairement au nombre de cinq, se continuent à de grandes distances. C'est dans cette première masse que l'on découvre chaque jour des squelettes et des ossements épars d'une multitude d'animaux vertébrés, inconnus, dont la détermination a tant exercé le génie observateur et la sagacité de l'illustre Cuvier.

MARNES VERTES. — A la partie supérieure de ces couches de gypse, sont placés des bancs de marne tantôt calcaire, tantôt argileuse, dont l'ensemble est souvent désigné sous le nom de *marnes vertes*.

Le premier ou l'inférieur est composé d'une marne blanche, friable, très-chargée de calcaire, dans laquelle on a rencontré à diverses reprises des troncs silicifiés d'arbres monocotylédons, et des coquilles d'eau douce qui diffèrent à peine des espèces qui vivent dans nos mares. Au-dessus de cette marne se voient encore des bancs très-nombreux et très-puissants de marnes argileuses et calcaires, mais qui, ne contenant point de fossile, ne se rapportent à aucune formation déterminée.

Le second banc ou banc supérieur est formé par un lit de marne jaunâtre, feuilletée, qui renferme, vers sa partie inférieure, des débris de poissons et un grand nombre de coquilles couchées et serrées les unes contre les autres; on les a appelées *cytherea convexa* et *cytherea plana;* elles sont souvent accompagnées de *spirorbes* et d'une coquille que l'on a assimilée au *cerithium plicatum*. Ce lit, quoique très-mince, occupe un espace de quatre à cinq myriamètres de long sur deux de large. Il est très-remarquable en ce sens qu'il sert de limite à la formation d'eau douce, et qu'il indique le commencement d'une formation marine nouvelle.

Selon M. Deshayes, ces marnes sont plutôt de formation littorale avec mélange de coquilles d'eau douce et d'eau de mer; il est même tenté de les considérer comme étant complétement d'eau douce. Ainsi les prétendues cythérées appartiendraient au genre *glauconomia* de M. Gray, dont les espèces vivent dans les rivières de l'Inde; les spirorbes seraient de très-petits planorbes, et les cérithes seraient des potamides. Une explication de cette nature, donnée par un malacologiste aussi distingué que M. Deshayes, doit être prise en grande considération.

Aux marnes précédentes succèdent des marnes d'un vert jaunâtre, qui, par l'épaisseur de leurs bancs, leur couleur et leur continuité, se font reconnaître de loin. Elles ne renferment point de corps organisés fossiles; on y trouve seulement des rognons verdâtres, calcaires, de forme irrégulière, mais géodique, dont les fissures à l'intérieur sont tapissées de cristaux de carbonate de chaux; et de la strontiane sulfatée.

Ces marnes sont employées quelquefois à la fabrication des tuiles, des briques et de la faïence grossière.

Les couches de marnes qui s'élèvent au-dessus de celles-ci sont peu épaisses et ne paraissent pas non plus contenir de fossiles. On ne rencontre de débris organiques que lorsqu'en s'élevant on arrive à une couche de marne argileuse jaune, qui paraît comme pétrie de coquillages marins appartenant aux genres cérites, trochus, mactres, venus, cardium, etc.

Les dernières couches, c'est-à-dire celles qui se trouvent immédiatement au-dessous des grès et sables marins supérieurs, renferment deux bancs d'huîtres assez distincts qui paraissent avoir vécu sur place, car elles sont collées les unes aux autres comme dans la mer, et la plupart sont entières. Le plus inférieur de ces bancs est composé d'huîtres très-épaisses; assez souvent leur diamètre dépasse dix centimètres. Celles qui viennent ensuite sont séparées des précédentes par une couche de marne blanchâtre plus ou moins épaisse; elles sont brunes et beaucoup plus petites; les bancs qu'elles forment ont une puissance remarquable. MM. Cuvier et Brongniart ne les ont pas vus manquer deux fois dans les nombreuses collines de gypse qu'ils ont examinées.

DÉBRIS ORGANIQUES. — Telles sont les couches qui composent généralement la formation gypseuse, et pour la description desquelles les travaux des deux célèbres géologues que nous venons de citer, nous ont été d'un grand secours. Il ne nous reste plus maintenant pour compléter leur histoire que de présenter le tableau des nombreux fossiles qui appartiennent au gypse et à la formation marine qui le surmonte : c'est ce que nous allons faire le plus succinctement possible :

FORMATION D'EAU DOUCE. — GYPSE. — *Mammifères :* Palœotherium crassum; P. medium; P. magnum (fig. 70 et 71); P. latum, P. curtum; P. minus; P. minimum, etc.; Anaplotherium commune (fig. 68 et 69); A. secundarium; A. gracile; A. leporinum; A. murinum, etc.; Xiphodon gracile; Dichobunus leporinus; D. murinus; D. obliquus; Chæroptamus parisiensis; Canis parisiensis, une espèce de *genette*, une espèce de *coati;* Didelphis parisiensis, une espèce de *sciurus,* deux espèces de *loirs.* OISEAUX : trois à quatre espèces. REPTILES : deux espèces de trionix, une espèce d'*emyde,* un crocodile, etc. POISSONS : *Perca minuta*; Cyprinus squamosus, C. minutus; Pœcilia Lametherii; Anormurus macro lepidotus; Amia ignota. MOLLUSQUES : *Cyclostoma mumia.*

MARNES BLANCHES SUPÉRIEURES. — MAMMIFÈRES : Palœotherium aurelianense; Lophiodon major; L. minor; L. pygmœus, des débris de poissons. MOLLUSQUES : Lymnea longiscata (caractéristiques) (fig. 66); L. elongata; L. acuminata; L. strigosa; L. pyramidalis; L. ovum; Planorbis lens; Cyclostoma mumia; Bulimus atomus; B. pusillus; Paludina pusilla.

VÉGÉTAUX : Palmiers ou autres endogénites.

FORMATION MARINE.— MARNES JAUNES FEUILLETÉES. On ne trouve que les moules intérieurs et extérieurs des coquilles qui appartiennent à cette formation et sur la détermination desquelles les géologues ne sont pas d'accord. Cythærea convexa? Spirorbes? Cerithium plicatum? Cythærea plana? os de poissons.

MARNES VERTES : Point de fossiles.

MARNES JAUNES mêlées de marnes feuilletées brunes. Les coquilles de cette assise sont écrasées et difficiles à reconnaître. Ce sont : Ampullaria patula? Natica patula; Cerithium plicatum; C. cinetum; Cythærea elegans; C. semisulcata; Cardium obliquum; Nucula margaritacea.

POISSONS : Aiguillons et palais de raie.

Marnes calcaires à grandes huîtres : Ostrea hippopus; O. pseudochama; O. longirostris; O. canalis.

Marnes calcaires à petites huîtres : Ostrea cochlearia; O. cyathula; O. spatulata; O. linguatula; Balanus.

Crustacés : Pattes de crabes.

minéraux et métaux. — Outre les substances minérales dont nous avons signalé la présence dans la formation gypseuse, ce groupe contient encore de petites masses concrétionnées de soufre, de l'albatriste, du quartz hyalin, du manganèse en petite quantité, et du fer hydraté.

Quant aux formes du sol, nous les avons indiquées au commencement de ce chapitre.

La formation gypseuse se retrouve sur différents points de la surface de l'Europe. En France, elle existe aux environs du Puy en Velai, et d'Aix en Provence. En Angleterre, elle occupe la moitié septentrionale de l'île de Wight. L'Allemagne, l'Asie et l'Amérique septentrionale offrent aussi des formations analogues.

matières utiles. — Le gypse grossier ou pierre à plâtre des environs de Paris, est une matière extrêmement précieuse par la propriété qu'elle possède de passer rapidement à l'état solide, lorsque, après avoir été calcinée et réduite en poudre, on lui rend par le *gâchage* l'eau qu'elle avait perdue. C'est à cette pierre que Paris doit en grande partie son extension; on l'exporte en France et à l'étranger pour la construction des lambris et des plafonds qui n'ont aucune solidité avec toute autre variété. Il sert aussi à gâcher les murs; certaines variétés cristallines se prêtent parfaitement à la moulure, et les modeleurs de Paris apportent dans cet emploi beaucoup d'adresse et d'habileté. Le stuc est un composé dont le plâtre fait la base. On délaie celui-ci dans une solution de colle de Flandre, et on en forme des tables ou des colonnes que l'on colore avec des oxydes métalliques. Enfin on emploie le gypse, soit cru, soit cuit, comme amendement pour les prairies artificielles, et cet usage a singulièrement contribué à la prospérité agricole de nombreuses contrées.

Les marnes marines sont, dans quelques localités (Montmartre, Argenteuil, Montmorency, etc., etc.), si calcaires et si compactes, qu'on a essayé de les utiliser comme pierre lithographique. Elles sont assez fréquemment employées pour la fabrication des tuiles, des briques et de la poterie.

Certaines marnes, de la formation d'eau douce, contiennent des proportions de chaux telles, que le cultivateur retire de leur emploi le plus grand avantage dans l'amendement des terres argileuses.

Le bois silicifié de palmier avait autrefois une assez grande valeur, lorsqu'il était poli et mis en bijoux;

L'albâtre gypseux est encore assez recherché;

Les artificiers ont recours à la strontiane pour colorer leurs flammes en pourpre ou en vert;

La magnésite sert à fabriquer les pipes dites d'écume de mer.

La marne argileuse compacte, gris-marbrée, que l'on désigne sous le nom de *pierre à détacher,* jouissant de la propriété d'absorber les matières grasses, est employée journellement par les chapeliers, les dégraisseurs, et par les foulonniers pour la préparation des draps.

Le soufre sert à un grand nombre d'usages, particulièrement à la fabrication de la poudre à canon et à la préparation de l'acide sulfurique, opérations qui en consomment des quantités prodigieuses. Il sert encore à la confection des allumettes, au blanchiment des tissus, et à d'autres usages domestiques. Tout le monde sait qu'il est employé en médecine sous différentes formes, et qu'il rend à cet art des services constants.

DÉPOTS PLUTONIQUES. — On rencontre dans plusieurs contrées de l'Allemagne des exemples de superposition de basaltes aux terrains de la formation *éocène*.

SOULÈVEMENTS DU SOL. — Un examen attentif de la nature et des dispositions géométriques des terrains supercrétacés de la France, a conduit M. Elie de Beaumont à reconnaître qu'il s'est effectué, entre la période éocène et la période miocène, un soulèvement dont la direction est du nord au sud. Cette même direction se retrouvant dans le groupe des îles de Corse et de Sardaigne, dont les côtes présentent des dépôts tertiaires récents en couches horizontales, ce savant géologue lui a donné le nom de système des îles de Corse et de Sardaigne. Au nombre de ces accidents dirigés du nord au sud, se trouvent les chaînes qui bordent les hautes vallées de la Loire et de l'Allier, dans le sens desquelles se sont alignées plus tard, près de Clermont, les masses volcaniques des monts Domes; c'est dans les larges sillons qui séparent ces chaînes, que se sont déposés les terrains d'eau douce de la limagne d'Auvergne et de la haute vallée de la Loire.

DÉBRIS ORGANIQUES DE LA PÉRIODE ÉOCÈNE. — Si l'on jette un coup d'œil général sur l'ensemble des corps organisés qui ont laissé leurs dépouilles dans les nombreuses couches de la formation *éocène*, on voit que celles-ci recèlent près de cinquante espèces éteintes de mammifères, dont la plus grande partie se rapporte à l'ordre des pachydermes ou animaux à peau épaisse, et aux genres éteints des palœotherium, des anoplotherium, etc.

Dix espèces d'oiseaux fournissent sept genres, lesquels représentent quatre des six grands ordres qui divisent la classe actuelle des oiseaux, savoir : des rapaces, des gallinacés, des échassiers et des palmipèdes. On trouve aussi des œufs d'oiseaux. J'en possède un fort beau groupe que j'ai découvert, en 1827, dans le calcaire lacustre du Vernet, près Vichy; chaque œuf est du diamètre d'un œuf de poule.

Les poissons les plus remarquables sont : une épée de mer (*tetrapterus priscus*), de deux mètres et demi de long; une scie de mer (*pristis bisulcatus*), de trois mètres de long. L'argile de Londres, dont l'île de Sheppey est formée, contient plus de cinquante autres espèces de poissons (*agassiz*).

Diverses espèces de nautiles, de mitra et de voluta, une grande *cypræa*, une très-grande *rostellaria*, ainsi que des coquilles des genres *terebellum*, *cancellaria*, *crassatella*, des lymnées, des planorbes, des hélices, des paludines, des mélanopsides, des néritines, des cyrènes.

Quant aux espèces éteintes appartenant encore à des genres existants, elles ont été déterminées ainsi :

CARNASSIERS : Chauve-souris. CHIENS : Loup, de grande taille, différent de toutes les espèces actuelles; renard, coati, une grande espèce. Ce genre est maintenant propre aux régions chaudes de l'Amérique; raton, de l'Amérique du nord; genette, s'étend maintenant depuis l'Europe méridionale jusqu'au cap de Bonne-Espérance.

MARSUPIAUX : Opossum (didelphis, Linn.)), petite espèce, ayant des rapports avec l'opossum des deux Amériques.

RONGEURS : Marmottes (myoxus, Gmel.), deux petites espèces; écureuil (ciurus); rat, lagomys, voisin des lièvres (Sibérie).

OISEAUX : Neuf ou dix espèces que l'on peut rapporter à quatre des six grands ordres qui divisent la classe actuelle des oiseaux.

RAPACES : Buzard, hibou, échassiers.

GALLINACÉS : Cailles. ÉCHASSIERS : Bécasse, alouette de mer (tringa), courlis.

PALMIPÈDES : Pélican.
REPTILES : Tortues d'eau douce, trionyx, émyde, crocodiles.
POISSONS : Plusieurs espèces appartenant à des genres éteints.
ANNÉLIDES : deux espèces.

Les végétaux, en général peu abondants et difficiles à déterminer, se rattachent aux genres phyllites, exogénites, endogénites, culmites, flabellites; on trouve des semences fossiles de chara, des carpolithes; la plupart des plantes découvertes jusqu'à ce jour sont analogues à celles qui vivent sur le bord des lacs et des étangs.

CHAPITRE XIX.

DES TERRAINS DE SÉDIMENT SUPÉRIEURS.

PÉRIODE MIOCÈNE.

Caractères distinctifs. — GRÈS ET SABLES DE FONTAINEBLEAU. — Roches de la série. — Dépôts parallèles représentant cet étage sur plusieurs points de l'Europe. — Sa distribution dans le bassin de Paris. — Différences de composition. — Caractères particuliers. — Minéraux et métaux. — Débris organiques. — Troisième et dernier terrain d'eau douce. — Caractères très-variables. — *Meulières* sans coquilles. — *Meulières* avec coquilles. — Débris organiques. — CALCAIRE D'EAU DOUCE ou travertin supérieur. — Liste générale des débris organiques de la période *Miocène*. — Matières utiles. — Aspect du sol. — Agriculture.

On a dû voir par ce qui précède que les couches du terrain supercrétacé sont loin de former un tout continu. Ainsi, après les dépôts de l'argile plastique, du calcaire grossier, du gypse et des marnes de la période *éocène*, une interruption, caractérisée par un soulèvement du sol, établit une ligne de démarcation entre la première et la seconde époque tertiaire, distinctes d'ailleurs par les débris organiques qu'elles renferment.

GRÈS ET SABLES DE FONTAINEBLEAU. — Le grès de Fontainebleau, superposé aux marnes de la formation gypseuse, constitue la première assise de ce second étage des terrains supercrétacés que Lyell a désigné sous le nom de formation MIOCÈNE (du grec *meion*, moins, *kainos*, récent). Les autres roches de cette série sont : le calcaire dit *de la Beauce*, l'argile à meulières, le calcaire à *hélix* du bassin de Paris. Cet étage est représenté sur plusieurs points de l'Europe par différents dépôts à lignites et par des dépôts marins et d'eau douce. Ainsi la marne sableuse grisâtre de l'île de Wight, en Angleterre, les lignites du midi de la France (Saint-Chinian, Hérault), les grès à lignites de la Gallicie, l'argile à lignites des bords de la Baltique, sont considérés comme des dépôts qui paraissent être parallèles aux sables et aux grès de Fontainebleau.

Le terrain d'origine marine, que l'on a l'habitude de désigner sous le nom de *grès de Fontainebleau*, a été ainsi appelé parce qu'il est très-développé aux environs de cette ville. Placé entre deux formations d'eau douce, il constitue la plupart des sommets de presque tous les plateaux, buttes et collines du bassin de Paris (Épernon, Montmartre, Belleville, Sannois, Grisy, Cormeilles, Neuville, Sérans, etc., etc.), mais il n'est pas toujours accompagné des coquilles qui nous indiquent qu'il a été déposé sous des eaux marines. Les forêts de Villers-Cotterets, de Hallate, de Fontainebleau, de Marly, de Clamart, de Verrières, de Meudon, de Villiers-Adam, de Chantilly et de Montmorency recouvrent une grande partie de son sol.

Des deux assises dont se compose ce terrain, l'une, l'inférieure, ne montre aucunes coquilles en place; l'autre, la supérieure, contient des coquilles marines hors de place, et passe quelquefois à un calcaire arénacé (Romainville, Montmartre).

CARACTÈRES PARTICULIERS. — Les grès de ce groupe ont

une texture très-variée : tantôt ils sont faciles à désagréger, à réduire en une poussière sableuse, tantôt leur solidité est telle qu'on en fait d'excellents pavés ; les rognons et les blocs qu'ils constituent affectent parfois les formes les plus bizarres. Nous avons vu, en 1825, un de ces blocs exposé à Paris, qui représentait assez bien une tête et un poitrail de cheval ; un autre bloc trouvé à Moret, au lieu dit le Long-Rocher (Seine-et-Marne), offrait grossièrement la forme d'un homme couché et armé d'un casque. Enfin, un antiquaire de notre connaissance, trompé par les dessins bizarres qui surchargeaient le sommet d'un de ces blocs, a publié en 1842, sur cette malencontreuse pierre, un travail dans lequel il a épuisé toute son érudition à démontrer que ce bloc provenait d'un temple druidique, et que les reliefs qu'il présentait étaient sans nul doute des signes hiéroglyphiques exprimant ou des idées religieuses, ou des principes de science, ou des méthodes d'observation.

MINÉRAUX ET MÉTAUX. — On rencontre dans l'assise inférieure beaucoup de paillettes de mica, des rognons et même des lits épais de minerai de fer, disposés en couches horizontales d'une épaisseur de deux décimètres environ, un peu de gypse, beaucoup de marnes argileuses et des infiltrations de chaux carbonatée (forêt de Fontainebleau).

Les grès et sables marins supérieurs renferment peu de substances minérales. Cependant l'oxyde de fer, l'oxyde de manganèse y sont assez répandus ; ils contiennent quelquefois de l'oxyde de cobalt, des traces d'arsenic et de cuivre, des cristaux composés de grès calcarifères (chaux carbonatée, quartzifère d'Hauy).

DÉBRIS ORGANIQUES. — Les débris organiques que l'on

rencontre dans les couches inférieures sont en très-petit nombre ; leur mauvais état de conservation, leurs nombreuses brisures ne permettent pas de supposer que ces mollusques, dont nous donnons la liste, aient vécu dans l'endroit où ils sont ensevelis.

Oliva mitreola; Fusus longævus; Cerithium cristatum; C. lamellosum; C. mutabile; Solarium; Melania constellata; Pectunculus pulvinatus; Crassatella compressa; Donax retusa; Cytherea nitidula; C. Levigata; C. elegans; Corbuta rugosa; Ostrea flabellula.

On trouve mêlées à ces coquilles et dans les cavités de la plupart d'entre elles, des millions de petits corps organisés, probablement de la famille des céphalopodes, et que Lamark a nommés des *discorbites*.

VÉGÉTAUX : Quelques traces de plantes monocotylédones.

Au-dessus des sables et grès marins de Fontainebleau repose le troisième et dernier terrain d'eau douce, difficile à reconnaître lorsqu'il se présente isolément, mais distinct du second terrain d'eau douce en ce qu'il est séparé de lui par une formation marine. Les caractères minéralogiques de ce dépôt sont très-variables ; souvent il est composé de marnes blanches, friables et calcaires (plaine de Trappes), employées avec avantage à l'amendement des terres ; d'autres fois ce sont des silex cornés translucides, blonds, gris, bruns (environs d'Epernon) ; des silex jaspoïdes, opaques, blancs, rosâtres (Triel, Montreuil) ; des silex meulières poreux ou compactes, tantôt dépourvus de coquilles, tantôt comme pétris de lymnées, de planorbes, de potamides, d'hélices, de gyrogonites (graines de chara) et de bois silicifié.

MEULIÈRES. — On distingue les meulières en meulières poreuses ou sans coquilles, et en meulières compactes ou à coquilles.

La meulière poreuse ou sans coquilles est la roche dominante de ce groupe. Elle forme des dépôts plus puissants que ceux de la meulière à coquilles ; on la trouve dans beaucoup d'endroits du bassin de Paris, immédiatement supérieurs aux grès et sables marins (grande route de Chartres, village de Pontchartrain, etc.), formant des masses assez continues et assez solides pour être exploitées comme pierres de construction, ou comme meules à moudre. (Meudon ; Montmorency, Sannois, la Ferté-sous-Jouarre, les Alluets, les Molières, Houlbec, près de Pacy-sur-Eure ; Cinq-Mars-la-Pile ; Indre-et-Loire ; etc.)

Elle est ordinairement disposée en amas, en blocs ou en fragments anguleux, tantôt dessus, tantôt dessous et tantôt au milieu de sables argilo-ferrugineux, ou de marnes argileuses verdâtres, rougeâtres ou même blanches. Cette roche est un silex criblé d'une multitude de cavités irrégulières, dont l'intérieur est garni de filets siliceux et tapissé d'un enduit d'ocre rouge. Ces cavités, qui communiquent rarement entre elles, sont quelquefois remplies de marne argileuse ou de sable argileux ; parfois aussi elles contiennent une poussière blanche qui n'est que de la silice pure ou presque à l'état de pureté. La plupart des meulières du bassin de Paris ont une teinte jaunâtre, rosâtre ou rougeâtre, passant au bleuâtre. Les plus rares et les plus estimées sont blanches avec une nuance bleuâtre.

La meulière compacte ou à coquilles forme des dépôts superficiels peu puissants. Sa couleur ordinaire est un blanc jaunâtre ou sale, quelquefois un beau blanc mat. Cette roche offre assez souvent de petites cavités remplies d'oxyde de manganèse ou de fer et de petits cristaux de quartz.

DÉBRIS ORGANIQUES. — Un caractère géologique constant de la meulière poreuse ou sans coquilles, de celle propre à donner des pierres à meules, est l'absence de tout corps organisé animal ou végétal, marin ou d'eau douce. On n'y remarque ni infiltration siliceuse, à la manière des calcédoines, ni cristallisation de quartz. Au contraire, la meulière compacte renferme de nombreux débris organiques. Les principales coquilles sont :

Le Potamides Lamarkii ; le Planorbis cornu; l'Helix Lemani, la Limnea ventricosa, et la Limnea cornea ; les végétaux y sont nombreux et souvent très-bien conservés ; en outre des troncs d'arbres silicifiés, on trouve le Chara medicaginula ; le Chara elicteres, ou plutôt les graines de ces végétaux ; plusieurs autres graines comprises sous le nom générique de Carpolithes, dont une, le Carpolithes ovulum, est la graine du Nymphæa arethusæ, qui a laissé dans ces meulières de très-grosses tiges mêlées avec des Exogénites, des Lycopodites, des Poacites, etc.

TRAVERTIN SUPÉRIEUR. — Aux meulières succède, dans l'ordre de superposition, un calcaire d'eau douce ou travertin supérieur.

Celui des environs de Paris est blanc ou d'un gris jaunâtre ; il est tantôt tendre, friable comme de la marne et de la craie, tantôt compacte, solide, à grain fin et à cassure conchoïde ; quoique dans ce dernier cas il soit assez dur, il se brise facilement, éclate à la manière du silex, en sorte qu'il ne peut pas se laisser tailler. A une plus grande distance, on le rencontre à l'état compacte, gris-brun, et susceptible d'être taillé et d'acquérir un beau poli (marbre de Château-Landon). Il est presque toujours sillonné dans son intérieur par de petites cavités cylindriques, à peu près parallèles quoique sinueuses, qui traversent les couches perpendiculairement aux joints de stratification, comme si, pendant qu'il était encore à l'état pâteux, des bulles de gaz s'étaient fait jour à travers, en s'élevant de son fond vers sa surface.

La puissance de ce calcaire est de 3 à 15 mètres.

MINÉRAUX ET MÉTAUX. — Il renferme souvent des silex en rognons, quelquefois en petits bancs minces, de deux à trois décimètres d'épaisseur. Ces composés siliceux appartiennent ordinairement à la variété cornée, passant à la meulière, au jaspe, au résinite et au pyromaque.

EMPLOI DES ROCHES. — La propriété qu'a cette roche, quelque dure qu'elle soit à sa sortie de la carrière, de se décomposer à l'air, fait qu'on l'emploie comme marne d'amendement dans plusieurs localités du bassin de Paris et dans toute la Beauce. Elle fournit aussi de bonne chaux; lorsqu'elle est dure, cohérente, siliceuse, on en fait d'excellentes pierres de taille, et quelquefois de bons pavés.

Le terrain d'eau douce postérieur à la formation du calcaire grossier, est non-seulement répandu aux environs de Paris, mais on le trouve encore dans d'autres parties de la France et de l'Europe, avec des caractères constamment les mêmes. Ainsi, en allant généralement de l'ouest à l'est, et du nord au sud, on a reconnu sa présence en Espagne (de Burgos à Palencia, environs de Frejenal, etc., etc.); en France, à Bernos (Landes); environs de Castres (Tarn); bords de l'Étang de Sigean (Aude); environs de Montpellier et de Lodève (Hérault); vallée du Gardon, environs de Sommières, colline de Montredon (Gard); environs de Mende (Lozère); Aix, vallée du Rhône (Bouches-du-Rhône); vallée de la Sorgue (Vaucluse); environs de Crest (Drôme); environs de Lyon (Rhône); environs de Lauzerte (Lot-et-Garonne); Puy-en-Velai, mont Coirons (Haute-Loire); très-étendu et très-puissant d'Aurillac à Clermont (Cantal et Puy-de-Dôme); environs de Roanne

(Loire); très-étendu aux environs de Gannat, de Vichy et Cusset (Allier); très-remarquable dans la vallée de la Loire, de Nevers à Orléans où il regagne la Beauce; route de Bourges à St-Amand (Cher); bords du Cher; plateaux entre l'Indre et la Creuse; environs de Bonpart et de Pouzanges (Vendée); rives de la Loire (Indre-et-Loire); environs de Blois (Loir-et-Cher); environs du Mans (Sarthe); tout le Gâtinais; au Bastberg, à la hauteur d'Haguenau (Bas-Rhin); île de Wight (Angleterre); environs de Neuchâtel (Suisse); à Œninghen, rive droite du Rhin, près de Stein; au Petit-Salève, près de Châtillon, chaîne du Jura; environs d'Ulm, Schœnbrunn (Allemagne); plusieurs localités en Hongrie; montagnes de Tivoli, environs de Rome, de Selle, de Colle, de Pomarance, etc., etc. (Italie).

CALCAIRE A HÉLIX. — M. Constant-Prévost a signalé en 1837, aux buttes de Fromont, de Rumont et de Brumeilles, près de Malesherbes (Loiret), un calcaire à *hélix* qu'il place au-dessus des argiles à meulières et du travertin supérieur; cette dernière assise de calcaire lacustre ou de travertin serait caractérisée par la présence d'un grand nombre d'hélix (hélix Lemani, Moroguesi et Tristani) et recouvrirait les plateaux de craie qui s'étendent sur les rives de la Loire, entre Sancerre et Saumur.

Parmi les nombreux terrains d'eau douce que nous avons vus être postérieurs au calcaire grossier, nous citerons, comme étant ceux qui se rapportent d'une manière spéciale au travertin supérieur des environs de Paris, les terrains suivants : le calcaire lacustre supérieur de l'île de Wight, en Angleterre; le calcaire d'eau douce du midi de la France (Agen, Albi, Castres, etc.);

la mollasse d'eau douce des environs d'Aiguillon (Lot-et-Garonne); les marnes et gypses de Narbonne; la mollasse et le nagelflue de la Suisse; la mollasse et le poudingue de la Morée en Grèce.

DÉBRIS ORGANIQUES. — Les fossiles les plus communs du travestin supérieur sont :

MOLLUSQUES TESTACÉS : Cyclostoma elegans antiquum; Potamides Lamarkii; Planorbis rotundatus; P. cornu; P. prevostinus; Lymnea cornea; L. fabulum; L. ventricosa; L. inflata; Bulimus pygmeus; B. terebra; Pupa Defrancii; Helix Lemani; H. desmarestina.

VÉGÉTAUX : Genres indéterminés; Exogenites ligneux et herbacés; Culmites anomalus; Lycopodites squamatus; Poacites; Carpolithes; C. thalictroïdes parisiensis; C. thalictroïdes Websteri; C. ovulum; Chara medicaginula; Ch. helicteres; Nymphæa arethusæ (rhizoma).

Quelque abondantes que soient les coquilles de ce terrain, elles se rapportent toutes, comme dans nos marais actuels, à un petit nombre de genres et d'espèces.

Le système miocène contient à la fois des genres éteints de mammifères de la période précédente, et les formes génériques les plus anciennes qui se soient perpétuées jusqu'à nous. Ainsi des restes de *palæotherium*, *d'anthracoterium* et de *lophiodon*, genres qui prédominent dans la première série des dépôts tertiaires, se trouvent mêlés dans les faluns de la Touraine à des ossements de tapirs, de mastodontes, de rhinocéros, d'hippopotames et de cheval. Ces os sont brisés et roulés, quelquefois couverts de flustres, et doivent avoir appartenu à des cadavres qui ont été entraînés dans l'embouchure d'un fleuve ou même dans la mer (*Ann. des sc. nat.*,, février 1828). Des faits analogues ont été observés par Murchison à Georgensgemund en Bavière, en 1834. Le professeur Kaup a découvert en 1832, dans les environs de Darmstadt, les restes des animaux suivants qu'il rapporte aux sables de la période miocène.

Dinotherium (fig. 72, 73), 2 espèces; Tapir, 2; Chalicotherium, 2; Rhinocéros, 2; Thetracaulodou, 1; Hippotherium, 1; Sus, 3; Felis, 4; Machaïrodus, 1; Gulo, 1; Agnotherium, 1.

C'est aussi dans une des couches de cette formation que l'on a trouvé :

1° Une portion de mâchoire supérieure de grande guenon au pied de l'Himalaya;

2° Une mâchoire presque complète de singe du genre gibbon (1836, département du Gers) et plusieurs autres débris fossiles de deux espèces de singes inconnus (Brésil, 1836). On est généralement porté à croire que le plus grand nombre de ces animaux habitaient le bord des lacs ou quelques contrées marécageuses.

Les grès de Fontainebleau sont exploités pour le pavage de Paris et des villes environnantes; les meulières servent aux constructions et fournissent des meules d'une assez bonne qualité. Les faluns de la Touraine, de la Gironde, certaines marnes, sont très-recherchés pour l'amendement des terres.

Les formes du sol sont arrondies, rarement anguleuses ; les collines sont peu élevées et se terminent par des plateaux d'une certaine étendue. Les vallées ont peu de profondeur et s'ouvrent dans de larges plaines.

AGRICULTURE. — La végétation est en général vigoureuse sur la plupart des terrains qui font partie de la formation miocène ; cette fertilité est due à ce que les marnes et les grès qu'elle renferme jouissent de la propriété de retenir l'humidité.

CHAPITRE XX.

DES TERRAINS DE SÉDIMENT SUPÉRIEURS.

PÉRIODE PLIOCÈNE ANCIENNE (LYELL.)

Deux groupes. — Dépôts marins. — Dépôts terrestres. — GROUPE MARIN. — Sa composition. — Marnes subapennines de l'Italie. — Dépôt subapennin de la Morée. — Marne subatlantique. — Grès et calcaire de la Galicie. — Calcaire d'Odessa et des steppes de la Crimée. — GROUPE NYMPHÉEN ou d'eau douce. — Difficulté de ne pas le confondre avec le nouveau *pliocène*. — Galets et lignites de la Bresse. — De l'Auvergne. — Grès à hélices d'Aix. — Galets et sables du val d'Arno supérieur. — Dépôt lacustre de Norfolk. — DÉPÔTS PLUTONIQUES. — Soulèvement du sol. — État du globe à l'époque où se formèrent les terrains de sédiment supérieurs.

L'étage supérieur du terrain supercrétacé (terrain quaternaire de plusieurs géologues) se compose de dépôts marins et de dépôts terrestres, que nous diviserons en deux groupes.

GROUPE MARIN OU TRITONIEN. — Les couches du dépôt marin sont composées de marnes, de calcaires et de grès; situées à de grandes distances les unes des autres, elles sont néanmoins considérées comme de formation contemporaine.

Les marnes subapennines de l'Italie appartiennent à cet étage. Elles occupent tout l'espace compris entre

Asti en Piémont et Monteleone en Calabre (distance, 90 myriamètres). Ses assises inférieures sont formées en général par des marnes calcaires de diverses couleurs et d'une dureté variable.

Les assises supérieures présentent des amas plus ou moins considérables de cailloux roulés, et des couches de sable argileux, rougeâtre ou jaunâtre. Elles contiennent des ossements de grands mammifères, des débris d'éléphants, de rhinocéros, de mastodontes, de cerfs, de bœufs, etc.

Le *dépôt subapennin de la Morée* qui constitue les isthmes de Mégare et de Corinthe; le *crag de l'Angleterre* caractérisé par une série de couches minces de sable quartzeux et de coquilles pulvérisées, de couleur ocreuse ou d'un rouge ferrugineux très-foncé (comté de Suffolk), et dans lequel on trouve plus de quatre cents espèces de testacés et une innombrable quantité de coraux; la *marne subatlantique* ou *terrain tertiaire subatlantique*, dont M. Rozet a signalé le gisement aux environs d'Alger et d'Oran; les *grés* et les *calcaires de la Galicie* auxquels se rapportent, selon certains géologues, les célèbres mines de sel gemme de Wicliczka dont nous avons parlé plus haut; le *calcaire d'Odessa et des steppes de la Krimée* appartiennent au groupe des dépôts marins de la période pliocène ancienne.

GROUPE NYMPHÉEN. — Le groupe nymphéen ou d'eau douce, qu'il est très-difficile de ne pas confondre avec le terrain clysmien ou nouveau pliocène, consiste dans des dépôts dont nous ne ferons que donner une indication rapide.

Les *galets* et *lignites de la Bresse* sont formés de conglomérats de cailloux roulés, agglutinés par un ciment ordinairement marneux et peu solide, au milieu desquels se trouve assez souvent un sable argileux calcaire, uni assez solidement pour être exploité comme pierre de construction. D'autres fois on y rencontre un lignite compacte passant au jayet, dont les couches alternent avec des marnes grisâtres et des grès calcarifères. Enfin on rapporte au groupe nymphéen :

Les *galets* et *lignites* des environs d'Issoire (Auvergne); le grès à hélix d'Aix ; les *galets* et *sables du val d'Arno supérieur*, si remarquables par l'énorme quantité d'ossements de mammifères qu'ils renferment ; le *dépôt lacustre de Norfolk* contenant des coquilles d'eau douce et des ossements de bœufs et de daims.

DÉPOTS PLUTONIQUES. — Les dépôts plutoniques qui se sont fait jour dans les terrains de sédiment supérieurs, consistent en général dans des pépérines et des basaltes qui se trouvent entremêlés avec les dépôts aqueux, et qui, dans des circonstances favorables, forment des couches alternant avec celles de ces dépôts. Ainsi à Gergovia, près de Clermont, le basalte est intercalé dans le calcaire lacustre de cette montagne ; à la montagne de Perrier, près d'Issoire, les pépérines et les basaltes alternent avec les cailloux roulés et les marnes à lignites ; dans le Vicentin, cette alternance de basalte et de pépérine se reproduit un grand nombre de fois. En Allemagne et en Crimée, des exemples de cette nature ne sont pas très-rares.

SOULÈVEMENTS DU SOL. — Après le dépôt des couches du terrain supercrétacé moyen (grès de Fontainebleau, etc.), un nouveau soulèvement paraît s'être effectué dans la région des Alpes, car une partie de cette chaîne existait déjà depuis longtemps. M. Élie de Beaumont l'a désigné sous le nom de système des *Alpes occidentales*. La date géologique de cet événement, qui a donné naissance aux groupes du mont Blanc et du mont Rose, est déterminée par le redressement des terrains tertiaires de l'étage moyen, aussi bien que des couches secondaires qui les supportent. Ces dislocations dirigées à peu près du N.-N.-E. au S.-S.-O. ne sont pas les seules qui aient affecté cet étage; on observe aux environs de Narbonne une série d'accidents qui intéressent les mêmes terrains, se prolongent dans le même sens et déterminent la direction générale de la côte d'Espagne jusqu'au cap de Gates. La Calabre, la Sicile et la régence de Tunis présentent un grand nombre de dislocations et de crêtes dirigées de la même manière.

Pendant la période de tranquillité qui succéda à cette révolution, il ne s'est plus formé de dépôts marins, que sur des côtes et dans des golfes éloignés du centre de l'Europe, comme dans les collines subapennines, dans quelques parties de la Sicile, et en Angleterre dans les comtés de Suffolk et d'Essex. Mais des dépôts sédimentaires se sont opérés dans les vallées des rivières encore existantes, et dans quelques lacs d'eau douce qu'un cataclysme plus récent a fait disparaître, et qui étaient disposés au pied des montagnes, comme le sont les lacs actuels de la Suisse et de la Lombardie. Un lac de cette espèce couvrait la plaine de la Bresse depuis Tullins et Voiron jusqu'à Dijon, et la partie N.-O. du département de l'Isère; un autre occupait la portion du département des Basses-Alpes, comprise entre Digne, Manosque et Barjols; d'autres étaient situés dans les plaines de l'Alsace et les contrées basses qui avoisinent le lac de Constance.

Les dépôts très-épais qui se sont formés au fond de ces lacs, et dont les assises horizontales s'étendent sur les couches de mollasse coquillière marine antérieurement redressés, se composent en grande partie d'assises alternatives de sables mêlés de cailloux roulés et de marne. Dans ceux de la Bresse et de l'Isère, on rencontre de nombreux amas de bois fossile provenant d'arbres assez semblables à ceux de nos contrées; ils sont accompagnés d'abondantes coquilles d'eau douce.

Sur la surface des continents vivaient alors l'hyène et l'ours des cavernes, l'éléphant velu, des mastodontes, des rhinocéros, des hippopotames et une foule d'autres mammifères. Ces animaux, dont les espèces, aujourd'hui perdues, se rapportent néanmoins à des genres existants, paraissent avoir été détruits dans la révolution qui, en soulevant la chaîne principale des Alpes, a donné à cette majestueuse barrière placée entre l'Italie et les régions du nord, la forme qu'elle affecte aujourd'hui, et a achevé de façonner le sol européen.

Ce redressement de la chaîne principale des Alpes et le déversement des eaux des lacs dont il vient d'être question, opéré en même temps, peut-être, que la fusion des neiges des Alpes occidentales, ont dû produire d'immenses inondations sur les terres découvertes, et transporter au loin une grande quantité de fragments de roches, de sable et de vase. Mais les eaux qui charriaient ces matériaux, qui sillonnaient le sol de leurs courants impétueux, n'ont probablement rien de commun avec le déluge de Noé, car on ne rencontre dans aucun des dépôts de cette époque des traces de l'existence de l'homme. Nous verrons bientôt que cet événement, dont on retrouve l'indication, à une date presque uniforme, dans les archives de tous les peuples, est généralement attribué à une dernière secousse du globe ; à celle qui, à en juger par quelques observations géologiques très-bien faites, a eu pour résultat l'apparition de cette vaste chaîne de montagnes qui traverse dans une direction du nord au sud les deux Amériques et l'Asie.

DE L'ÉTAT DU GLOBE A L'ÉPOQUE DE LA FORMATION DES TERRAINS DE SÉDIMENT SUPÉRIEURS.

Après la formation de la craie, la surface du globe était loin de présenter les caractères extérieurs qu'elle offre aujourd'hui : l'Europe (car il est encore prudent de borner nos généralisations à cette étendue comparativement limitée) était un grand continent qui renfermait un grand nombre de mers intérieures et de lacs d'eau douce. Au nord, une mer immense s'étendait du fond de la Russie, à travers le nord de l'Allemagne, et touchait à l'Angleterre. Au centre, une seconde mer couvrait la plaine suisse, la vallée du Rhin et le pays plat de la Souabe, de la Bavière, de l'Autriche, de la Moravie et de la Hongrie. Entre ces deux mers se trouvait le grand bassin de la Bohême, qui communiquait avec la mer du centre. Dans l'Europe méridionale, la Méditerranée couvrait tous les pays peu élevés qui forment actuellement ses bords. Le détroit de Gibraltar n'existait pas encore ; suivant M. Boué, auquel nous empruntons ces détails, cette mer communiquait par des canaux soit avec la mer Rouge, soit avec la mer Noire, et le grand bassin de l'Asie occidentale.

En France, il y avait encore deux mers ; l'une s'étendait entre les Pyrénées, la Saintonge, le Périgord et les montagnes du Cantal et de l'Aveyron ; l'autre couvrait le Languedoc et la Provence ; elles communiquaient ensemble, et ce n'est qu'après le dépôt de la mollasse que cette liaison dut cesser ou devenir moins libre. La digue qui séparait le bassin du sud-ouest de la France, de l'Océan, a été détruite, et la force des vagues de l'Atlantique a pu être aidée dans ce travail par le grand courant auquel le golfe de Gascogne doit aussi sa forme. Une troisième mer couvrait tous les pays, peu élevés, compris entre la Picardie, la Champagne, la Bourgogne, le Limousin, la Vendée, le Maine, la Bretagne et la Manche.

En Angleterre, les environs de Londres formaient une petite mer environnée de falaises crayeuses ; l'île de Wight et la côte qui se trouve vis-à-vis étaient occupées par un bassin particulier, ou faisaient peut-être partie de la grande mer du nord de la France.

Durant la formation des différents terrains compris dans le groupe supercrétacé, la température de la surface, indépendante en grande partie de la chaleur du soleil, subissait un décroissement uniforme, et passait graduellement de la température équatoriale à celle de nos climats. Cette opinion, fondée sur des caractères botaniques et zoologiques qui lui donnent une certitude mathématique, a fait comparer la température de l'étage inférieur (F. Éocène) à celle du Caire dont la moyenne est de 22 + 0. th. cent.; celle de l'étage moyen devait avoir les plus grands rapports avec le climat des bords méditerranéens de l'Espagne et de l'Italie, et tout porte à croire que pendant la période qui vit se former l'étage supérieur (vieux Pliocène), la température moyenne ne différait en rien de celle qui existe maintenant.

Cette différence dans les climats, résultat de l'abaissement continu de la chaleur, a dû produire de grandes modifications dans l'intensité d'action des phénomènes météoriques à la surface de la terre. Plus un climat était chaud, plus l'évaporation et la quantité de pluie devaient être considérables, et plus aussi la force d'érosion de certains agents météoriques devait influer sur les dépôts formés ou en voie de l'être. En admettant cette hypothèse, il est évident que les divers sédiments qui composent les terrains tertiaires présenteront des traces de dégradation d'autant plus marquées que l'époque à laquelle ils ont été déposés sera plus ancienne.

Les eaux thermales, un des agents les plus puissants dont le Créateur ait disposé dans la formation de la croûte minérale, saturées de différentes substances, affluaient de l'intérieur à la surface, moins abondantes qu'aux précédentes époques, mais formant encore des dépôts plus ou moins considérables.

Une végétation nouvelle dont celle des tropiques nous rappelle l'aspect, succédait aux fougères arborescentes et aux cycadées; les dicotylédones, plus abondants, plus variés dans leurs genres, se montraient dans le rapport de 5 à 1 comme dans la flore actuelle; les arbres à haute tige voisins des genres peuplier, saule, châtaignier, orme, sycomore, etc., des conifères, de nombreux palmiers aux feuilles en éventail formaient d'épaisses forêts où les animaux régnaient en l'absence de l'homme.

L'Europe n'avait plus pour hôtes ces reptiles gigantesques qui y avaient prolongé leur existence pendant toute la durée de la période secondaire. Sa surface était couverte par une population pressée de nombreux mammifères, plus grands en général que ceux de l'époque actuelle (circonstance que l'on est naturellement porté à attribuer à ce que ces animaux vivaient sous un climat plus chaud); les quatre grandes classes de vertébrés existaient d'après les mêmes lois dont nous pouvons, de nos jours encore, constater la prédominance; les rapports d'association qui unissaient les genres et les familles, étaient les mêmes que ceux qui les unissent encore. Au fur et à mesure que l'on s'élève dans la série des formations tertiaires, on ne tarde pas à reconnaître que les ordres, les familles, les tribus des herbivores et des carnivores deviennent plus nombreux, plus semblables à nos espèces contemporaines. Ainsi, on ne retrouve dans le pliocène ancien aucune trace des genres lacustres perdus de la famille des palæotherium; mais ses couches abondent en espèces éteintes appartenant à des genres de pachydermes qui se sont perpétués jusqu'à nos jours, tels que les genres éléphant, rhinocéros, hippopotame, cheval; c'est dans cette formation que l'on commence à rencontrer d'abondantes traces de ruminants, de bœufs, de cerfs, d'antilopes, etc.

Les mers étaient habitées par des mammifères marins (baleine, dauphin, morse, phoque, lamantin), genres dont les espèces actuelles peuplent les côtes et l'embouchure des rivières des régions équatoriales.

CHAPITRE XXI.

NOUVEAU PLIOCÈNE.

(NEWER PLIOCÈNE, LYELL.)

Syn. : Terrain Clysmien. — Terrain de transport. — *Diluvium* des anglais.

Difficulté de le séparer de l'ancien PLIOCÈNE. — Sa composition. — Différences qu'il présente selon qu'on l'observe dans les pays de plaines ou de montagnes. — DÉPÔTS DE CAILLOUX ROULÉS. — Débris organiques. — BLOCS ERRATIQUES. — Leur distribution. — Leur volume. — Hypothèses auxquelles leur transport a donné lieu. — Dépôts ferrifères. — Dépôts plusiaques. — Dépôts auroplatinifères. — Dépôts gemmifères. — Diamants. — Dépôts stannifères. — Débris organiques. — Cavernes à ossements. — Débris organiques. — Ossements humains. — Origine et mode de formation des cavernes. — Brèches osseuses. — Débris organiques. — Dépôts coquilliers. — Tourbières anciennes. — Matières utiles. — Or, platine, diamant. — Agriculture — Dépôts plutoniques. — Treizième soulèvement. — Système des Andes. — De l'état du globe à l'époque où se forma le nouveau PLIOCÈNE. — Déluge. — Ses causes. — Hypothèses diverses. — Accord du texte de la Genèse avec les faits géologiques. — Universalité du déluge. — Son époque. — Existence de l'homme antérieure au système des Andes.

Le nouveau et l'ancien pliocène occupent à la surface de la terre des positions relatives telles, qu'il est extrêmement difficile de leur assigner un point de délimitation; leurs dépôts souvent disposés parallèlement, quelquefois s'enchevêtrent, se recouvrent réciproquement, et semblent n'observer aucune règle de superposition; cependant l'un a été reconnu comme postérieur à l'autre, c'est celui dont nous allons faire l'histoire. Nous le désignerons sous sa dénomination la plus généralement adoptée de *terrain clysmien*.

Le terrain clysmien ou diluvien est principalement composé de dépôts meubles, de sables et de cailloux roulés, mêlés ensemble sans stratification régulière, rarement de dépôts cohérents. Les caractères qui servent à le faire reconnaître, à le distinguer du terrain d'alluvion, sont: d'être d'une nature moins dépendante de celle des terrains qui se trouvent en rapport avec lui, d'être universellement répandu, de s'étendre sur des hauteurs où l'on ne peut supposer qu'aucun cours d'eau mu par les forces actuelles les plus puissantes aient jamais pu atteindre, de renfermer des débris de corps organisés qui proviennent généralement d'espèces éteintes, et d'être le plus souvent accompagné d'énormes fragments de roches à angles émoussés, nommés *blocs erratiques*.

Sa structure varie selon les lieux. Ainsi, dans les pays plats, il consiste souvent en une couche mince de cailloux roulés, placés plus ou moins profondément au-dessous de la terre végétale; dans les plaines, dans les vallées qui avoisinent les hautes montagnes, il forme quelquefois des amas considérables, et même des collines, des espèces de terrasses, dont la hauteur atteint jusqu'à 300 mètres. La plaine de la Crau, près d'Arles, est un des exemples les plus remarquables de ce dépôt.

Les ossements des cavernes, les brèches osseuses, le fer d'alluvion sont aussi compris au nombre des dépôts du nouveau pliocène.

Les cailloux roulés et les blocs erratiques recouvrent, dans certaines contrées, des plaines d'une immense étendue. Ces matières de transport ont été déposées dans la vallée de la Seine, suivant l'ordre de leur pesanteur. Ainsi le gravier occupe la partie la plus élevée, les cailloux roulés viennent ensuite, et les blocs erratiques se trouvent à la partie inférieure. Plus on remonte vers le point de départ de ces débris, plus il est aisé de reconnaître qu'une partie appartient au terrain jurassique de la Bourgogne, une autre aux montagnes du Morvan, et le reste aux collines qui forment la vallée de la Seine. Ils ont parcouru d'abord la vallée de l'Yonne jusqu'à Montereau, où cette rivière se réunit à la Seine, et l'on peut les suivre dans cette dernière, au delà même des limites du nord-ouest du département de Seine-et-Oise.

DÉBRIS ORGANIQUES. — Ce dépôt renferme des dents, des défenses et des ossements de l'*elephas primigenius;* des bois et des os du grand élan d'Irlande (*cervus giganteus*); des débris d'autres espèces perdues ou de genres qui ont abandonné nos climats. Cette période géologique comprend aussi les grands dépôts limoneux de la plaine de Buénos-Ayres et les sables d'Efelsheim en Bavière. On a découvert dans les premiers un squelette à peu près complet d'un mammifère gigantesque de l'ordre des édentés, le *megatherium*, qui, dans plusieurs points de son organisation se rapproche des paresseux, et le crâne d'un rongeur, le *toxodon*, qui, au lieu d'avoir la taille des lièvres et des rats d'aujourd'hui, atteignait celle d'un éléphant. Les sables d'Efelsheim contiennent les restes les plus abondants du *dinotherium*, genre intermédiaire entre les tapirs et les mastodontes, et qui remplit une lacune importante dans le grand ordre des pachydermes. L'espèce giganteum a dû atteindre 6 mètres de longueur; cet animal, remarquable par la disposition de deux défenses énormes portées à l'extrémité antérieure du maxillaire inférieur, recourbées en bas comme dans celles qui existent à la mâchoire supérieure du morse, est le plus grand des mammifères terrestres qu'il y ait jamais eu (fig. 72, 73).

BLOCS ERRATIQUES. — Les blocs erratiques sont répandus par myriades dans les grandes plaines sablonneuses du nord de l'Allemagne et dans diverses parties de la Suède, de la Finlande, du Danemark, de la Russie. Les États-Unis et l'Amérique méridionale, l'Angleterre, les plaines de la Hollande, plusieurs contrées de la France en présentent un plus ou moins grand nombre. On les trouve à toutes les hauteurs; ainsi ils sont très-élevés dans les Alpes et le Jura, et ils sont presque au niveau des mers dans le nord de l'Europe.

Le volume de ces blocs est très-varié; il en est qui ont jusqu'à 20 mètres cubes; mais bien souvent ce volume est moins considérable. Quand le bloc n'offre que de très-petites dimensions, il est difficile de ne pas le confondre avec certains fragments de roches charriées par des cours d'eau.

Ces masses erratiques appartiennent ordinairement à des granits, ou à des gneiss, ou à des porphyres, quelquefois à des calcaires. On les rencontre souvent en groupes séparés, composés des mêmes espèces; d'autres fois elles sont disposées en bandes, en traînées plus ou moins éloignées du point de départ, affectant des directions assez constantes. Lorsque l'on suit avec une certaine persévérance la route que ces traînées ont parcourue, on parvient à reconnaître le point de déplacement de plusieurs de ces gros fragments; c'est ainsi que le comte Rasoumowsky a reconnu des blocs d'origine scandinave, épars jusque dans les environs de Grossen, entre Breslaw et Berlin, à plus de 80 myriamètres des montagnes dont ils avaient été détachés.

On en trouve un grand nombre dans diverses contrées du globe, dont l'origine restera longtemps problématique. Toutefois, certaines considérations donnent quelque lieu de croire que ces blocs viennent en général du nord, car on a, depuis longtemps, fait la remarque que lorsqu'il existe des collines dans les plaines qui s'étendent de la mer du Nord aux monts Ourals, ils sont constamment placés sur le versant septentrional; cette direction du nord au sud et du nord-est au nord-ouest, a été constatée non-seulement en Russie, mais encore en Angleterre et aux États-Unis par une foule de géologues. Nous ferons remarquer enfin que les blocs les plus considérables se trouvent dans les plaines au sud de la Baltique, d'où leur volume va généralement en diminuant, et que ceux qui couvrent le sol de la Russie y sont arrivés malgré l'obstacle que forme cette mer. On n'en rencontre pas dans les régions équatoriales.

Le mode de transport de ces masses et des cailloux roulés de toute espèce qui couvrent les terres du nord, dans les deux continents, a donné lieu à des hypothèses plus ou moins ingénieuses, dont aucune n'explique d'une manière exacte tous les faits observés (fig. 74).

Quelques géologues ont pensé que ces blocs avaient été charriés par un énorme courant d'eau, dont l'extrême rapidité et la densité, produite par les matières terreuses qu'il tenait en suspension, le rendaient capable de vaincre suffisamment l'action de la gravité sur les blocs, pour les empêcher de tomber ailleurs que sur les digues qu'il rencontrait dans son cours; d'où il résulte qu'ils ont dû se déposer à des hauteurs plus ou moins grandes, suivant qu'ils se trouvaient plus ou moins dans le centre du courant.

D'autres supposent que le transport de ces diverses matières, graviers, sables et blocs de rochers est le résultat du grand soulèvement des Alpes, contemporain ou à peu près d'une secousse violente du sol qui se serait opérée dans le nord.

L'opinion qui, dans l'état actuel de la science, paraît réunir le plus de probabilités, admet que les bancs de glace détachés des glaciers et poussés avec violence vers le sud peuvent, conjointement avec la glace des côtes, conduire à des distances considérables des blocs de pierre, des cailloux roulés, du sable et de la vase; et qu'ensuite, « lorsqu'ils viennent à fondre, ils cessent de soutenir ces « corps, qui, en tombant sur des vallées ou sur des mon- « tagnes-sous marines, se trouvent constituer, lors de « l'émersion du continent hors de l'océan, quelques « portions de cet alluvium transporté au loin, dont l'o- « rigine a été attribuée à l'action diluvienne. » (Voyez Lyell, *principles of geology*).

Les limites que nous nous sommes imposées ne nous permettent pas d'entrer dans de plus longs détails; tout ce que nous pourrions ajouter d'hypothèses et de conjectures pour arriver à la solution du problème qui nous occupe ne ferait pas disparaître les nombreuses objections qui ont été faites à ces divers systèmes. Il est facile de reconnaître qu'ils sont le résultat du trop grand empressement de leurs auteurs à généraliser des faits locaux, ou à soumettre les phénomènes observés au contrôle d'une théorie conçue *à priori*.

DÉPOTS FERRIFÈRES. — On rapporte au terrain clysmien

des dépôts de minerais de fer que l'on désigne souvent par les noms de *fer d'alluvion* et de *fer en grains* ou *pisiforme*. Tantôt ils se trouvent sous la forme de filons fragmentaires; tantôt ils constituent des couches ou amas superficiels qui fournissent du fer d'assez bonne qualité. On exploite ce minerai dans quelques localités du Jura. La variété *pisiforme* est très-commune dans le Berry, dans la Franche-Comté, dans l'Argovie et dans la Souabe.

DÉPOTS PLUSIAQUES (Brongniart). — On désigne sous le nom de *terrains clysmiens plusiaques* divers dépôts limoneux métallifères et gemmifères. Ces dépôts sont généralement meubles ou faiblement agrégés : ils sont composés de sables argileux et de galets auxquels se trouvent mêlés des diamants, des paillettes et des pépites d'or et de platine, des émeraudes, des topazes, des rubis, quelques corindons, des zircons et d'autres gemmes; ils contiennent aussi de l'étain, du fer oxydé, du fer titané, etc.

DÉPOTS AUROPLATINIFÈRES. — Les dépôts *auroplatinifères* se présentent sous la forme de paillettes, de grains roulés et de rognons ou pépites d'un certain volume, disséminés dans des matières arénacées d'un à deux mètres d'épaisseur. Ils se trouvent en assez grande quantité au Brésil et en Colombie, dans les provinces du Choco et de Barbacoas. Ceux qui ont été découverts en 1824, sur la partie occidentale des monts Ourals en Russie, présentent les mêmes circonstances de gisement qu'en Amérique.

DÉPOTS GEMMIFÈRES. — Les dépôts *gemmifères* sont formés de cailloux roulés de quartz liés entre eux par une matière argileuse, parmi lesquels se trouvent des fragments de diverses roches avec du fer oligiste, du fer magnétique, des émeraudes, des topazes, du bois pétrifié, des grains d'or et de platine; c'est dans un gisement semblable, qu'en 1824, on a trouvé le diamant en Sibérie, et c'est encore dans des matières arénacées qu'il existe dans l'Inde. Les plus volumineux ont été retirés de la province du Delkhan et de l'île de Bornéo. Celui du Radjah de Mattan, à Bornéo, pèse environ 63 grammes; sa forme est défectueuse. Celui du roi de France, qu'on nomme *le Régent*, ne pèse que 28 grammes 89; mais il est parfait sous tous les rapports, et doit être considéré comme le plus précieux de tous les diamants connus. Sa taille a coûté deux années de travail. Il a été acheté, dans le principe, pour 2,250,000 fr., et il est estimé plus du double.

La quantité de diamants fournie au commerce par le Brésil, qui, depuis le commencement du XVIIIe siècle en a eu, à peu près seul, le privilége, ne s'élève pas à plus de 6 ou 7 kilogrammes par an, et coûte plus d'un million de frais d'exploitation.

DÉPOTS STANNIFÈRES. — On connait dans plusieurs contrées, et principalement en Cornouailles, des dépôts de transport qui contiennent de l'étain sulfuré en assez grande abondance pour être exploité.

Plusieurs dépôts limoneux, plus ou moins mêlés de sables et de cailloux roulés, paraissent appartenir au terrain clysmien; ils renferment des coquilles marines et des ossements de mammifères. C'est à ces sortes de dépôts que quelques géologues rapportent ceux du Jutland, ceux des bords de la Lena et de l'Indighirka en Sibérie, si remarquables par la grande quantité de débris d'éléphants qu'on y rencontre et par la découverte encore récente de l'*elephas primigenius* et du *rhinoceros tichorinus*, avec leur chair, leur peau et leur poil.

La série de débris organiques qui appartiennent aux sables et aux cailloux roulés du terrain clysmien, comprend les animaux suivants :

Elephas primigenius ; Mastodon maximus ; M. augustidens ; M. Andium ; M. Humboldtii ; M. minutus ; M. tapiroïdes ; Hippopotamus major ; H. minutus ; Rhinoceros trichorhinus ; R. lephtorhinus ; R. incivus ; R. minutus ; Elasmotherium ; Tapirus giganteus ; Cervus giganteus ; C. plusieurs espèces ; Bos bombifrons ; B. urus ; B. restes de diverses espèces communes ; Auroch fossile ; Trogontherium Cuvierii ; Megalonix laqueatus ; Megatherium ; Hyène fossile ; Ursus ; Equus.

D'autres dépôts particuliers connus sous les noms d'*ossements des cavernes* et de *brèches osseuses*, sont ordinairement rangés par la plupart des auteurs à la suite des dépôts plus généralement répandus dont il a été question ci-dessus. Quoiqu'ils nous paraissent en différer sous plusieurs rapports, et que leur âge relatif n'ait pas encore été fixé d'une manière bien précise, nous ne croyons pouvoir mieux faire que de nous conformer à l'ordre établi, en reproduisant ici tout ce que nous savons de ces singulières accumulations de débris d'animaux.

CAVERNES A OSSEMENTS. Les dépôts des cavernes à ossements consistent en un limon argileux ou pierreux principalement composé de carbonate de chaux, de vase, de fragments brisés, de cailloux roulés qui y ont été entraînés de l'extérieur, à travers des fentes et des crevasses qui n'existent plus, parce qu'elles ont été obstruées par des stalactites ou par toute autre cause. Au milieu de ce dépôt du terrain de transport se trouvent ordinairement des débris d'animaux bien conservés, quelquefois rongés, fracturés et comme entamés par les dents d'un animal carnassier, mais rarement réunis en un squelette entier (fig. 75.)

Les ossements fossiles que renferment ces cavités sont

en si grand nombre, qu'il serait trop long d'en donner ici même une simple énumération ; nous nous bornerons à indiquer les espèces suivantes :

Des ossements humains ; les débris de quatre espèces distinctes de chauves-souris, de deux espèces de musaraignes, de hérisson et de taupe ; une très-grande quantité d'ossements d'ours, de l'*ursus spelæus* et *arctoïdeus* de Blumenbach, de l'*ursus priscus* de Goldfuss, et enfin deux autres espèces tellement différentes de celles qui ont été décrites jusqu'à présent, qu'elles doivent être considérées comme des espèces particulières (cavernes de la province de Liége). L'une de ces espèces est si grande, que M. Schmerling, qui l'a découverte, lui a donné le nom d'*ursus giganteus ;* le blaireau, le grison, quatre espèces de martres, le loup, le chien, *canis fossilis* (Goldfuss), deux espèces de renards ; la genette ; l'*hyena spelæa*, le *felis spelæus* et quatre autres espèces, dont l'une se rapproche beaucoup, pour la forme et pour la grandeur, de notre chat sauvage.

Parmi les ossements de rongeurs, il s'en trouve d'écureuils, de souris, de rats, de deux ou trois espèces de campagnols, du rat d'eau, du castor, de l'agouti, et enfin du lièvre et du lapin.

Parmi les pachydermes : de l'éléphant, *elephas primigenius* (Blumenbach), de l'hippopotame de l'espèce *minutus* de Cuvier, du rhinocéros, du sanglier, du cochon domestique, et une autre très-petite espèce.

Parmi les restes de solipèdes, se distinguent ceux du cheval, de l'âne et d'une espèce plus petite que ce dernier ; et parmi les ruminants, ceux de renne, de daim, de trois espèces au moins de cerf, de chevreuil, d'antilope, de chèvre, de mouton, de bœuf et de buffle.

Dans quelques localités, les restes d'oiseaux sont très-abondants, tous n'ont pas encore été déterminés, mais on y a reconnu les ossements d'un oiseau de proie de très-forte taille, le martin, l'alouette, le corbeau, le pigeon, le coq, la perdrix, l'oie et le canard.

Suivant Cuvier, on n'a jamais trouvé dans ces cavernes de restes de poissons ni d'animaux marins; aujourd'hui on y a reconnu des vertèbres et même des écailles de poissons, des dents de squale, des couleuvres, une baculite, des hélix et des coquilles fluviatiles et terrestres.

On a discuté pendant longtemps la question de savoir à quelle cause devaient être attribuées ces accumulations d'ossements et leur dispersion; la prédominance des dents d'hyènes, la présence de leurs excréments, la manière dont les os étaient rongés et dispersés, ont conduit M. Buckland et d'autres géologues, lors de la découverte, en 1821, de la fameuse caverne de Kirkdale, à conclure que ces grottes à ossements avaient été l'antre des hyènes pendant une longue suite d'années, qu'elles y apportaient leur proie qui se composait d'animaux dont les restes se trouvent aujourd'hui mêlés avec leurs propres ossements, et qu'enfin cet état de choses avait été brusquement terminé par l'irruption dans la caverne d'une masse d'eau bourbeuse, qui aurait tout enveloppé dans le limon qu'elle charriait. D'autres géologistes pensent que, dans le plus grand nombre des cavernes, les ossements ont été introduits par des eaux courantes. Nous ferons remarquer qu'on peut très-bien concilier les différentes opinions en admettant que, dans beaucoup de cas, les dépôts se sont formés non pas à une seule époque, mais successivement. Nous sommes d'autant mieux fondé à émettre cette opinion, que l'un de ces modes de dépôt est un phénomène explicable par les causes agissant encore actuellement, et dont on trouve de nombreux exemples, non-seulement dans les faits empruntés à des contrées éloignées, mais encore dans des observations qu'on peut vérifier chaque jour aux environs de Paris. Ainsi, sur le plateau même de Montmorency, il existe dans une gorge de l'intérieur de la forêt une large cavité, dans laquelle s'engouffrent depuis des siècles les eaux torrentielles des environs, avec les sables, les graviers, les limons, les ossements d'animaux, les débris de végétaux qu'elles rencontrent et qu'elles déposent dans les anfractuosités du gypse, donnant ainsi l'explication la plus simple et la plus naturelle du remplissage de certaines cavernes anciennes.

Quant à l'âge relatif des dépôts ossifères, ce sujet demande une étude approfondie. Il est très-important, pour arriver à une détermination exacte, d'examiner avec la plus grande attention l'entrée d'une caverne, de savoir dire si elle est obstruée par des détritus de fragments anguleux provenant des roches des environs ou par des terrains de transport plus ou moins arrondis et charriés d'une certaine distance. Dans ce dernier cas, dit M. de la Bèche, il faut chercher à s'assurer si ces matières de transport ont pu être amenées à leur position actuelle par les causes aujourd'hui existantes, ou, si pour rendre compte de leur présence, il faut supposer une force d'une plus grande intensité, des obstacles physiques s'opposant à ce qu'elles aient pu être transportées par aucun autre moyen.

Si l'entrée de la caverne n'est comblée que par des débris de roches voisines, nous n'avons point de donnée certaine sur l'époque à laquelle elle a dû être définitivement fermée; de sorte que, même en supposant que des débris d'animaux y aient été charriés par les eaux courantes, rien n'empêche qu'une autre race d'animaux ne soit venue l'habiter, que leurs os ne se soient mêlés jusqu'à un certain point avec ceux du premier dépôt, et que les uns et les autres aient été ensevelis ensuite sous un mélange de fragments, de roches et de stalagmites, comme il s'en forme constamment dans l'intérieur des cavernes. On conçoit de cette manière que des ossements d'homme, ainsi que les produits grossiers des premiers essais de son industrie, tels que de la poterie non cuite, puissent se trouver mêlés jusqu'à un certain point avec des restes d'éléphants, de rhinocéros, d'ours des cavernes et d'hyènes, et que plus tard tous ces débris, après que la grotte a été fermée par une accumulation considérable de détritus, aient pu être recouverts par une croûte de stalagmites. Il résulte de là, que si on n'examinait pas avec soin le mode d'entrée d'une caverne que l'on viendrait de découvrir, on pourrait la décrire comme fermée extérieurement, et se croire en droit de conclure que tous les débris qu'elle renferme ont une origine contemporaine, et que par conséquent l'homme existait en même temps que les éléphants erraient dans l'Europe, et que les hyènes et les ours en habitaient les cavernes. Grande serait l'erreur.

Si, au contraire, les entrées des grottes ossifères sont fermées par des fragments provenant d'une certaine distance, dont le transport ne puisse être évidemment attribué aux causes actuelles, mais seulement à une force d'une plus grande intensité; si nous trouvons dans ces grottes des ossements humains ensevelis avec ceux qui s'y rencontrent le plus habituellement, alors, à moins qu'on ne parvienne à découvrir d'autres communications avec l'extérieur, on ne pourra guère s'empêcher d'admettre que l'homme n'ait été contemporain des espèces perdues d'éléphants, de rhinocéros, d'ours et d'hyènes, que l'on rencontre non-seulement dans les cavernes, mais aussi dans les terrains de transport, et qu'il n'ait existé avant l'époque où quelque catastrophe l'aura enseveli en même temps que ces divers animaux. Nous verrons plus tard quelles sont les preuves de l'existence simultanée de l'homme et des grands mammifères d'espèces éteintes qui appartiennent au diluvium.

Tous les terrains présentent des cavernes, mais c'est principalement dans les roches calcaires que l'on trouve les cavernes à ossements ; de même que celles des roches dures et cristallisées, elles sont le résultat des dislocations du sol et de l'action érosive des eaux. Ces dislocations sont de deux sortes : les unes, générales, se rattachant à un système indépendant de la configuration actuelle du sol ; les autres, évidemment partielles, résultant de tassements et d'éboulements locaux aux bords des plateaux et au pourtour des collines. Nous avons constamment trouvé ces anfractuosités traversées, corrodées et agrandies par des eaux qui ont entraîné de tous les points culminants et environnants des matières de diverse nature, généralement analogues aux dépôts de transport qui recouvraient la surface du sol extérieur, tels que des sables, des graviers, des galets, des blocs de roches, des marnes, des argiles, auxquels s'étaient joints fréquemment des fragments arrachés aux parois des roches sillonnées.

DES BRÈCHES OSSEUSES. — On désigne sous le nom de *brèches osseuses* des dépôts plus ou moins solides composés de calcaire, de sable et de fer hydraté qui enveloppent des fragments ordinairement anguleux de diverses roches, et des ossements ordinairement agglutinés par un ciment rougeâtre et brisés comme s'ils avaient été transportés violemment par les eaux.

Ce dépôt, tantôt dur et compacte, tantôt friable, remplit des fentes et des crevasses qui pénètrent plus ou moins profondément dans la roche. Les ossements dont il est accompagné sont dans le même état que ceux des cavernes et des terrains de transport, c'est-à-dire qu'ils sont peu altérés et qu'ils contiennent encore de la gélatine. Ils paraissent différer très-peu de ceux des cavernes et des cailloux roulés; ce sont les mêmes genres, les mêmes espèces, mais on a cru remarquer que les pachydermes dominent dans les grands dépôts diluviens, que les carnassiers de moyenne taille caractérisent les cavernes, tandis que les petits herbivores se montrent principalement dans les brèches osseuses.

DÉBRIS ORGANIQUES. — On a reconnu dans le dépôt qui nous occupe des ossements de bœufs, de rhinocéros, plusieurs espèces de cerfs, une espèce d'antilope ou de mouton, des chevaux, deux espèces de lapins, deux espèces de lagomis, un campagnol, une musaraigne, deux espèces de chats, un chien, une tortue, un lézard, et plusieurs espèces de coquilles fluviatiles, lacustres et marines.

Les brèches de la Dalmatie ont offert des ossements humains mêlés à des débris de divers animaux, à des fragments de verre et de poterie d'une fabrication grossière. Enfin trois savants distingués, le baron de Schloteim, M. Schottin et le comte de Sternberg ont signalé dans un dépôt de ce genre, près de Kœstritz, des ossements humains confondus avec des os de bœufs, de cerfs, de chevaux et de rhinocéros.

DÉPOTS COQUILLIERS. — Plusieurs dépôts de coquilles marines identiques avec celles qui vivent dans nos mers, ont été rapportés, par les géologues qui les ont visités, au terrain clysmien; ils paraissent être dus, en général, à des délaissements marins anciens, ou à des soulèvements de plages. Parmi ces dépôts nous citerons : 1° le dépôt d'Uddevalla, en Suède; 2° celui de la presqu'île de Saint-Hospice, près de Nice; 3° celui de la baie de la Conception sur la côte du Chili, et plusieurs autres que l'on trouve sur les côtes du Pérou et des Antilles, au Spitzberg, à l'île de Poulo-Nias (Océanie). Tous ces dépôts se trouvent élevés au-dessus de l'Océan, à une hauteur plus ou moins considérable.

TOURBIÈRES ANCIENNES. — Enfin l'on rapporte à cette époque quelques tourbières aujourd'hui sous-marines, trop anciennes pour appartenir au terrain d'alluvion.

La plus remarquable de ces tourbières est celle qui se voit en Écosse dans la baie de *Frith of Tay;* elle est composée de couches d'argile, de galets et de gravier, au milieu desquelles on trouve des lignites compactes, des amas de végétaux quelquefois changés en tourbe, des coquilles terrestres et lacustres et des ossements de cerfs qui se rapportent au grand élan d'Irlande (*cervus giganteus*), au daim fauve (*cervus dama*), et au daim rouge (*cervus elaphus*).

EMPLOI DES ROCHES. — La richesse de ce terrain a pour éléments le fer, l'or, le platine et les gemmes. Tout le monde sait quels sont les usages du fer et de l'or; nous nous dispenserons de les reproduire ici. Le platine étant moins connu, nous dirons quelques mots de son emploi. Ce minerai, qu'on rejetait autrefois comme une matière inutile, est aujourd'hui exploité avec soin, mais la longueur et la difficulté des opérations auxquelles il faut le soumettre rendent ce métal encore très-cher; rarement attaquable par les agents les plus actifs, il est employé chaque jour à une foule d'usages. Ainsi on en fait des chaudières, des alambics, des creusets, des tubes et des capsules pour les laboratoires; en Russie on en fait des pièces de monnaie, on l'applique sur porcelaine, etc.

Le plomb fondu et beaucoup d'autres métaux, le phosphore, introduits dans des vases de platine, les perforent au bout de quelques instants.

On estime que la Russie retire annuellement de ses dépôts limoneux auroplatinifères pour plus de vingt-un millions d'or et plus d'un million de platine, et que les lavages d'or rapportent au gouvernement du Brésil une valeur de vingt-deux millions de francs environ.

Personne n'ignore combien le diamant est recherché pour la joaillerie, tant par sa rareté que par son éclat et les jeux de lumière qu'il produit, surtout aux bougies. Plus il est volumineux, plus il est rare, plus son prix est élevé; à un demi-gramme, un diamant brut vaut à peu près 280 fr.; à un gramme, il vaut plus de 1000 fr. Cette progression de prix commence dès que le poids est au-dessus de 50 milligrammes; un diamant taillé qui pèse un gramme vaut au moins 3,500 fr. Quant à ceux qui sont défectueux, on en fait de la poussière de diamant, qui sert à tailler et à polir les autres; on les emploie aussi pour couper le verre, pour garnir les outils avec lesquels on grave les pierres fines; leur prix moyen est de 156 fr. le gramme (quarante-cinq fois la valeur de l'or).

AGRICULTURE. — Lorsque le terrain diluvien proprement dit constitue le sol exclusivement, celui-ci est généralement infertile, car il est presque toujours privé d'argile et de calcaire, et il ne conserve point l'eau. La plus grande partie des terrains complétement stériles lui appartient; s'il ne fait que recouvrir d'une couche mince un sol de bonne nature, il est évident qu'il peut être facilement fécondé. Ses sables et ses cailloux, mêlés à un peu d'argile qui leur sert de ciment, cessent d'être incultes, et voient souvent se développer à leur surface des bois, des vignes, des légumes remarquables par la beauté de leur végétation et la richesse de leurs produits.

DÉPOTS PLUTONIQUES. — Les roches d'origine ignée de l'époque clysmienne sont des basaltes, des trachytes, des téphrines, des vackes et des pépérines.

SOULÈVEMENTS DU SOL. — Divers soulèvements de volcans paraissent appartenir à cette époque. On cite, entre autres, celui de l'Etna et de l'île d'Ischia, dont les fondations, originairement sous-marines, ont atteint jusqu'à la hauteur de 150 à 450 mètres au-dessus du niveau des mers; celui de plusieurs volcans actifs dont jadis les bouches étaient sous-marines; enfin celui du Stromboli, qui, après avoir été à moitié submergé, devint atmosphérique lorsque, par suite de son élévation, l'ancien lit de la mer eut été mis à sec.

SYSTÈME DES ANDES. — M. Elie de Beaumont regarde comme contemporain de cette époque, c'est-à-dire comme postérieur à l'apparition des Alpes, le système de soulèvement qu'il a désigné sous le nom de système des Andes. Cette révolution, la dernière des grandes catastrophes qui ont changé la forme extérieure de notre globe, a été omise par nous dans l'indication analytique que nous avons donnée plus haut des travaux de ce savant géologue et des résultats auxquels il est arrivé. Nous la rétablissons ici, elle retrouve toute son importance.

Selon M. de Beaumont, le système des Andes comprend

cet énorme bourrelet montagneux qui court entre l'Océan-Pacifique d'une part, et les continents des deux Amériques et de l'Asie de l'autre, en suivant, depuis le Chili jusqu'à l'empire des Birmans, la direction d'un demi grand cercle de la terre, et en servant comme d'axe central à cette ligne volcanique en zigzag, qui, suivant çà et là des fractures plus anciennes, sans s'écarter de la zone littorale, forme, ainsi que l'a remarqué M. de Buch, la limite la plus naturelle du continent de l'Asie, et peut être même considérée comme séparant aujourd'hui la partie la plus continentale du globe terrestre de sa partie la plus maritime.

Les auteurs qui ne reculent pas devant la difficulté, selon nous, insoluble du transport des blocs erratiques, au moyen de courants d'eau animés d'une énorme force d'impulsion, pensent expliquer l'origine scandinave des blocs de la Basse-Allemagne, de la Belgique, de l'Angleterre, etc., en admettant comme cause première de ces transports, le dernier soulèvement d'une partie des montagnes de la Suède et de la Finlande, et la formation de longues crevasses ou failles qui auront été l'origine de la mer Baltique, ou au moins des détroits par lesquels elle communique aujourd'hui à la mer du Nord, et d'une autre crevasse qui aura donné naissance au golfe de Finlande.

On ne comprend pas qu'un phénomène semblable au creusement du bassin de la Baltique ait eu lieu après la mise en place des blocs erratiques, sans que ceux-ci aient été enfouis dans de nouveaux débris, du moins ceux qui reposent sur un sol qui n'est pas très-élevé... Le peu d'élévation de quelques-unes des montagnes d'où l'on suppose que ces blocs proviennent ne suffit pas non plus pour expliquer la force d'impulsion nécessaire pour détacher et transporter des masses énormes à plus de quatre-vingts myriamètres de leur point de départ.

DE L'ÉTAT DE LA TERRE A L'ÉPOQUE OU SE FORMA LE TERRAIN CLYSMIEN.

Lorsque l'on cherche à se représenter l'état du globe au moment de la formation des premiers dépôts de transport, on s'aperçoit bientôt que le mode de distribution des eaux à sa surface dépend de circonstances variables à l'infini, par conséquent qu'il est très-difficile de dire positivement si les continents de cette époque affectaient les mêmes formes que ceux d'aujourd'hui. Néanmoins nous admettrons, avec la plupart des géologues modernes, qu'il existait alors en Europe un grand nombre de bassins remplis d'eau; que ces bassins marins dans l'origine comprenaient une quantité considérable de lacs d'eau douce, tels que ceux du nord et du sud-ouest de la France, ceux de l'Autriche, de la Hongrie, de la Bavière, de la Bohême et du Rhin; que le lit et le niveau des principales rivières de l'Europe étaient bien plus élevés qu'à présent, ou plutôt qu'il y avait sur leurs cours actuels des lacs retenus par des digues naturelles maintenant détruites; et que le volume de leurs eaux était bien plus considérable.

Pendant que ces phénomènes se passaient, la mer érodait les continents et déposait, à un niveau que n'atteignent plus les eaux de l'Océan, des masses détritiques d'une épaisseur souvent très-grande; des sources d'eaux chargées de carbonate de chaux ou saturées d'acide carbonique se faisaient fréquemment jour à travers le sol, et recouvraient, dans certaines localités, des dépôts de galets plus ou moins abondants; des roches calcaires étaient fréquemment traversées dans toute leur épaisseur par des trous verticaux qui se ramifiaient un grand nombre de fois, véritables cheminées dont on retrouve les parois corrodées par un liquide acide, d'autres fois tapissées de stalagmites qui annoncent le passage d'eaux chargées de carbonate de chaux.

C'est à M. Rozet, géologue très-distingué, que la science doit la découverte de ce dernier fait, signalé par lui dans les calcaires de la Provence, en Bourgogne et dans le Jura.

Ainsi, lorsque les golfes ou bassins dans lesquels s'étaient déposés les terrains tertiaires eurent été comblés par ces divers sédiments, plusieurs chaînes de montagnes furent soulevées, de nombreuses masses d'eaux sourdirent abondantes du sein de la terre, et sillonnèrent le sol avec une puissance d'intensité dont nos courants actuels ne sauraient donner qu'une bien faible idée. Ce volume d'eau, augmenté de celui des principales rivières, de l'eau des lacs qui furent en partie détruits par les secousses volcaniques, par les dislocations de certaines parties du sol et par la brusque apparition des plus hautes montagnes de l'Europe, a suffi pour produire, à une époque que l'on peut jusqu'à un certain point fixer par des chronomètres physiques, une inondation générale et momentanée de toutes les terres découvertes, et recouvrir leur surface de cette énorme quantité de débris qui constituent les terrains de transport.

Avant d'aller plus loin, nous ferons remarquer que vers la fin de la période où se formèrent les dépôts du terrain clysmien, l'Europe et la plus grande partie de l'Asie devaient présenter à peu près les mêmes reliefs, la même configuration que de nos jours, et conséquemment la même végétation, la même température. En effet, considéré dans son ensemble, le terrain de transport n'est affecté que bien rarement par les rides du sol ; presque partout il s'étend sur les tranches des couches disloquées du terrain tertiaire, sans présenter d'autre pente que celle que les courants qui le déposaient ont dû lui faire prendre. Il semble n'avoir subi d'autre dérangement que celui qui lui a été imprimé par quelque soulèvement de cratères, et surtout par le mouvement général que le sol d'une partie de la France a éprouvé en contractant une double pente ascendante, d'une part, de Dijon et de Bourges vers le Forez et l'Auvergne; et de l'autre, des bords de la Méditerranée vers les mêmes contrées.

DÉLUGE. — Si nous passons à l'examen des causes de cette vaste inondation que l'on a l'habitude de désigner sous le nom de *déluge*, nous verrons que, parmi les nombreuses hypothèses auxquelles les géologues ont eu recours pour expliquer cet événement si remarquable de la chronologie du globe, l'hypothèse qui mérite le plus de confiance se rapporte au soulèvement de certaines parties de l'écorce du globe, au déplacement des eaux qui en a été le résultat ; en effet, on conçoit aisément que, si des crises violentes ont élevé du fond des mers des chaînes de montagnes, le double mouvement des masses solides soulevées et des masses liquides qui tendaient à reprendre leur niveau a pu être suivi d'inondations considérables capables de désoler toute la surface du globe, et d'y jeter une grande quantité de débris. Dans cette hypothèse, il est évident que le moyen de transport, ainsi que la force d'impulsion qui mettait en mouvement les matières charriées, se seront trouvés dans des circonstances beaucoup plus favorables que si cette perturbation eût été déterminée par l'apparition de montagnes plus hautes qui se seraient élevées dans les terres.

Quelles sont les montagnes dont l'exhaussement a produit ce déplacement des eaux ? M. Elie de Beaumont pense que le soulèvement de la chaîne des Andes pourrait bien avoir été non-seulement assez puissant, assez étendu pour déterminer, dans les contrées voisines, les crises les plus violentes, mais encore pour influer sur les points les plus éloignés, par l'agitation des eaux de la mer, et par un dérangement plus ou moins grand dans leur niveau.

L'hypothèse de pluies continues, incessantes, durant un certain espace de temps ; celle d'une émission d'eau du sein de la terre, assez abondante pour submerger une partie des continents, considérées isolément, nous semblent peu compatibles avec l'état actuel des choses, et leur explication théorique s'associerait mal, selon nous, avec les faits qui nous mettent à même de juger des phénomènes antérieurs à cet état. Mais comme rien ne s'oppose à ce que ces diverses perturbations se soient manifestées simultanément, il suit de là que la tradition de cette immense inondation, la dernière des catastrophes du globe, ne présente plus rien d'incroyable, et que les découvertes de la science se concilient très-bien avec ce passage de la Genèse : *Rupti sunt omnes fontes abyssi magnæ, et cataractæ cœli apertæ sunt, et facta est pluvia super terram quadraginta diebus et quadraginta noctibus.* « Tous « les bassins du grand abîme furent détruits, les réser-

« voirs de l'espace furent ouverts, et la pluie tomba sur « la terre pendant quarante jours et quarante nuits. »

Il nous semble, et nous aimons à le répéter, que les causes que nous avons indiquées comme méritant le plus de confiance, sont comprises dans ce simple récit. Ainsi se trouve expliquée l'hypothèse d'un soulèvement des mers, puisqu'il est dit que les bassins du grand abîme furent détruits, et qu'ils ne peuvent l'avoir été que par l'exhaussement de leur fond ou par un mouvement d'affaissement des anciens continents. Ainsi se trouvent franchies les difficultés que présentaient l'hypothèse des pluies continues, et celle d'une sortie extraordinaire d'eau du sein de la terre, puisqu'en effet l'eau inonda le sol, et que les pluies durèrent un long espace de temps.

Ici se présente une question sur laquelle tous les géologues ne sont pas d'accord; nous la formulerons ainsi: De ce que le texte de la Genèse porte que la *terre* et toutes les plus *hautes montagnes* furent *couvertes par les eaux*, faut-il conclure que le déluge de Moïse ait été universel?

Cette question est déjà résolue par l'exposé des faits précédents. Le terrain diluvien, avons-nous dit, se trouve indistinctement sur le sommet des montagnes, sur les plateaux, dans les plaines et au fond des vallées; on le rencontre avec tous les caractères qui lui sont propres, dans les contrées les plus éloignées, en France, en Angleterre, en Sibérie, aux Indes orientales, en Amérique, etc.; partout, aux yeux de celui qui sait lire l'histoire des monuments de notre globe, se montre l'empreinte profonde de ce grand cataclysme, de ce flot rapide et vengeur, comme celui qui, selon l'Écriture, fut déchaîné contre les nations des premiers âges, alors que *toute chair avait corrompu sa voie sur la terre.*

Toutefois, si cette uniformité dans la distribution du *diluvium* à la surface des continents, est une preuve sensible d'une inondation générale, universelle, quelques géologues ont prétendu qu'il ne s'ensuit pas nécessairement que l'on doive prendre dans son sens le plus absolu l'expression *toute la terre*. Peut-être, disent-ils, n'est-ce là qu'une de ces nombreuses métaphores qui caractérisent le style oriental. Nous citerons à ce sujet, sans en garantir toutefois l'authenticité, un fait que nous trouvons dans la vie de Mabillon, bénédictin aussi célèbre par son immense érudition que par sa modération et sa sagesse. Isaac Vossius ayant écrit que le déluge n'était pas d'une universalité absolue, son opinion fut déférée à la congrégation de l'Index, au moment où D. S. Mabillon se trouvait à Rome (1685). Ce religieux, consultant-honoraire de la congrégation, y fut appelé. Il excusa le sentiment d'Isaac Vossius, sur ce que, dans l'Écriture, l'expression *toute la terre* ne se prend pas toujours à la rigueur, mais souvent s'entend facilement d'une grande partie du monde, et que, pour reconnaître la fidélité du récit de la Genèse, il suffisait d'admettre que *presque* toute la terre avait été submergée. L'assemblée composée de neuf cardinaux, outre le maître du sacré palais, se rangea de son avis.

Quant à la détermination géologique de l'époque où le déluge eut lieu, si nous examinons dans les Alpes, par exemple, l'effet produit par les causes aujourd'hui agissantes, et que nous le comparions avec ceux qu'elles ont produits depuis qu'elles ont commencé d'agir, tels que la formation des talus et des éboulis des montagnes, celle des moraines et des glaciers, les atterrissements de nos rivières, nous serons portés à conclure, à l'aide de ces chronomètres naturels, que les révolutions qui ont donné à ces montagnes leurs formes actuelles, à ces fleuves le cours qu'ils ont maintenant, ne remontent pas au delà de quatre à cinq mille ans, et que cette date diffère peu de celle que Moïse assigne au déluge de la Genèse.

Il nous reste encore à examiner la question de savoir si l'homme existait lorsque le grand mouvement qui a soulevé la chaîne principale des Alpes s'est manifesté, et qu'à sa suite, des courants impétueux, balayant de toutes parts le sol européen, ont recouvert les continents d'une couche de sable, de cailloux et de vase (terrains diluviens), et détruit cette multitude d'animaux carnassiers et herbivores, entassés dans les cavernes et dans les fentes des rochers, pêle-mêle avec des cailloux roulés, du limon, et quelquefois de la matière calcaire.

Jusqu'en ces derniers temps, on n'avait trouvé aucun vestige indicatif de l'existence de l'espèce humaine à l'époque où les terrains de la période quaternaire furent déposés; de ce fait négatif peu important, puisqu'il n'avait été vérifié géologiquement que sur une très-petite étendue du globe, on avait tiré la conséquence que l'homme n'avait pas été contemporain de ces nombreuses générations éteintes de mammifères, enfouies dans nos cavernes à ossements et dans les dépôts de transport anciens. Ce résultat a été révoqué en doute depuis qu'on a découvert dans la grotte de Bize, près de Narbonne, dans les cavernes de Maestricht en Belgique, etc., des ossements humains, mêlés à des débris de poteries, à des aiguilles en os et à des fossiles appartenant à des mammifères d'espèces perdues. Quelques géologues ont pensé que tous ces débris devaient avoir une origine contemporaine, et que, par conséquent, l'homme était sorti des mains du Créateur alors que les grands mammifères peuplaient le sol. Nous convenons que ces faits ne sont peut-être pas encore assez nombreux, assez concluants pour que les sciences géologiques puissent, sans s'appuyer du sublime récit de Moïse, fixer avec quelque précision l'époque où l'homme a paru sur la terre ; ce ne sera donc que lorsque l'étude des terrains diluviens aura été faite avec beaucoup de soin sous le beau ciel de l'Asie, où toutes les traditions placent le berceau du genre humain, que cette question pourra recevoir une solution digne de son importance. Il est évident que si, dans ces contrées encore inconnues sous le rapport géologique, on trouve au milieu de dépôts diluviens des ossements humains ou des objets ouvragés, il n'en faudra pas davantage pour démontrer aux plus incrédules un fait que jusqu'ici nous avons dû admettre comme constant. Des faits et des considérations qui précèdent, nous pensons être en droit de conclure :

1° Que très-probablement, en Europe, les principaux dépôts dits de transport, doivent leur origine aux deux systèmes de soulèvement qui ont produit les Alpes orientales et les Alpes occidentales ;

2° Que le soulèvement du système des Andes a déterminé une révolution dont on trouve des traces dans les traditions de tous les peuples ;

3° Que c'est à cette catastrophe, qui serait postérieure au soulèvement des Alpes, et qui eut lieu, ainsi que nous l'avons dit plus haut, en même temps que les pluies incessantes dont parle la Genèse, qu'il faut rapporter la destruction d'un grand nombre d'espèces perdues et tout ce qui nous a été révélé dans l'Écriture sainte touchant le déluge de Noé ;

4° Qu'il faut admettre que l'homme existait à l'époque du soulèvement des Andes, mais qu'il n'avait pas encore paru lors des révolutions antérieures à ce dernier cataclysme.

CHAPITRE XXII.

DES ROCHES MÉTAMORPHIQUES.

Définition. — Caractère général des roches désignées sous le nom de ROCHES MÉTAMORPHIQUES. — Origine des couches métamorphiques. — Calcaires passés à cet état. — Théorie de métamorphisme. — Moyens d'épreuves pour la détermination de l'âge des roches de cette nature.

Les dépôts de sédiment revêtent quelquefois des caractères tout à fait différents de ceux qu'ils affectent ordinairement dans la plupart des formations. Ainsi, dans un assez grand nombre de localités, leur stratification ne laisse aucune trace, comme dans quelques calcaires très-anciens, ou bien elle est à peine sensible, comme le prouve la plupart des craies blanches; les débris organiques s'y trouvent dissimulés, détruits; la structure de la roche prend une forme lamellaire distincte; elle ne contient point de fragments arrondis ou anguleux provenant de roches préexistantes. Sa texture est éminemment cristalline, et des couleurs plus ou moins vives, soit uniformes, soit veinées, viennent compléter son changement d'état. On attribue cette transformation tantôt à une certaine action chimique qu'a éprouvée la roche pendant qu'elle se formait au fond d'un liquide doué d'une grande chaleur, tantôt à l'énorme pression qu'elle a subie, très-souvent enfin à la haute température à laquelle elle a été soumise par le voisinage des roches d'origine ignée.

On appelle *roches métamorphiques* les roches qui, après avoir été déposées par l'eau, ont subi les changements de structure et de texture que nous venons d'indiquer.

Assez souvent des strates laissent apercevoir, près de leur point de contact avec des veines et des dykes de roches ignées, des altérations semblables à celles que pourraient produire la chaleur intense de matières en fusion ou des gaz comprimés. Ces altérations, quoique peu étendues en général, se manifestent quelquefois jusqu'à une distance considérable à partir du point de contact. Les effets produits consistent, ainsi que nous l'avons dit plus haut, dans la destruction partielle ou entière des restes fossiles, dans un changement de texture à la suite duquel les matières compactes et terreuses passent à l'état cristallin; par exemple : des calcaires de différentes textures, remplis de coraux et de coquilles, sont transformés en marbres saccharoïdes ou statuaires, en marbres cipolins renfermant de beaux minéraux cristallisés, et en dolomies contenant des corindons et du sulfure d'arsenic, des schistes argileux en talcschistes, des grès micacés en gneiss, du grès en quartz, du charbon en càke, etc.

Nous pourrions citer à ce sujet des exemples sans nombre, mais ce serait dépasser les limites que nous avons dû nous imposer dans le plan d'un ouvrage de la nature de celui-ci. . . . .

Un fait digne de remarque, c'est que l'on rencontre

assez fréquemment, à proximité des dykes, les mêmes roches sans aucune altération.

Une aussi grande dissemblance dans les effets des roches ignées paraît souvent due à la différence originelle de leur température, et de celle des gaz comprimés. Le pouvoir de conduire la chaleur peut varier aussi dans les roches pénétrées, selon leur composition, leur structure, les fractures qui y ont été faites. Dans certains cas aussi, il est possible que les éléments constituants soient mélangés en proportions convenables pour entrer promptement en combinaison chimique et former ainsi des minéraux nouveaux, tandis que dans d'autres circonstances, il se peut, dit M. Lyell, que la masse soit plus homogène, ou que les proportions se trouvent moins favorablement disposées pour une telle combinaison.

Les roches métamorphiques ne se rencontrent pas toujours dans le voisinage des roches d'origine ignée, il est facile de concevoir que, dans ce cas, leur métamorphisme par la chaleur intérieure a pu être opéré à distance.

La théorie métamorphique, telle que M. Lyell la comprend, n'exige pas que la force altérante soit attribuée à quelque masse de granit adjacente aux strates altérées; elle veut seulement qu'on admette que, dans l'intérieur de la terre, il existe, à une profondeur inconnue, une certaine action, soit thermale, soit électrique ou de toute autre nature, mais qui, analogue à celle qui s'exerce dans le voisinage des masses pénétrantes de granit, ait, dans le cours d'une période immense, réduit des strates de plusieurs milliers de pieds d'épaisseur à un état de demi-fusion, lequel ait à son tour donné lieu, par le refroidissement qui suivit, à une cristallisation semblable à celle du gneiss. Ainsi, dans cette hypothèse, le granit résulterait de l'intensité plus grande de cette action. Le passage de cette roche au gneiss recevrait une explication toute naturelle, et le gneiss, le micaschiste, le schiste argileux et le calcaire saccharoïde auraient été formés non-seulement depuis l'introduction première d'êtres organisés dans notre planète, mais longtemps même après l'extinction successive de plusieurs races distinctes d'animaux et de plantes. Cette doctrine, touchant aux limites où cesse l'induction positive au delà desquels on ne peut se livrer qu'à des conjectures, donne lieu à des objections trop nombreuses pour être adoptée sans un mûr examen. Toutefois, nous devons avouer que certaines expériences relatives à la fusion des roches dans les laboratoires lui donnent un certain degré de confiance. Tous les chimistes savent que lorsqu'on chauffe du calcaire terreux, avec les précautions convenables pour empêcher le dégagement de l'acide carbonique, il se fond comme toute autre matière, et cristallise par le refroidissement. Gregory Watt a démontré aussi qu'il n'est pas nécessaire qu'une roche soit complétement fondue pour que ses molécules constituantes puissent prendre un arrangement nouveau, et pour que ce déplacement donne lieu à une cristallisation partielle.

L'incandescence des roches, les forces chimiques de quelque nature qu'elles soient n'ont pas déterminé seules tous les phénomènes du métamorphisme; les gaz qui se dégageaient des masses ignées au moment où celles-ci se trouvaient en rapport avec les couches fossilifères, ont dû jouer un rôle principal dans certaines altérations de texture, de cohésion, de dureté et de couleur de beaucoup de roches. Ainsi, tout porte à supposer que l'acide chlorhydrique, l'acide carbonique, l'hydrogène sulfuré, qui s'échappent encore des entrailles de la terre sur des points assez nombreux, ont pu être absorbés par des roches sédimentaires, alors que celles-ci étaient encore à l'état de mollesse et comparables pour ainsi dire à des éponges remplies d'eau. Les gypses, par exemple, sont le produit des émanations d'acide sulfureux qui ont pénétré les calcaires. On a vu des argiles noirâtres devenir jaunes et souvent même d'un blanc de neige, et les bandes ferrugineuses rouges qui les traversent, prendre un aspect bigarré et bréchiforme; enfin il y a de fortes présomptions de croire que le dégagement des gaz a, dans certaines circonstances, donné naissance à des veines de calcédoine, d'opale et de gypse fibreux.

DOLOMISATION. — Le changement des calcaires en dolomie, c'est-à-dire l'addition de la magnésie dans le carbonate de chaux, est considéré comme produit par des gaz qui se sont dégagés du sein de la terre au moment de la sortie des porphyres noirs pyroxeniques et de quelques autres roches, en profitant de toutes les fractures qui avaient affecté le sol.

Les moyens d'épreuve échappent à l'observateur lorsqu'il s'agit d'établir avec quelque exactitude la chronologie d'une roche qui, après avoir été en fusion dans le sein de la terre, a passé à l'état cristallin. La position relative, la pénétration, l'altération des roches en contact, les caractères minéralogiques sont les éléments auxquels on a ordinairement recours pour cette détermination.

Lorsque des strates fossilifères non altérées reposent sur une roche plutonique, la position inférieure de celle-ci résulte évidemment de son ancienneté relativement aux formations qui la recouvrent. Dans ce cas, elle s'est trouvée à l'état solide avant que les couches sédimentaires se reposassent sur elle.

Quand des roches ignées envoient des veines dans les strates et les altèrent près du point de contact, il est constant que ces roches sont plus récentes que les couches qu'elles pénètrent et qu'elles altèrent.

Quelque grande que soit l'uniformité des dépôts plutoniques, on peut, avons-nous dit, considérer comme moyen d'épreuve dans la détermination de leur âge, leur composition minéralogique. Pour arriver à ce but qu'il est souvent si difficile d'atteindre, il est nécessaire de ne pas perdre de vue que telle variété ignée domine souvent, et quelquefois exclusivement, en conservant un caractère homogène dans une étendue considérable. Or, si l'on parvient à déterminer son âge relatif en un point quelconque de la région qu'on explore, il sera aisé de reconnaître son identité en d'autres lieux, et d'établir, d'après une seule coupe, les relations chronologiques des masses d'une certaine étendue.

Presque toujours les fragments étrangers, enchâssés dans les dépôts plutoniques, sont tellement altérés, qu'on ne peut les rapporter avec certitude aux roches dont ils proviennent. On connaît peu d'exemples où ce mode d'épreuve ait été d'un grand secours.

Les strates métamorphiques peuvent être considérées comme ayant un âge double, ou bien comme appartenant à deux périodes distinctes, celle de leur formation et celle de leur cristallisation.

La date de ces deux périodes n'est pas facile à déterminer; car les fossiles ayant été détruits par l'action plutonique, et les caractères minéralogiques étant les mêmes, quel que puisse être l'âge de la roche, ces deux modes d'épreuve sont à peu près nuls. La superposition elle-même ne fournit que des indices peu satisfaisants, surtout lorsqu'il s'agit de préciser l'époque de la cristallisation. Dans l'état actuel de la science, on ne peut qu'établir l'identité des deux parties différentes de la même strate, celle où la roche s'est trouvée en contact avec un dépôt plutonique, et a, par suite de ce contact, été changée en marbre ou en toute autre matière, et celle où, à une distance plus ou moins grande de la première, la roche est restée non altérée et fossilifère. Mais dès l'instant où il est question de rechercher l'âge des roches métamorphiques, de savoir dire à quelles époques de la série de sédiment et de transport correspond l'émission du granite, du porphyre, du trachyte, du basalte et de la lave, tout le talent, toute la sagacité des plus habiles observateurs suffisent à peine pour arriver à quelques probabilités qui méritent d'être prises en considération.

CHAPITRE XXIII.

DE LA CRÉATION DU MONDE

ET DES ÊTRES SELON LA GENÈSE.

Résumé des révolutions du globe. — Première apparition de la vie. — Créations successives de systèmes organiques. — Unité de plan du Créateur. — Interprétation du premier chapitre de la Genèse. — Accord de la géologie avec les livres sacrés.

Si nous jetons un coup d'œil général sur la formation de notre planète et sur les grands mouvements dont elle a été le théâtre, nous voyons qu'elle n'a pas existé de toute éternité, qu'elle est arrivée aux conditions dans lesquelles elle se trouve aujourd'hui, par une série de créations distinctes qui se sont succédé à des périodes consécutives, immenses en étendue, et caractérisées par un état de choses qui ne ressemble en rien ni à ce qui l'a précédé ni à ce qui l'a suivi; que les phénomènes qui ont eu lieu à sa surface, durant les temps anciens, sont analogues à ceux de l'époque actuelle, et qu'ils n'en diffèrent que par une intensité plus grande.

L'histoire que nous avons donnée des divers changements par lesquels le globe a dû passer, la constitution chimique et l'arrangement mécanique des matériaux qui concourent à la composition de son écorce solide, seule partie qui soit accessible à nos investigations, nous ont fait reconnaître que, dès le moment de leur création, ces matériaux étaient soumis aux mêmes lois que celles qui les régissent de nos jours, qu'ils les ont constamment subies, et que les éléments qui entrent dans l'organisation des végétaux et des animaux actuels paraissent avoir rempli les mêmes fonctions dans l'économie organique à toutes les époques géologiques.

Nous avons vu aussi que la terre n'a pas toujours été solide, que la fluidité a été son caractère primitif, que sa forme sphéroïdale et son applatissement vers les pôles sont la conséquence nécessaire de l'état liquide dans lequel elle s'est trouvée; que, suivant les enseignements tirés de la physique et de la chimie, cet état de fluidité, maintenant masqué par une croûte refroidie, devait être igné; qu'en définitive, une masse fondue par la chaleur, enveloppée d'une immense atmosphère dont la température ne permettait pas aux matériaux tenus en suspension de se précipiter à la surface, paraissait avoir constitué l'état originaire du globe. Suivons encore une fois, et le plus rapidement possible, les principaux faits relatifs à la formation de la terre et au développement de la vie organique à sa surface.

D'après ce que nous connaissons des lois de la chaleur, un corps aussi chaud que la terre le fut à son origine, parcourant dans ses révolutions autour du soleil des régions dont la température est de — 50 à — 60, dût bientôt se refroidir par le rayonnement du calorique de la surface à travers l'espace. Un des premiers résultats de cette diminution de chaleur fut la condensation des métaux les plus réfractaires et les plus pesants, qui formèrent une espèce de bain métallique au centre de notre planète; ce premier noyau ainsi formé, autour de lui se condensèrent successivement les substances les moins fusibles, favorisées en cela par leurs affinités réciproques. Cette action fut rapide, et la croûte oxydée qui en résulta, rendant le rayonnement moins énergique, permit l'apparition de nouveaux phénomènes. Durant ce temps, l'attraction planétaire qui agissait à la fois sur l'atmosphère et sur le globe en fusion, occasionna des marées terrestres et aériennes; la croûte figée, trop mince et trop flexible pour résister à cette action, se brisa fréquemment; son refroidissement continuant toujours, elle se contracta et se plissa dans différents sens, par la nécessité où elle se trouvait de diminuer de capacité, afin de ne pas cesser d'embrasser exactement sa masse interne.

La vapeur d'eau qui, jusque-là, était restée mélangée aux gaz atmosphériques, se précipita à la surface, et après des réactions sans nombre sur les premières assises de l'écorce, à peine consolidées, parvint à s'y maintenir à l'état liquide. Largement répandue sur une surface encore très-chaude, elle dût se charger de nombreux oxydes et former à l'aide de ceux qui se trouvaient en plus grande quantité, tels que la potasse et la soude, une sorte de lessive bouillante douée d'une prodigieuse puissance d'érosion. Sous l'influence de ces eaux si énergiquement dissolvantes, l'enveloppe extérieure du globe fut profondément dégradée, et les détritus provenant de ces dégradations formèrent au fond des mers ces amas de vase, de sable et de boue qui, dans la suite, exposés aux diverses températures de la chaleur centrale, se convertirent en lits immenses de gneiss, de micaschistes, d'amphibolite, etc.

Au-dessus de ces matériaux, ainsi balayés des premières terres dans les premières mers, se déposa cette énorme série de sédiments qui constituèrent successivement des terrains et des couches de nature diverse, dont la précipitation coïncida avec des actions diluviennes d'une vaste étendue; les périodes de tranquillité durant lesquelles se succédèrent les couches nouvelles, furent fréquemment troublées par des éruptions de roches ignées (granits, syénites, porphyres, diorites, etc.) qui se confondirent avec celles-ci, se pénétrèrent mutuellement ou s'épanchèrent par-dessus.

A l'époque de la première consolidation des couches du globe, il n'existait pas encore d'êtres vivants à sa surface, ou du moins on n'en retrouve aucunes traces. Peut-être en a-t-il été autrement; peut-être faut-il attribuer leur absence à l'action de ces énormes masses de roches plutoniques dont l'épanchement dans le voisinage des couches non fossilifères aura fait disparaître les débris organiques qu'elles pouvaient renfermer. Toutefois, en présentant cette dernière hypothèse, nous ne prétendons pas induire de son plus ou moins de probabilité la possibilité d'existences animales ou végétales, alors que la substance du globe ne consistait encore qu'en une masse incandescente; nous ne faisons que reculer d'un degré le terme de la série des manifestations organiques. Nous nous empressons de reconnaître que toutes les espèces ont eu nécessairement un commencement, et que ce commencement, qui ne peut être attribué qu'à la volonté, au *fiat*, d'une puissance créatrice infiniment sage, infiniment intelligente, a eu lieu postérieurement à l'état de liquéfaction générale des matériaux de notre planète; car il nous est bien démontré qu'il n'est aucun animal, aucun végétal, soit de ceux qui existent maintenant, soit de ceux dont on retrouve les restes à l'état fossile, qui puisse avoir supporté une température aussi élevée.

Les plus anciens débris des êtres organisés que l'on ait rencontrés dans les terrains de sédiment inférieurs, étaient renfermés dans le schiste argileux et dans les psammites qui les recouvrent; ce ne sont pas, comme on pourrait le penser, les êtres les plus simples et les moins compliqués; plusieurs classes s'y montrent à la fois sans qu'on puisse dire quelle est celle qui a précédé les autres, et plus d'un doute s'élève encore dans l'esprit de quelques géologues à l'effet de savoir si les plantes ont existé avant les animaux sur la terre, et quel est celui des deux règnes qui a commencé la série organique.

Quoi qu'il en soit, dès la première apparition de la vie sur le globe, les animaux dont les restes organiques se rencontrent le plus fréquemment, sont parmi les mollusques des *productus*, des *spirifer*, des *orthoceratites*, familles aujourd'hui éteintes; parmi les crustacés, des *calymènes*, des *ogygia* et des *paradoxides*. Avant ce temps, ou du moins quelques faits nous portent à le croire, des végétaux, d'abord peu nombreux, s'étaient développés sur les terrains émergés : ce sont des *fucoïdes* ou plantes marines, des *calamites*, genre de la famille des *équisétacés*, des *sphenopteris*, des *cyclopteris*, des *pecopteris* et des *sigillaria* appartenant à la famille des *fougères;* un *lepidodendron* et un *stigmaria* y représentent les *lycopodiacés*. Avec ces débris organiques des deux règnes, différents zoophytes apparaissent : des radiaires, des serpules, des genres de mollusques très-nombreux, des articulés (trilobites), et enfin des *vertébrés* (empreintes et palais de poissons).

Nous pourrions difficilement concevoir une démonstration plus puissante de l'unité de plan qui a présidé à la création, que cette apparition simultanée des trois grandes divisions du règne végétal en plantes *acotylédones*, *monocotylédones* et *dicotylédones*, et des quatre grandes divisions du règne animal en *vertébrés*, *articulés*, *mollusques* et *rayonnés*, dès que la vie s'est montrée à la surface du globe.

Témoignage accablant pour l'athéisme, ce fait fondamental, en nous révélant une volonté unique pleine de sagesse et de prévoyance à laquelle est due cette magnifique harmonie, ruine de fond en comble les doctrines qui expliquent l'existence des êtres organisés vivants par un développement progressif ou une transmutation d'espèces inférieures, en espèces d'une classe plus élevée, ou qui admettent une succession éternelle d'individus des mêmes espèces sans un commencement comme sans une fin probable. Ces familles, ces genres, ces espèces, de même que ceux qui se présentent dans les formations moins anciennes, se placent sans effort dans les mêmes catégories qui ont été créées pour les formes actuellement existantes. Il n'a pas été nécessaire d'établir pour eux quelque classe nouvelle, les systèmes qu'ils constituent, loin d'être isolés et distincts, se correspondent et ne diffèrent que dans quelques-uns de leurs détails. Ces rapports entre les organisations récentes et celles dont le monde qui a précédé le nôtre nous a laissé les débris, peuvent être caractérisés par la formule suivante : similitude dans les points essentiels, divergence infinie dans les détails.

Comment se sont développés les premiers linéaments de la vie sur la terre? quelles sont les circonstances qui ont accompagné leur manifestation organique?

La seule explication satisfaisante que l'on puisse donner de ce premier travail de la création, de ces combinaisons merveilleuses, type commun des systèmes futurs d'organisation, est celle qui, pour faire comprendre l'origine de tout ce qui est au-dessus de nous, au-dessous de nous et autour de nous, s'élève jusqu'à la toute-puissance d'un créateur unique et toujours le même.

Lorsqu'on étudie avec un esprit dégagé de préjugés les systèmes émis jusqu'à ce jour, on voit que peu de géologues ont abordé avec bonheur la question des créations organiques. Suivant quelques-uns, et ce sont les plus raisonnables, les forces créatrices auraient été les mêmes à toutes les époques, et sont encore telles qu'elles étaient avant l'apparition de l'homme sur la terre; mais pour s'exercer avec plus ou moins d'énergie, elles exigent telles ou telles circonstances accessoires, comme par exemple certains milieux ambiants, certaines quantités de gaz divers, certaines intensités et activités du fluide électro-magnétique, de la lumière, etc. Ainsi, dit M. Boué, toutes les classes de végétaux et d'animaux, y compris l'homme, auraient été créées dès les premiers temps géologiques, si la nature ou l'organisation particulière à chacune d'elles le leur avait permis; mais les circonstances accessoires étant telles que la vie d'une ou plusieurs de ces classes devenait impossible, il en est résulté que toutes n'ont pas pu paraître en même temps; que quelques-unes n'ont pu être créées qu'à certaines époques, et que celles qui ont été formées les premières, n'ont joui de cet avantage qu'en conséquence de modifications particulières apportées à leur organisation actuelle. Il fallait, avant tout, qu'elles fussent adaptées aux milieux ambiants; de nos jours, ces milieux sont tels, que les créations paraissent être restreintes aux derniers échelons des êtres, à ceux qui sont intermédiaires entre le règne végétal et le règne animal, à certains genres d'infusoires et peut-être même de vers intestinaux.

Considérée au point de vue théologique, cette opinion, que nous rapportons ici, sans toutefois en prendre la responsabilité, ne nous paraît pas être en opposition avec les principes fondamentaux d'ordre et d'harmonie sur lesquels repose l'ensemble de la nature animée. Les géologues qui la professent, loin de repousser l'intervention d'un agent créateur plein de sagesse et de prévoyance, ne peuvent s'empêcher de reconnaître une cause première, éternelle et suprême, dont la faculté créatrice ne saurait être limitée par les bornes de chaque grande époque géologique. Cet agent, dont notre faible intelligence ne peut arriver à comprendre la nature, mais dont tout ce qui existe nous proclame la grandeur et la bonté infinies, imprime au type commun de tous les mécanismes les modifications nécessaires pour mettre les espèces créées en harmonie avec les fonctions spéciales qu'elles sont appelées à remplir dans l'échelle des êtres, et pour les adapter aux circonstances dans lesquelles se trouve le globe qui doit les porter et les nourrir.

Ce mode de manifestation des forces créatrices trouve un appui assuré dans l'histoire de la création telle que la Genèse nous la raconte. Ce n'est donc pas sortir de notre sujet que d'examiner ici combien le récit si concis de Moïse se trouve d'accord avec les principaux faits géologiques exposés dans cet ouvrage. Rappelons d'abord le texte sacré :

1° Dans le commencement, Dieu créa le ciel et la terre.

2° Et la terre était *déserte* et *vide*, et les ténèbres couvraient la surface de l'abîme, et l'esprit de Dieu était porté sur les eaux.

3° Et Dieu dit : « Que la lumière soit! » et la lumière fut.

4° Et Dieu vit que la lumière était bonne, et Dieu sépara la lumière d'avec les ténèbres.

5° Et Dieu nomma la lumière *jour* et les ténèbres *nuit*. Ainsi fut le soir, ainsi fut le matin; ce fut le premier jour.

6° Puis Dieu dit : « Qu'il y ait une étendue entre les eaux, et qu'elle sépare les eaux d'avec les eaux. »

7° Dieu donc fit l'étendue et sépara les eaux qui sont au-dessous de l'étendue d'avec celles qui sont au-dessus de l'étendue, et ainsi fut.

8° Et Dieu nomma l'étendue *cieux*. Ainsi fut le soir, ainsi fut le matin ; ce fut le second jour.

Le troisième jour, il rassembla les eaux dans un seul lieu; le sol fut mis à découvert (mers, terre); la terre se couvrit d'herbes et d'arbres portant du fruit selon leur espèce.

Le quatrième jour, il créa le soleil et la lune.

Le cinquième jour, il voulut que les eaux produisissent en toute abondance des animaux qui se meuvent et qui aient vie (poissons, reptiles), et que les oiseaux volassent sur la terre vers l'étendue des cieux.

Le sixième jour, Dieu fit les animaux terrestres; puis il créa l'homme pour dominer sur toute la terre.

Un premier fait important, c'est que tous les géologues, quelque soit le dissentiment qui les partage lorsqu'ils veulent remonter aux causes secondaires qui ont agi dans la production des phénomènes géologiques, s'accordent sur ce point, qu'une durée composée d'une suite de périodes immenses en étendue a été nécessaire pour amener le globe à son état actuel. Ceci posé, nous sommes conduits à reconnaître, comme orthodoxe, l'interprétation adoptée déjà par S. S. Pie VII, dans son entrevue à Paris avec les membres de l'Institut. Or, cette interprétation autorise à considérer les jours dont il est question dans le récit génésiaque, non comme des intervalles égaux à ceux que le globe emploie pour opérer une rotation sur lui-même, mais bien comme des époques (le mot hébreu *yom*, que l'on a traduit par *jour*, signifie *époque*, *révolution*), qui se succèdent entre elles pendant de longs intervalles. Aucun doute ne subsistant plus dans notre esprit sur un sujet demeuré jusqu'alors obscur, essayons de reconstruire l'immense série d'événements qui ont précédé la création de l'homme, et voyons s'il est possible d'admettre les déductions scientifiques qui résultent de l'interprétation du récit de Moïse, sans craindre de porter atteinte à son autorité.

Selon le texte de la Genèse, la lumière fut créée le premier jour.

Ce verset a été longtemps un sujet de raillerie de la part d'une certaine école de philosophes qui, dans son orgueilleux scepticisme, se fait un jeu de jeter le ridicule et le blâme sur les choses les plus sacrées. L'objection était séduisante : comment, disait-on, la lumière existait dès le premier jour, et c'est au quatrième, seulement, que le soleil, la lune et les étoiles ont été créés? Grâce aux progrès des sciences physiques, cette difficulté, que l'on croyait insurmontable, n'existe plus aujourd'hui; des découvertes récentes sont venues nous apprendre que la lumière n'est point une substance matérielle, mais seulement un effet des ondulations de l'éther qui existe dans l'univers, comme le fluide électrique existe dans tous les corps, et que diverses causes, telles que le soleil, les astres, l'électricité, etc., ont la propriété de faire vibrer à la manière des fluides; or, l'éther qui remplissait l'espace, a pu être placé dans un certain état de vibration. La mise en action d'une lumière toute particulière, précédant celle du soleil et des astres, n'a donc rien de contradictoire avec les faits naturels. Cette conclusion est entièrement confirmée par les recherches du savant de Candolle, qui, en examinant par quelle cause les plantes fossiles des houillères de la baie de Baffin sont analogues aux plantes équatoriales, a prouvé qu'elles avaient dû être soumises à des conditions également analogues de chaleur et de lumière. Or, en admettant que la chaleur centrale, à l'époque où croissaient ces plantes, leur était suffisamment favorable, il restait encore à chercher d'où pouvait leur venir la lumière nécessaire que le soleil refuse dans ces latitudes septentrionales; le célèbre botaniste a été forcé de conclure qu'il existait dans ces régions, à l'époque où croissaient les végétaux dont il s'agit, une lumière inconnue aujourd'hui, et dont les aurores boréales ne sont peut-être que des débris.

La présence de cavités orbitaires et de trous optiques dans toutes les têtes fossiles de poissons ou de reptiles, quelle que soit la formation où on rencontre ces premiers habitants du globe, démontre encore que cette lumière toute particulière, dont nous parlions il y a un instant, existait durant ces longues périodes où se succédèrent les formes animales dont nous retrouvons les débris. Elle était d'ailleurs indispensable à l'accroissement et au développement des espèces.

Ainsi, la création du monde, la disposition de la matière, le dépouillement de notre globe, phénomènes qui se trouvent compris dans l'œuvre des deux premiers jours, correspondent parfaitement à notre première époque géologique et à la formation des terrains qui constituent la période primaire.

« Au troisième jour, les eaux furent rassemblées dans un seul lieu, et le sol fut mis à découvert, et la terre se couvrit d'herbes, etc. »

Ici, la Genèse place la création des végétaux avant celle d'aucun animal : c'est en effet ce que nous présente l'époque géologique où nous voyons des dépôts anthraxifères, c'est-à-dire des dépôts d'origine végétale inférieure même aux dépôts qui renferment des trilobites.

La création d'êtres organisés qui suit dans la Genèse celle des végétaux, est celle des reptiles, « et Dieu voulut que les eaux produisissent en toute abondance des animaux qui se meuvent et qui aient vie, et que les oiseaux volassent sur la terre vers l'étendue des cieux. » En effet encore, la troisième époque est celle des grands reptiles (sauriens) qui apparaissent en même temps que les tortues, les poissons, divers genres de mollusques et de nombreuses espèces d'oiseaux.

Enfin, après ces êtres organisés, la Genèse fait paraître les mammifères terrestres, les animaux domestiques.

C'est aussi dans la quatrième époque que nous voyons arriver des genres de mammifères, à la vérité perdus aujourd'hui ; puis, immédiatement après, se montrent en abondance des pachydermes et des ruminants, les éléphants, les mastodontes, les rhinocéros, les bœufs, les antilopes, les cerfs, animaux qui, en général, sont susceptibles d'être apprivoisés, ce qui est en rapport avec ces mots : *les animaux domestiques*.

Enfin l'homme paraît, il vient couronner l'œuvre de la création. Jusqu'ici on n'a trouvé aucuns fossiles humains dans les couches régulières du globe ; la présence d'ossements de cette nature dans les cavernes où ils sont entassés pêle-mêle avec des débris d'animaux de la quatrième époque, ne démontre pas d'une manière incontestable l'existence simultanée de l'homme et de ces grands mammifères d'espèces éteintes. Cependant nous sommes très-disposés à croire qu'il peut avoir été contemporain des animaux qui ont vécu vers la fin de cette même époque. Un fait mieux établi pour nous, c'est que la race humaine ne peut pas être plus ancienne que nous l'annoncent les traditions de l'Écriture, et que depuis sa création il ne s'est opéré qu'une seule révolution du globe, celle qui a produit le déluge.

Des faits qui précèdent et des rapprochements auxquels ils ont donné lieu, il résulte évidemment que la succession des êtres organisés, telle qu'elle est rapportée en peu de mots dans les livres sacrés, se concilie parfaitement avec les révélations que nous a faites la géologie touchant les longues périodes qui ont précédé l'établissement de l'homme sur cette terre.

Ici se présentent plusieurs considérations dont il serait difficile de ne pas être frappé. Puisqu'un livre écrit à une époque où les sciences naturelles étaient encore dans l'enfance, renferme en quelques lignes le sommaire des conséquences les plus remarquables auxquelles il ne pouvait être permis d'arriver qu'après les immenses progrès faits dans la science depuis un demi-siècle; puisque les conclusions se trouvent en rapport avec des faits qui n'étaient pas connus ni même soupçonnés, faits que les philosophes de tous les temps ont considérés d'une manière contradictoire et sous des points de vue constamment erronés; puisqu'enfin le récit de Moïse, si supérieur à son époque sous le rapport des déductions scientifiques, lui est également supérieur sous le rapport de la morale et de la philosophie naturelle, on est bien obligé d'admettre que le livre où sont exposés des faits que les recherches des savants devaient seulement démontrer trente-trois siècles plus tard, est le fruit d'une inspiration divine.

Nous ferons remarquer, en terminant, que dans l'interprétation que nous avons donnée des premiers versets de la Genèse, nous n'avons nullement eu l'idée d'établir *de quelle manière* la création des êtres a eu lieu, mais bien *par qui* ils ont été créés. Le livre de Moïse, nous aimons à le répéter, a été inspiré; car il renferme en quelques lignes, et les éléments de ce qui fut, et les éléments de ce qui doit être. Tous les secrets de la nature lui sont confiés. Ce que l'esprit peut concevoir de plus merveilleux, ce que l'intelligence a de plus sublime, il le possède; enfin, il rassemble en lui plus de choses que tous les livres entassés dans les bibliothèques européennes.

CHAPITRE XXIV.

DES TERRAINS DE CRISTALLISATION OU D'ÉPANCHEMENT.

Composition minéralogique. — Mode d'émission. — Opinion erronée des anciens. — Age des roches qui traversent les différents dépôts de sédiment. — FORMATION GRANITIQUE — Ses caractères. — Granits. — Protogyne. — Syénite. — Diorite. — Pegmatite. — Minéraux et métaux. — Emploi des roches. — Formes du sol. — Agriculture. — FORMATION PORPHYRIQUE. — Caractères principaux. — Porphyre. — Eurite. — Aphanite. — Trapp. — Spilite. — Dolérite. — Mélaphyre. — Division de la formation porphyrique en trois sections. — Porphyre rouge. — Porphyre vert. — Porphyre noir.

Les roches que nous désignons sous le nom de terrains de cristallisation ou d'épanchement, sont abondamment répandues à la surface du globe ; tout porte à faire admettre qu'elles ont été projetées du sein de la terre à l'état de fusion ignée, et que leur émission s'est reproduite pendant toute la série des dépôts de sédiment et de transport.

COMPOSITION. — Les minéraux qui entrent comme parties constituantes dans la composition de ces roches, se réduisent presque exclusivement à sept éléments; ce sont : la silice, l'alumine, la magnésie, la chaux, la soude, la potasse et le fer. Il est évident que leur tex- ture cristalline ou granitoïde, et que leur différence d'aspect dépendent des proportions dans lesquelles se trouvent ces éléments.

FORMES, POSITION. — Bien souvent les roches que constituent ces divers silicates, ont été injectées dans les terrains existants à l'époque de leur sortie, ont soulevé leurs couches, ou bien encore se sont épanchées à leur surface extérieure, et ont rempli les fentes formées par les agitations du sol. Les dénudations immenses produites dans les temps anciens par la force érosive de l'eau, ont quelquefois mis à découvert, sur de vastes étendues, les terrains de cette nature, et les forces agissantes intérieures les ont élevés à diverses hauteurs au-dessus du niveau de la mer.

ORIGINE. — Il y a peu de temps encore on regardait le granit comme la base fondamentale sur laquelle toutes les autres roches, considérées comme étant d'origine sédimentaire, étaient venues se déposer successivement à des intervalles plus ou moins éloignés. L'observation des faits ne permet plus d'admettre cette opinion, et les idées sont tellement changées à cet égard, que quelques géologues considèrent comme une chose pour ainsi dire impossible, de trouver une seule masse de granit qui soit véritablement plus ancienne qu'aucun des dépôts fossilifères connus. Nous sommes d'autant mieux fondé à accueillir cette manière de voir, que de nombreux exemples démontrent chaque jour que les roches granitiques ont été produites à des époques diverses, les unes antérieures, les autres postérieures à l'existence des roches non stratifiées fossilifères, que leur âge n'est souvent pas même très-ancien, et que l'on n'est pas encore parvenu à découvrir, dans les nombreuses recherches qui ont été faites, quelques strates des terrains de sédiment inférieur reposant immédiatement sur le granit, sans qu'il n'y ait ni altération au point de contact, ni veine granitique dans l'intérieur de ces strates.

AGE. — Il est difficile de déterminer d'une manière précise l'âge des différentes roches de cristallisation ou d'épanchement. Cependant, comme elles correspondent généralement à des époques distinctes de la série de sédiment et de transport, nous avons cru pouvoir établir leur ancienneté dans l'ordre suivant : granit, porphyre, trachyte, basalte et lave. L'émission de l'une ou de l'autre de ces roches annonce que celle qui l'a précédée s'est solidifiée dans l'intérieur du globe. Ainsi, quand les porphyres cessèrent de se montrer et furent remplacés par les trachytes, c'est que très-probablement les premiers avaient passé à l'état solide, ainsi de suite. M. Lecoq fait remarquer que, « si arrivé à la base du terrain de sédiment on perçait les terrains primaires qui le supportent, on verrait ceux-ci passer au granit, ces derniers prendre peu à peu les caractères des porphyres auxquels succèderaient les trachytes, puis les basaltes et les laves. » Nous avons vu en effet tous ces passages dans les massifs épanchés sur le sol et intercalés dans les divers groupes des terrains de sédiment que nous avons décrits plus haut.

Nous allons passer à l'examen des roches comprises dans la série des terrains de cristallisation, proprement dits, exposer leurs caractères minéralogiques, leurs formes, leur position, etc. Nous commencerons par celles qui sont réputées les plus anciennes.

FORMATION GRANITIQUE.

La formation granitique, c'est-à-dire celle dans laquelle le granit domine, se compose en général de granits, de syénites, de protogynes, de diorites et de pegmatites.

GRANIT. — Le granit est une roche d'une dureté extrême, composée de fragments de cristaux dont la réunion lui donne l'aspect grenu qui lui a valu son nom. Ces cristaux ou éléments composants sont le feldspath, le quartz et le mica immédiatement agrégés entre eux et comme entrelacés. Le quartz forme souvent, à lui seul, le tiers ou les deux cinquièmes de la masse ; sa couleur est ordinairement grise. Les teintes du feldspath sont très-variées ; le mica est tantôt noir, tantôt d'un blanc d'argent. Les cristaux sont toujours tronqués, comprimés et imparfaits, ce qui semble indiquer qu'ils ont été gênés dans leur formation et dans leur cristallisation par un défaut d'espace. Le granit semble parfois s'associer d'autres éléments accessoires dont les principaux sont : le grenat, la pyrite et l'amphibole.

Certaines variétés de granit, exposées à l'action de l'air et de l'eau, se désagrègent promptement, se réduisent en gravier, ou se transforment en une terre argileuse (granit du Limousin) ; d'autres variétés se décomposent en blocs plus ou moins arrondis, de dimensions énormes. Il en est qui résistent à tous les agents destructeurs et qui traversent des siècles sans éprouver d'altération (granits des Hautes-Alpes, granit d'Égypte). Les deux obélisques qui décorent à Rome les places de Saint-Pierre et de Saint-Jean de Latran sont dans un parfait état de conservation, et cependant la date de ce dernier remonte à 1300 ans avant l'ère chrétienne; le premier est du temps de Sésostris.

Le granit paraît quelquefois alterner en masses d'une épaisseur considérable avec les roches stratifiées inférieures. Dans cette circonstance, sa séparation d'avec le gneiss a toujours paru très-douteuse. Si on le trouve presque constamment mêlé ou superposé à tous les dépôts, c'est qu'à des époques différentes et très-éloignées il est sorti de la terre pour venir s'épancher au dehors et se confondre avec les roches préexistantes. (Fig. 80 et 81.)

On a prétendu que le granit formait exclusivement le fond d'un vaste terrain indépendant qui semble ne s'appuyer que sur lui-même, et que l'on retrouve dans toutes les parties du globe; cette opinion, sur laquelle nous avons eu l'occasion de nous expliquer, est à peu près abandonnée. Il est bien vrai qu'il paraît avoir plus d'épaisseur et plus d'étendue que toutes les autres roches de cristallisation ou de sédiment; mais nous ignorons s'il n'y a pas au-dessous de lui quelque dépôt sédimentaire. On l'observe à la surface du sol, sur le versant septentrional des Pyrénées, dans une partie de l'ancienne Bretagne, dans les Vosges, dans les montagnes de l'Auvergne, du Limousin, du Vivarais et du Valais, en Allemagne, en Saxe, en Silésie, en Bohême, dans le pays de Galles; il prend un développement considérable dans la longue chaîne du Caucase et du Thibet; il constitue les monts Ourals, les Llanos, les grandes chaînes du Brésil, etc., etc.

Considéré sous le rapport minéralogique, le granit offre de nombreuses variétés. Ainsi il change de nom selon que les trois minéraux qui le composent sont plus ou moins prédominants, que l'un d'eux disparaît ou qu'il fait place à quelque nouveau minéral.

Si le mica est remplacé par du talc, de la stéatite ou de la chlorite, la roche prend le nom de *protogyne* (1), mot

(1) (*Granitelle*, Saussure.)

dû à Jurine, et qui signifie roche de première formation (chaîne du Mont-Blanc).

Lorsque l'amphibole succède au mica, le granit est appelé *siénite*. Cette roche est remarquable par la grandeur de ses cristaux de feldspath, ordinairement d'une couleur rose ou incarnate, et par son amphibole, du plus beau noir. Elle est si abondante au mont Sinaï, que c'est probablement dans cette variété du granit qu'ont été taillées les tables de la loi que Moïse donna aux Hébreux.

La colonne de Pompée, près d'Alexandrie, la plus grande partie des antiquités égyptiennes, les deux sphynx de la salle d'Apollon, plusieurs beaux monolithes sont en siénite.

On rencontre cette roche dans la Haute-Égypte, aux environs de Sienne, en Saxe et dans les Vosges. Cette dernière rivalise avec les plus belles roches siénitiques de la Haute-Égypte.

La *diorite* (1) est dans la même catégorie que la siénite, c'est une roche dans laquelle le quartz et le mica du granit sont remplacés par l'amphibole. Aussi la diorite et la siénite passent-elles fréquemment de l'une à l'autre.

La *pegmatite* (*granit graphique*, *aplite*, Retz; *quartzite*, Haberlé) n'est plus qu'un composé de quartz, souvent disposé en lignes brisées dans du feldspath lamellaire qui est la base de la roche. C'est un granit sans mica. On l'a d'abord appelé granit graphique, parce que le quartz y est disposé de telle sorte, que lorsque cette roche est coupée dans un certain sens, elle présente des formes qui ont quelque ressemblance avec des caractères hébraïques.

(1) Syn. : *Grünstein*, Werner; *Granitel*, Galitz; *Ophite*, Palass; *Chloritin*, Habelé.

Cette roche se trouve dans peu de localités. On l'a rencontrée aux monts Ourals, dans la Sibérie orientale, en Écosse et dans l'île de Corse; elle fournit par sa décomposition les plus beaux kaolins employés dans la fabrication de la porcelaine.

Nous n'insisterons pas sur l'analogie évidente qui existe entre ces diverses roches et qui leur donne une commune origine.

MINÉRAUX ET MÉTAUX. — On trouve dans les fissures des terrains de cristallisation, un nombre assez considérable de matières employées par les joailliers et les bijoutiers, sous le nom de *pierres précieuses;* le QUARTZ HYALIN et ses nombreuses variétés, — limpide (cristal de roche, *berg cristal*), — rose (rubis de Bohême), — jaune citron (topaze de Bohême), — bleu (saphir d'eau, saphir occidental, saphir faux), — violet (améthyste), — vert (améthyste vert du Brésil) : le QUARTZ AGATE, dont les principales variétés sont la *calcédoine* (teinte laiteuse), la *cornaline* (rouge), la *sardoine* (orangée avec nuances de jaune, de brun, de noir), l'*onyx* (couleurs variées, couches parallèles, rubanées), l'*héliotrope* (vert obscur); différents jaspes, l'opale, l'hydrophane, la tourmaline, l'émeraude, l'algue marine, le béril, les grenats aux teintes rouges, l'hyacinthe, l'escarboucle. Toutes les couleurs plus ou moins vives qui rendent si précieuses certaines variétés de quartz, sont dues le plus ordinairement à la présence d'oxydes métalliques de fer, de plomb de nickel et de manganèse. Beaucoup de teintes vertes ont pour principe colorant la *chlorite*. L'améthyste est un quartz transparent violet, coloré par l'oxyde de manganèse; le vert de l'émeraude doit sa couleur à l'oxyde de chrome, etc. Les variétés de couleurs donnent lieu à des appellations distinctes. Ainsi la calcédoine, colorée, brunâtre ou jaunâtre, est nommée *sardoine ; cornaline*, lorsqu'elle a une couleur rouge ; quand les nuances de coloration se trouvent disposées par zones ou par bandes, elle devient un *onyx* ; si les nuances forment des *dendrites*, c'est alors une *agate herborisée.*

On rencontre aussi dans le granit diverses variétés de feldspath :

1° Le *feldspath opalin* ou *pierre de Labrador*, substance dont les beaux reflets de couleurs variées changent avec l'inclinaison de la pierre par rapport à l'œil (Labrador, Groënland, Russie, Norwège); on la taille en plaques, en vases et en bijoux.

2° Le *feldspath nacré* ou *pierre de lune* ; cette jolie variété d'orthose, dont les plus belles viennent du Ceylan, est demi-transparente, à reflets nacrés. Quand ceux-ci sont très-brillants, les lapidaires donnent à cette pierre le nom d'*argentine*, d'*œil de poisson*, d'*astroïte.*

3° Le *feldspath vert* ou *pierre des Amazones*, d'un beau vert pomme, ou vert-de-gris nacré ou aventuriné, ainsi nommée parce qu'on l'a comparée au jade que l'on recueille sur le bord du fleuve des Amazones, est employée pour de petits objets de fantaisie, tels que socles, pendules, boîtes.

4° Le *feldspath aventuriné* ou *pierre du soleil*, à fond rouge, incarnat, jaune miel ou vert, avec de petites paillettes de mica disséminées, ayant quelquefois l'aspect de l'or ; rare et d'un prix élevé. On en fait des bijoux précieux (aventurine orientale).

Les métaux contenus dans le terrain granitique sont peu abondants et d'une importance très-secondaire. Ce sont : le fer oligiste, le fer spathique, l'étain oxydé, le molybdène sulfuré, l'urane sulfaté, le cuivre pyriteux, le fer sulfuré aurifère, l'argent.

Le terrain granitique fournit encore deux variétés de feldspath extrêmement intéressantes :

1° Le feldspath *pétunzé spath*, ou caillou du porcelainier, feldspath non altéré, d'un blanc sale, très-fusible, employé pour couvrir la porcelaine de son vernis brillant et vitreux, se trouve en France aux environs de Saint-Yrieix, près Limoges, et sur quelques autres points.

2° Le feldspath kaolin ou argiliforme (terre à porcelaine). Cette substance, d'une couleur blanche ou grisâtre, délayée dans l'eau, se transforme en une argile onctueuse, douce au toucher, très-difficile à fondre; elle est le produit de la décomposition du feldspath de la pegmatite par les agents atmosphériques. A l'état de pureté, elle est formée de parties égales de silice et d'alumine. Les principaux dépôts de kaolin se trouvent au milieu des granits du Limousin, dans les mêmes lieux d'où l'on tire le pétunzé; on en rencontre aussi en Angleterre, en Saxe, en Espagne, en Italie, en Sibérie et en Chine. Ce dernier est plus estimé que celui d'Europe.

EMPLOI DES ROCHES. — On emploie le granit pour les constructions qui exigent une grande solidité, pour les bordages des trottoirs dans les grandes villes, pour les bornes; on trouve encore dans certaines ruines et notamment dans celles de Balbek en Syrie, des vestiges de colonnes, des baignoires, des urnes sépulcrales, des tables, etc., etc., qui ont été taillées dans cette même roche.

Nous avons dit que la plupart des beaux monolithes

enlevés à la Haute-Égypte sont en siénite. L'obélisque de Luxor et son piédestal appartiennent à cette roche, qui est, sans contredit, la plus belle et la plus riche du terrain granitique.

FORMES DU SOL. — Les montagnes de granit constituent des chaînes ordinairement très-élevées, que l'on reconnaît à leurs cimes escarpées, terminées en pointes, à leurs aiguilles à arrêtes tranchantes qui s'élancent de leurs sommets (aiguilles de Charmoz, du Midi, etc., etc.), et semblent plonger vers le ciel.

AGRICULTURE. — Les montagnes granitiques, qui souvent n'offrent à la végétation que quelques portions de sol à surface horizontale ou modérément inclinée, sont séparées entre elles par des vallées profondes, étroites, susceptibles d'être fertilisées. Lorsque leur élévation n'est pas très-considérable, elles affectent en général des croupes arrondies qui les rendent accessibles à la culture. Le sol granitique est presque constamment dépourvu de bois; toutefois, dans la France centrale et dans le midi de l'Europe, on voit assez souvent des chênes, des châtaigniers, des conifères y acquérir un développement vigoureux.

FORMATION PORPHYRIQUE. — Les caractères principaux de cette formation se tirent de l'abondance relative des porphyres et de leur tendance à prendre la forme de dykes lorsqu'ils traversent d'autres terrains, ou à s'intercaler entre leurs couches (Voir roches métamorphiques).

PORPHYRE. — Les roches que l'on désigne sous cette dénomination sont toutes à base de feldspath. La plupart offrent une pâte compacte, renfermant des cristaux de feldspath, de quartz ou de pyroxène diversement colorés, très-distincts et de dimension variable. Elles passent des unes aux autres par des nuances presque insensibles;

ainsi, lorsque la pâte du porphyre ne renferme pas ou renferme peu de cristaux de feldspath, la roche devient une *eurite;* lorsque celle-ci se charge d'*amphibole*, elle forme une *diorite* ou une *aphanite;* si l'*eurite* se mêle au pyroxène, elle prend le nom de *trapp* ou de *wacke*. Quand cette dernière roche renferme des noyaux de calcaire ou d'autres minéraux, elle est une *spilite;* enfin lorsque les éléments qui composent le trapp s'isolent ou renferment des cristaux de feldspath, il se forme de la *dolérite* ou du *mélaphyre*. Les roches porphyriques se lient avec le terrain granitique, avec tous les terrains hémylisiens et la plupart des terrains ammonéens. Tantôt elles se sont épanchées en larges nappes ou en volumineux amas, à la manière des basaltes, tantôt elles sont sorties en filons, ont traversé un grand nombre de terrains, s'y sont interposées, comme de véritables couches, en suivant les joints de stratification.

On a divisé la formation porphyrique en trois sections distinctes :

1° Porphyre rouge ou quartzifère;

2° Porphyre vert ou serpentineux ;

3° Porphyre noir ou pyroxénique.

PORPHYRES ROUGES. — Le terrain *porphyrique rouge*, principalement composé de *porphyres rouges quartzifères*, est parsemé presque toujours de petits cristaux de feldspath blanc ou rose, ou de points noirs d'amphibole ; il se développe en masses plus ou moins puissantes, et se lie si intimement avec le terrain granitique, que s'il était possible de redissoudre cette roche et de faire cristalliser tranquillement la solution, de manière à ce que les principes intégrants pussent se former en cristaux distincts, il y aurait bien certainement production d'un granit. Les porphyres rouges passent fréquemment à l'*eurite*, à la *siénite*, à la *variolite* et à la *spilite*.

Le porphyre rouge antique, le plus précieux de tous, est d'un rouge uniforme, piqueté de taches parfaitement blanches et égales; on a retrouvé les carrières de cette belle roche entre le Nil et la mer Rouge, aux environs des monts Oreb et Sinaï. Les Égyptiens employaient fréquemment ce porphyre dans l'ornement de leurs temples. Le Musée national renferme de superbes monuments antiques de cette pierre : ce sont des statues de barbares captifs, une Rome personnifiée dont la tête est en bronze, plusieurs socles, plusieurs colonnes, deux cuves de bain. L'obélisque de Sixte-Quint à Rome, les colonnes de la mosquée de Sainte-Sophie à Constantinople, les tombeaux monolithes du pape Clément XII, de sainte Constance *extrà muros*, et de Théodoric à Ravennes sont en porphyre rouge.

On trouve souvent les porphyres rouges dans le terrain houiller, mais ils se lient moins à ce terrain qu'à celui qui le recouvre. Il existe en abondance et très-bien caractérisé sur le versant oriental du grand plateau granitique du centre de la France et aux environs de Roanne et de Cusset.

PORPHYRES VERTS. — Le terrain *porphyrique vert* consiste principalement en *ophite*, en *serpentine* et en *euphotide*, roches à base de feldspath ou d'amphibole et en même temps magnésifères. Sa couleur est d'un vert olive plus ou moins foncé, avec cristaux de feldspath blanc-verdâtre, ce qui lui donne quelque ressemblance avec la peau des serpents (*ophis*). Son gisement paraît être le même que celui des porphyres rouges; il forme plusieurs montagnes peu élevées, arrondies, que l'on voit en Morée et en Toscane. Quoiqu'il se trouve au milieu des mêmes circonstances géologiques que le groupe précédent, il en diffère par ses liaisons intimes. Ainsi, au lieu de se lier avec le terrain granitique, il paraît n'y être qu'intercalé, mais il s'associe au terrain talqueux dans des rapports tels, qu'il est considéré souvent comme lui étant subordonné.

Le terrain porphyrique vert a pour caractère principal la présence des serpentines et des euphotides; la serpentine pure est un silicate de magnésie qui rarement acquiert une étendue considérable sans se mêler avec le diallage. L'euphotide, compagne assez fidèle de la serpentine, est composée, lorsqu'elle est nue, de feldspath lamelleux, de diallage et de jade; quelquefois le jade manque entièrement. Le *vert de Corse* n'est qu'un mélange de jade voisin du feldspath compacte, et de diallage verte sans feldspath lamelleux; la serpentine et l'euphotide sont presque toujours dans une liaison intime de gisement; elles présentent plusieurs variétés, selon que les éléments de l'une ou de l'autre de ces roches dominent ou viennent à manquer. Ces roches sont assez souvent liées à d'autres roches, et les passages entre les unes et les autres ont lieu par des nuances si insensibles, que leur étude offre de grandes difficultés. Tantôt les serpentines passent à l'*euphotide*, à la *variolite*, tantôt elles se rapprochent du *gneiss* et des *granits*. Dans les Apennins de la Ligurie et de la Toscane, il existe un terrain serpentineux qui offre un intérêt particulier; là, on peut observer l'euphotide et la serpentine sous une grande variété de formes, passant à chaque instant de l'une à l'autre. Sur la grande route de Gênes à Florence, entre Braco et Matanara, on les voit traverser le calcaire et le schiste sous forme de dykes, s'insinuer entre les couches de manière à paraître stratifiées avec elles, et constituer une masse énorme qui, bien évidemment, a été projetée d'en bas.

Le terrain porphyrique vert contient des pyrites et du fer oxydulé. On voit au Musée de Paris deux belles colonnes de ce porphyre. Dans le palais du Capitole, à Rome, il en existe aussi deux qui ont près de quatre mètres de hauteur.

PORPHYRES NOIRS. — Le terrain *porphyrique noir* ou pyroxénique est tellement lié avec le porphyre quartzifère rouge, qu'il est presque impossible de dire quels sont ses caractères principaux, et de déterminer ses limites. Cependant les signes distinctifs sur lesquels on a le plus appuyé sont l'absence des grains de quartz, la présence du mélaphyre, sa tendance à prendre des teintes noires ou grisâtres et à ressembler au terrain basaltique. Les roches qui composent ce groupe, sont les trapps, les mélaphyres, les spilites et certaines roches amygdaloïdes.

Les trapps, dont la composition n'est ni bien connue, ni bien constante, sont des roches à grain serré, fermé, d'une couleur ordinairement noire, quelquefois bleuâtre, verdâtre et rougeâtre, et fusibles en émail noir. Ils constituent des masses considérables, et bien souvent des dykes et des filons. On les rencontre fréquemment dans la nature; les escarpements qu'ils forment, offrant souvent une cassure en escalier, leur a fait donner par les minéralogistes suédois le nom qu'ils portent (1). Lorsqu'on examine la manière d'être des roches trappéennes, on les trouve mêlées avec les roches stratifiées sous tous les

(1) *Trapp* signifie escalier.

modes de gisement possibles : tantôt elles sont injectées et intercalées entre les couches sur de grandes étendues; tantôt, à l'état de dykes ou de filons, elles remplissent des fentes antérieures à leur émission. M. de la Bèche fait observer que, dans quelques cas de ce genre, la matière ignée paraît avoir pénétré dans la fissure avec tant de violence, qu'elle a arraché des fragments des parois, tandis que dans d'autres elle paraît s'être élevée plus doucement et avoir graduellement rempli la crevasse.

Les trapps contiennent généralement moins de mica que les roches de la formation granitique; mais beaucoup plus d'amphibole, quelquefois du pyroxène, ce qui les rapproche du groupe basaltique avec lequel elles ont d'ailleurs beaucoup d'analogie. Ils passent à la dolérite, aux amygdaloïtes, au granit d'une manière remarquable et à la serpentine sous certaines conditions.

Le mélaphyre (Brongniart)[1], (*trapp porphyr*, Werner), est une des roches les plus importantes du groupe des porphyres. Elle est massive, à pâte d'amphibole pétrosiliceux, contient plus de cristaux de feldspath que de pyroxène, et manque de quartz et de péridot. Son émission a dû produire de grandes perturbations dans le groupe du grès rouge et dans le calcaire; on donne, comme le type du mélaphyre ou porphyre pyroxénique, celui que l'on rencontre dans la vallée de Fassa en Tyrol.

La spilite (Brongniart) est une roche à base de cornéenne, qui renferme des noyaux et des veines de calcaire cristallisé blanc, contemporain ou postérieur à la pâte. Elle fournit de belles agates qui sont la source d'un commerce important, et de superbes géodes où brillent l'onyx, le jaspe, l'améthyste, l'harmotome, la chabasie, le calcaire spathique, etc.

MINÉRAUX ET MÉTAUX. — Le terrain porphyrique contient différentes substances minérales. On y trouve le grenat, le disthène, l'agate, le quartz, l'asbeste, le feldspath, le talc, la diallage et l'amphibole. Les métaux sont : le mercure, l'aimant, le manganèse, les sulfures de fer et divers oxydes de ce métal, l'or, l'argent. Au Mexique, en Transylvanie et en Hongrie, des dépôts importants de ces deux derniers métaux appartiennent à cette formation.

SITUATION GÉOGRAPHIQUE. — On trouve en France, dans les Vosges, dans le Forez, dans les Pyrénées et sur le revers méridional des Alpes, des masses de porphyre d'une étendue considérable ; de nombreuses variétés le disputent pour la richesse et l'éclat aux porphyres antiques les plus beaux.

EMPLOI DES ROCHES. — On emploie les porphyres pour l'entretien des chaussées, pour les constructions des bâtiments. Leur belle couleur, leur poli éclatant, leur dureté leur ont valu, chez les anciens, une juste préférence sur la pierre calcaire, pour l'architecture, la sculpture et l'ornementation des monuments.

ASPECT DU SOL. — Les contrées porphyriques ont, en général, un aspect assez analogue à celui des pays granitiques, et par la forme conique de la plupart des montagnes et par leur peu de fertilité. On a cru remarquer que leurs vallées commencent par des cirques qui vont en se rétrécissant jusqu'à une certaine distance pour s'élargir ensuite. Ce mode est loin d'être constant, nous avons parcouru de grandes étendues de montagnes appartenant à la formation porphyrique, et bien souvent cette indication nous a complétement manqué.

CHAPITRE XXV.

SUITE DES TERRAINS DE CRISTALLISATION ET D'ÉPANCHEMENT.

FORMATION TRACHYTIQUE.

Considérations générales. — Distinction des précédents terrains. — Trachyte. — Obsidienne. —Son emploi. — Phonolite. — Ponce. —Son emploi. —Domite.— Conglomérat trachytique. — Minéraux et métaux. — FORMATION BASALTIQUE. — Basalte. — Composition minéralogique. — Couches. — Dykes. — Filons. — Chaussée des géants en Irlande — Formes prismatiques.— Basalte colonnaire. — Émission des basaltes. — Situation géographique. — FORMATION LAVIQUE.— Considérations générales. — Sa division en roches cristallines et en roches conglomérées : 1° LAVES, ses variétés; 2° PÉPÉRINE, volcans éteints. — Caractères particuliers. — CONCLUSION.

Les trachytes, les basaltes et les produits volcaniques sont trois groupes voisins, mais distincts des précédents, en ce qu'ils se rapportent à une formation postérieure, et qu'au lieu d'avoir, comme eux, une texture cristalline bien marquée, ils ont la plus grande analogie avec les matières minérales fondues dans nos fourneaux.

Cette série de trachyte, de basalte et de lave, disposée dans l'ordre de formation successive, correspond, en général, à diverses époques de la série des terrains de sédiment et de transport. Ainsi, les trachytes qui succédèrent aux porphyres, se produisirent au jour sous forme de cônes, de dômes ou de masses arrondies plus ou moins irrégulières; puis vinrent les basaltes, qui presque tous ont coulé. Enfin, les laves modernes, dont nous avons parlé en traitant des volcans, et sur lesquelles nous croyons inutile de revenir.

Les terrains d'épanchement se trouvent par dykes dans toutes les formations, depuis le granit jusqu'à la craie et aux formations tertiaires (Écosse, Allemagne, Italie), ou en couches intercalées (calcaire de transition, grès rouge), ou superposées, surajoutées à des terrains d'âges très-différents.

Le groupe *trachytique* se lie si bien d'un côté aux basaltes à cristaux de pyroxène et de feldspath, de l'autre aux porphyres, que sa place doit nécessairement se trouver entre ces deux terrains. Sous le rapport de leur texture, les roches qui constituent le terrain trachytique peuvent être divisées en deux systèmes : l'un, composé de roches cristallines et massives; l'autre, de roches conglomérées et meubles. Il y a entre ces deux divisions une liaison telle qu'il est souvent impossible d'établir le point de séparation; du reste, les roches de ce groupe sont le trachyte, le phonolite, l'obsidienne, la ponce et les conglomérats trachytiques.

TRACHYTE. — Le *trachyte* est une roche à pâte de feldspath terreux, très-lâche, cellulaire, rude au toucher, enveloppant fréquemment des cristaux de feldspath vitreux, fendillés, linéaires, passant à la ponce et contenant une petite quantité de fer titané. On y trouve comme parties accessoires des cristaux d'amphibole, de pyroxène, de mica brun, de fer oligiste. Cette roche est communément blanchâtre ou d'un gris cendré, quelquefois rougeâtre; elle est fusible au chalumeau en émail blanc; il en existe une variété terreuse et friable à laquelle de Buch a donné le nom de domite, parce qu'elle forme le Puy de Dôme en Auvergne. Le trachyte a une grande tendance à prendre la texture porphyroïde.

Le trachyte forme des coulées plus ou moins étendues, des dykes et des filons. Il est en général moins disséminé que le basalte. Sa présence, dans la croûte minérale, semble avoir préparé l'emplacement des foyers volcaniques. Les cheminées des laboratoires volcaniques se sont le plus souvent ouvertes dans ce terrain; c'est lui qui constitue les cônes de la plupart des grands volcans. Le cône élancé du pic de Ténériffe paraît en être composé, et tout ce qui en est sorti ne rappelle que le trachyte, jamais aucune autre roche. Toutes les cimes les plus élevées des Cordilières sont des trachytes. Cette roche constitue des terrains d'une assez grande étendue sous forme de plateaux et de montagnes coniques; elle ne présente aucun indice de stratification, mais des fissures irrégulières et presque verticales.

Les masses du Puy de Dôme, du mont Dore, du Cantal, appartiennent au terrain trachytique; il acquiert des développements immenses en Amérique. Ainsi, il a près de 5800 mètres au Chimboraço; il paraît avoir son siége principal dans le terrain de transition et dans les grandes formations de siénites et de porphyres.

OBSIDIENNE.—L'obsidienne se trouve assez souvent dans le terrain trachytique, mais en petite quantité; c'est une substance vitreuse, luisante à la surface, de couleur verdâtre, brune ou noirâtre, ayant quelquefois la limpidité du plus beau verre, chatoyante, nuancée et rubannée comme le jaspe; elle est sonore, se brise facilement, et sa cassure est large et conchoïdale. Le feu du chalumeau la rend fusible et lui enlève sa couleur ordinairement due à une matière fuligineuse.

Les obsidiennes gisent aux environs des volcans, en masses cohérentes et en globules; on rencontre aussi des obsidiennes poreuses, celles-ci se lient aux pierres ponces d'une manière très-intime, et alternent avec elles dans quelques localités. Elles fournissent à l'analyse de la potasse, de la soude, de l'alumine et 4|100 d'eau; lorsqu'elles sont à l'état de globules, leur diamètre varie de 2 millimètres à 8 centimètres. Quelquefois elles forment des coulées qui couvrent des espaces considérables (environs de Tokai). Spallanzani a signalé l'existence d'une montagne (della Castagna à Lipari), entièrement formée d'obsidienne. On a remarqué qu'elles étaient très-rares en France, au Vésuve et à l'Etna; elles abondent en général aux îles Lipari, en Islande et au Kamtschatka.

On emploie l'obsidienne dans les arts comme objet d'ornement sous le nom d'*agate d'Islande*. Les anciens en fabriquaient des miroirs, quelquefois des statuettes. Les naturels de Ténériffe et du Pérou préparaient avec cette espèce de verre volcanique des instruments tranchants, des couteaux, des poignards, etc. Aujourd'hui, on en fait des bijoux de deuil, des ustensiles, des verroteries, en général peu solides, et que l'on rencontre avec plaisir dans le cabinet de quelques amâteurs.

PHONOLITE. — Le *phonolite* (pierre sonnante, *klingstein*, Werner) n'est autre chose qu'un trachyte compacte, mieux fondu que l'obsidienne, jouissant de la propriété de rendre un son clair quand on le frappe, de se diviser en lames ou dalles légèrement translucides sur les angles, et d'étinceler sous le briquet. Sa couleur est gris-verdâtre, sa cassure est mate, et ses fragments exposés au chalumeau se fondent en émail gris.

Cette roche se divise aussi en prismes plus gros que ceux des basaltes, mais moins réguliers. Leur manière de se grouper donne aux reliefs qu'ils constituent un aspect tout particulier. Selon quelques géologues, le phonolite appartient à la fois au terrain basaltique et au terrain trachytique; il forme des couches intercalées dans les trachytes de l'Auvergne, et bien souvent il paraît n'être que superposé aux basaltes. Seul, il occupe souvent de grands espaces dans les pays anciennement volcanisés.

LA PONCE. — Les *ponces* (1) abondent aussi dans certains terrains trachytiques; on les trouve constamment libres, mais entassées les unes sur les autres, comme les grêlons quand ils se tassent sur le sol. Ces substances minérales, longtemps soumises à l'action des volcans, ont un tissu fibreux, composé de filaments droits ou conjoints, d'un aspect luisant et soyeux, d'une couleur blanche, grise, noirâtre; elles sont si poreuses et si légères, que, plongées dans l'eau, elles viennent à la surface.

La nature de la ponce est aussi différente que l'épaisseur, la ténacité, la flexibilité et le parallélisme ou la direction de ses fibres. Nous la considérons non comme une roche distincte, mais bien comme une modification de la lave ou de l'obsidienne; c'est la même substance sous une autre forme et avec une autre disposition de tissu; en d'autres termes, c'est un état celluleux et filamenteux, sous lequel plusieurs roches des terrains trachytiques sont susceptibles de se présenter.

Les ponces sont sorties des volcans, tantôt sous forme de courants (îles Lipari), tantôt en gerbes immenses (Islande, Cordilières, Kamtschatka); quelquefois, elles se

(1) Obsidienne scoriforme (Haüy).

trouvent empâtées dans des courants de lave (monts Euganéens).

Les conglomérats ponceux se composent de couches blanches, de fragments de ponces et de trachytes, parfois, de débris d'autres roches charriées par les eaux.

La ponce abonde à Santorin et aux îles Lipari; l'île Ponce lui a donné son nom. Il est digne de remarque que le mode d'action volcanique propre à produire les ponces soit, pour ainsi dire, restreint à un certain nombre de montagnes ignivomes. Ainsi, M. de Humboldt a constaté que deux volcans voisins de la ville de Popayan, le Puracé et le Sotara, présentaient cette différence: le premier a vomi une immense quantité de ponces, le second n'en produit pas du tout. D'autres faits de même nature ont été observés.

La ponce sert à polir la pierre, l'ivoire, le bois et les métaux. On a calculé que la France en consommait annuellement plus de deux millions de quintaux.

DOMITE. — La domite est une roche qui forme la masse entière du Puy de Dôme, du Puy de Sarcouy, du Petit-Suchet, de Clierzon et de quelques autres montagnes. Elle est un peu sonore, quoique très-tendre et souvent même friable; sa cassure est raboteuse, son odeur argileuse par insufflation; elle est fusible au chalumeau en un verre blanc-jaunâtre. La pâte de la domite est l'*argilolithe* de Brongniart, matière siliceuse analogue au kaolin pour la composition, et qui renferme des cristaux de feldspath un peu frittés, parfois très-réguliers, plus ou moins nombreux, et des lames de mica souvent bronzé, qui paraissent comme des points brillants à la surface des échantillons. On y rencontre encore, mais assez rarement, l'amphibole, le pyroxène, le titane silicéo-calcaire et le fer oligiste.

De même que les précédentes, cette roche est une modification du terrain trachytique.

CONGLOMÉRATS TRACHYTIQUES. — Les roches conglomérées et meubles, dont le trachyte a fourni les premiers éléments, sont composées de fragments libres ou agglutinés, qui le plus souvent ont été remaniés par les eaux; le grand nombre de fissures qui les traversent leur donne une apparence bréchiforme. On les trouve entassées en masses informes, en amas irréguliers, de densité extrêmement variable, au pied ou sur le flanc des montagnes; elles se rencontrent aussi vers le centre de l'éruption, autour des pics et des dômes, où elles accompagnent le trachyte jusqu'à une grande élévation. Ces conglomérats s'étendent quelquefois sur de grandes surfaces; en Amérique ils couvrent les flancs et les plateaux des Cordilières à une hauteur qui excède trois mille deux cents mètres. Ils sont tantôt friables et tufacés, tantôt compactes et endurcis comme le grès. Toutes ces matières ont été traversées postérieurement par des infiltrations qui, sur certains points, ont changé leur nature, ou bien elles ont été soumises à une chaleur assez forte sous des coulées de trachytes qui les ont recouvertes. Peut-être est-ce à une action postérieure de ce genre qu'il faut attribuer la présence du soufre et de l'alunite dans certaines brèches siliceuses, enfin la transformation en lignite d'une matière végétale dont les empreintes sont très-reconnaissables (ravin des Égravats, en Auvergne).

La présence ou l'absence des dépôts métallifères dans la formation trachytique est encore problématique. Certains géologues considèrent comme appartenant à ce terrain quelques mines d'or, d'argent et de mercure, dont le gisement est au Mexique et en Hongrie.

FORMATION BASALTIQUE.

BASALTE. — Le terrain basaltique est principalement caractérisé par la présence du basalte, accompagné assez souvent d'autres roches, telles que la dolérite, la pépérine, la vacke, etc. La nature du basalte est une roche compacte, difficile à se rompre, noire ou grisâtre, à grains fins, à cassure inégale, fusible au chalumeau en émail noir ou brun. Les éléments qui entrent dans sa composition sont le plus ordinairement le feldspath et le pyroxène en excès, l'amphibole en cristaux noirs, l'olivine (péridot d'Haüy), l'oxyde de fer, et particulièrement le fer oxydulé, dont les cristaux octaèdres très-apparents entrent au moins pour 1/8e comme corps composant et comme principe colorant; le mica, la leucite sont très-communs dans les basaltes des environs de Rome. Cette roche contient aussi, mais plus rarement, de la mésotype et du carbonate de chaux.

Lorsque, par la séparation de sa pâte en petits cristaux de feldspath et de pyroxène, le basalte affecte une structure cristalline, il reçoit le nom de *dolérite ;* d'autres fois il prend un aspect terreux, une couleur grisâtre ou jaunâtre, se décompose et passe à l'état de *vacke*. (Voir le tableau des roches.)

Le basalte se présente en couches, en dykes ou amas et en filons. Ses *couches* occupent souvent une étendue considérable et d'une certaine épaisseur; elles se distinguent des coulées de lave moderne par des surfaces planes, tandis que ces dernières sont raboteuses, hérissées d'aspérités. Les dykes se présentent comme des espèces de murs ou de chaussées qui occupent fréquemment le sommet du cône volcanique. Tout le monde connaît la description de ces dykes magnifiques, prodigieux assemblage de prismes basaltiques qui forme au nord de l'Irlande une colonnade de plus de mille mètres d'étendue (chaussée des Géants). Les *filons* sont des fentes plus ou moins étroites, injectées de bas en haut par la matière basaltique.

Les masses basaltiques ont un caractère particulier essentiel à connaître, et qui paraît provenir de leur mode de refroidissement. Ainsi elles affectent presque constamment la forme régulière d'un prisme à 3, 4, 5, 6, 7 et 8 côtés. Cette structure se retrouve partout, dans les coulées, les dykes et les filons; la forme hexagonale paraît être la plus commune, les prismes quadrilatères sont les plus rares. On connaît quelques prismes colonnaires qui s'élèvent jusqu'à 33 mètres, leur diamètre varie de 5 à 45 centimètres (fig. 79); quelquefois ces prismes sont articulés. La position verticale est assez fréquente, d'autres fois elle est horizontale. Cette roche a de temps en temps une structure globuliforme, granuleuse et amygdaloïde.

Les basaltes paraissent s'être élevés à la surface de la terre par des ouvertures irrégulières ou par des fentes de la croûte minérale, accompagnés d'amas considérables de fragments incohérents de leur propre substance déjà solidifiée, qui sont restés intercalés, sous forme de conglomérats, entre leurs diverses masses, lorsque celles-ci se sont étendues en nappes sur une surface sensiblement horizontale. Nous insistons sur cette disposition particulière du sol, car nous ne comprenons pas que sur des pentes plus ou moins inclinées des courants de matières fondues aient pu prendre, comme l'ont prétendu bien des géologues, une épaisseur constante. Il est évident que, dans ces cas, des soulèvements du sol postérieurs à leur formation ont eu lieu, et c'est d'ailleurs ce que nous avons été à même de vérifier un grand nombre de fois, dans le nord de l'Auvergne et auprès de Cusset (Allier).

Les basaltes se lient d'un côté aux trachytes, dans lesquels le pyroxène devient progressivement plus abondant que le feldspath, de l'autre aux laves pyroxéniques.

On a remarqué que certains pays qui abondent le plus en basaltes, la Bohême et la Hesse, n'ont pas de trachytes, et que les Cordilières des Andes, trachytiques sur d'immenses étendues, sont souvent entièrement dépourvues de basaltes. Nous ne connaissons aucune explication satisfaisante de ce fait.

Le basalte semble prendre, dans quelques circonstances, les caractères de la dolérite ou de la spilite. Son éruption ayant eu lieu à des époques successives, il se trouve en relation avec presque tous les terrains qui composent l'écorce du globe, et surtout avec les groupes granitique, ardoisier, anthraxifère et houiller.

SITUATION GÉOGRAPHIQUE. — Le terrain basaltique occupe une grande étendue en Écosse, en Irlande, en Auvergne et dans le Vivarais.

FORMATION LAVIQUE.

Le groupe lavique proprement dit ne possède aucun caractère principal qui puisse le faire distinguer des deux groupes précédents. On sait que certaines laves ont avec le basalte une ressemblance telle, qu'elles peuvent être facilement prises pour des basaltes refondus. Des courants de laves, en se précipitant dans la mer et en s'y refroidissant rapidement, se sont plus d'une fois divisés en prismes pareils aux prismes basaltiques (île de Lancerote).

Toutefois, l'intercalation du terrain volcanique dans des terrains modernes, la présence de l'amphigène qui n'a encore été rencontrée que dans ce groupe, le voisinage d'une élévation conique terminée par un cratère, sont des circonstances que l'on rencontre le plus généralement dans les dépôts laviques.

Nous dirons peu de choses de ce terrain, dont nous avons déjà fait connaître les phénomènes si variés en nous occupant des volcans et de leurs effets (voir, plus haut, *Des Phénomènes géologiques actuels*). Sa composition minéralogique est loin d'être bien fixée; on ne sait pas bien non plus si les diverses roches feldspathiques, pyroxéniques et vitreuses auxquelles passe la téphrine, appartiennent à ce terrain plutôt qu'aux terrains trachytique et basaltique.

Du reste, le terrain volcanique est divisé, sous le rapport de sa texture, en deux systèmes particuliers, celui des roches massives et cristallines, celui des roches conglomérées et meubles.

Dans la première division viennent se ranger les produits désignés sous le nom de laves (*téphrine, leucostine, basalte, obsidienne*, etc., etc.).

Les roches dont se compose la deuxième division appartiennent principalement à l'espèce *pépérine* (voir le tableau des roches).

TÉPHRINE. — La téphrine est une lave semi-poreuse que l'on emploie comme pierre d'appareil, et qui se laisse sculpter ou tailler sous toutes les formes avec le plus grand succès. Elle est d'un noir grisâtre (lave de Volvic, en Auvergne), pleine de petites cavités arrondies, et acquiert au sortir de la carrière une dureté remarquable. Toutes les villes de l'Auvergne sont bâties avec cette lave;

on l'a employée à Paris pour daller les trottoirs. Le pavé de Rome, celui de Naples, et un grand nombre d'édifices de cette dernière ville sont en laves. Les Romains les avaient adaptées à leurs moulins portatifs.

PÉPÉRINE. — La pépérine se présente en masses puissantes au mont Albano ; la roche Tarpéïenne en est entièrement formée; la plupart des édifices de Pompéïa et d'Herculanum furent construits avec cette espèce de *tuffa*.

MINÉRAUX ET MÉTAUX. — On trouve dans le terrain volcanique une foule de minéraux sublimés, du fer oxydulé et des pierres précieuses, telles que des zircons, des saphirs, des grenats, etc., etc.

OBSERVATIONS. — On a essayé d'établir, entre les deux sortes de volcans qui ont fourni les divers produits dont nous venons de nous occuper, une distinction fondée sur ce que l'état d'activité des uns a existé depuis la période actuelle (volcans modernes), tandis qu'il est antérieur pour les autres (volcans anciens). Ce sujet est plein de difficultés; les éruptions volcaniques ayant eu lieu à différentes époques, il n'existe aucun moyen de classer géologiquement les coulées, qui, en définitive, ne sont peut-être que des éruptions différentes de la même masse volcanique par des orifices nouveaux.

Les volcans éteints sont nombreux dans l'Auvergne et le Vivarais. La plupart d'entre eux sont considérés comme étant d'une époque très-récente, car ils paraissent postérieurs à la formation des vallées qui les environnent; on les rencontre assez souvent dans des contrées où il existe des volcans en activité; leur présence n'est très-probablement que le résultat d'un déplacement du soupirail volcanique.

La formation lavique lie sans nuances tranchées et

sans interruption les volcans éteints aux volcans contemporains.

CONCLUSION.

Si nous résumons ce qui vient d'être dit sur le mode de formation des terrains de cristallisation et d'épanchement, nous voyons :

Qu'il y a eu continuité dans les éjections des roches cristallines depuis les époques les plus reculées jusqu'à nos jours ;

Que ces éjections ont été plus considérables, plus fréquentes aux temps géologiques anciens ;

Que les roches qui ont traversé les différents dépôts de sédiment paraissent être arrivées à la surface du globe dans un état plus pâteux, plus compacte que celles qui ont apparues postérieurement à la craie ;

Qu'enfin plus nous approchons de l'époque actuelle, plus les roches ignées se trouvent isolées, surajoutées, et comme étrangères au sol sur lequel elles se sont répandues.

Nous terminerons en faisant remarquer que tout, dans ce moment, semble indiquer qu'il existe un équilibre parfait dans les lois qui régissent notre planète. Cette magnifique harmonie qui pénètre notre cœur de reconnaissance et d'amour sera-t-elle éternelle? Dieu seul le sait. Humilions notre active curiosité devant sa toute-puissance ; il ne nous a pas permis de scruter ses œuvres, mais de les admirer.

FIN.

TABLE.

FIN DE LA TABLE.

EXPLICATION DES PLANCHES.

PLANCHE PREMIÈRE.

Les figures 1, 2, 3, représentent les rapports des couches de sédiment avec l'âge des soulèvements. Ainsi, la figure 1 fait voir des couches de sédiment qui s'étaient déposées horizontalement, et qui ont été relevées par un soulèvement. Dans cet exemple, les couches se redressent vers la montagne B, elles sont restées horizontales près de la chaîne A; donc, le soulèvement A est plus ancien que les couches de sédiment, et le soulèvement B plus moderne qu'elles, puisqu'elles ont été redressées par lui.

Fig. 2. — Soulèvement plus récent que les couches de sédiment.

Fig. 3. — Soulèvement antérieur au dépôt des couches.

PLANCHE DEUXIÈME.

Fig. 4. — Soulèvement de couches d'âge et de nature différents.

Fig. 5. — Soulèvement qui a nécessairement eu lieu entre le dépôt des couches A A et des couches B B.

Ex. de stratification *discordante*.

Fig. 6. — Soulèvement opéré pendant le dépôt des couches et qui ne l'a pas interrompu.

Ex. de stratification *concordante*.

PLANCHE TROISIÈME.

Fig. 7. — Inclinaison et direction de couches formant avec l'horizon un angle de 45 degrés.

Fig. 8. — Autre exemple de stratification *concordante*. — Failles. — B, fissures. — A, joints de stratification. — Espaces qui séparent les surfaces d'une couche.

Fig. 9 et 10 — Autres exemples de stratification *discordante*. Couches horizontales appliquées sur des couches inclinées ou contournées, et indiquant par là des phénomènes de bouleversements antérieures au dépôt des couches horizontales.

PLANCHE QUATRIÈME.

Fig. 11. — Strates en zigzags observées dans une houillère des environs de Mons; les lignes noires indiquent les joints du charbon.

Fig. 12. — A, filons; B, affleurements.
13. — A A, dykes; B, veines.

PLANCHE CINQUIÈME.

Fig. 14. — Stalactites et stalagmites.
15. — Asaphus Buchii.
16. — Calymène Blumenbachii.
17. — Terebratula Wilsoni.
18. — Productus lobatus.

Fig. 19. — Bellérophon hiulcus.
20. — Pecten papyraceus.
21. — Amblypterus.
22. — Pecopteris lonchitica.
23. — Sphenopteris crenata.

PLANCHE SIXIÈME.

Fig. 24. — Empreintes de sphénophyllites.
25. — Sigillaria lævigata.
26. — Lepidodendron Sternbergii.
27. — Calamites Suckowii.
28. — Stigmaria ficoïdes.
29. — Avicula socialis.

Fig. 30. — Ammonites nodosus.
31. — Encrinites liliiformis.
32. — Blochius longirostris, enveloppé par une matière calcareo-bitumineuse au moment où il avalait un autre poisson (Ichthiolithe du Vicentin, conservé au musée d'hist. nat. de Paris).

PLANCHE SEPTIÈME.

Fig. 33. — Palais de raie.
34. — Épine dorsale de l'hybodus incurvus.
35. — Dent d'acrodon.
36. — Dent d'hybodon.

Fig. 37. — Mâchoire du dydelphis Bucklandii (double de grandeur naturelle).
38. — Ptérodactyle.
39. — Teleosaurus.

PLANCHE HUITIÈME.

Fig. 40. — Plesiosaurus.
41. — Ichthyosaurus.
42 et 43. — Coprolithes avec enroulement en spirales.
44. — Ornithichnites (empreintes de pieds d'oiseaux).
45. — Pas isolé d'un chirotherium.
46. — Griphea arcuata.

Fig. 47. — Nerinœa Mosæ.
48. — Ammonites Bucklandii.
49. — Plagiostoma gigantea.
50. — Ammonites Walcotii.
51. — Spirifer. Walcotii.
52. — Aspidorhyncus, poisson sauroïde fossile, provenant du calcaire de solenhofen.

PLANCHE NEUVIÈME.

Fig. 53. — Ostrea carinata.
54. — Belemnites mucronatus.
55. — Pecten lamellosus.
56. — Scaphites æqualis.
57. — Dent de psammodus.
58 et 59. — Dents de véritables squales.
60. — Dent de ptychodus.
61. — Ampullaria spirata.

Fig. 62. — Natica epiglottina.
63. — Cerithium giganteum.
64. — Rostellaria pes pelicani.
65. — Cardium porulosum.
66. — Lymnées.
67. — Hélices.
68. — Restauration théorique de l'anoplotherium commune.
69. — Squelette d'anoplotherium.

PLANCHE DIXIÈME.

Fig. 70. — Restauration théorique du palœotherium magnum.
71. — Squelette de palœotherium.

Fig. 72. — Restauration théorique du dinotherium giganteum.

PLANCHE ONZIÈME.

Fig. 73. —, Mâchoire du dinotherium faisant voir la couronne des cinq dents molaires.

Fig. 74. — Coupe transversale de la chaîne des Alpes et du Jura pour servir à l'explication du transport des blocs erratiques. A, point de départ des blocs; B, point du Jura vers lequel ils ont roulé; C, masse de terrain qui réunissait les deux chaînes sur laquelle les blocs ont glissé jusque en D; quand le terrain C a été entraîné, les blocs se sont abaissés peu à peu, sont descendus presque sur la pente E, où on les rencontre aujourd'hui.

Fig. 75. Coupe transversale d'une caverne à ossements, contenant des stalactites et des débris d'animaux qui gisent au milieu d'un dépôt limoneux.

PLANCHE DOUZIÈME.

Fig. 76, 77, 78. — Coraux.
79. — Basalte colonnaire.
80. — Veines de granit traversant le schiste amphibolique.

Fig. 81. — Jonction du granit et du calcaire.

FIN DE L'EXPLICATION DES PLANCHES.

Tours. — Imp. de Mame.

PLANCHE I.

Page 25.

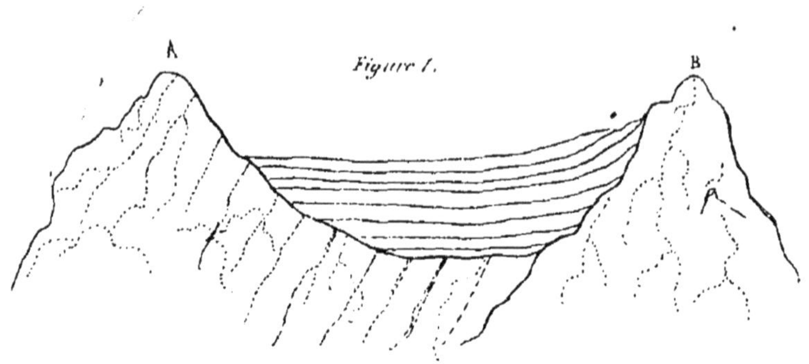

A Soulèvement plus ancien que les couches de sédiment.
B Soulèvement plus moderne.

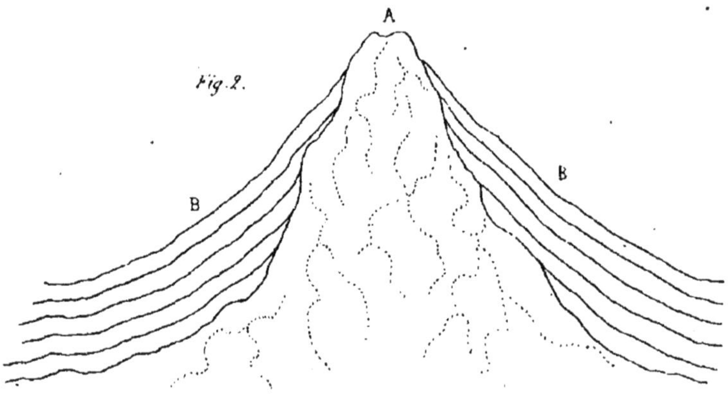

A Soulèvement plus récent que les couches de sédiment B B.

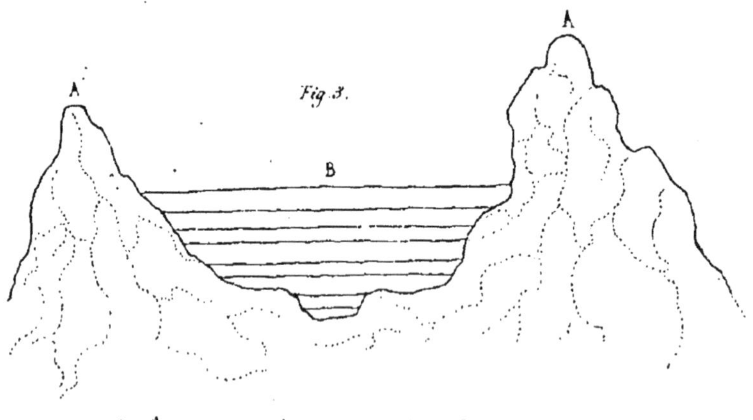

A A. Soulèvemens antérieurs au dépôt des couches B.

PLANCHE II.

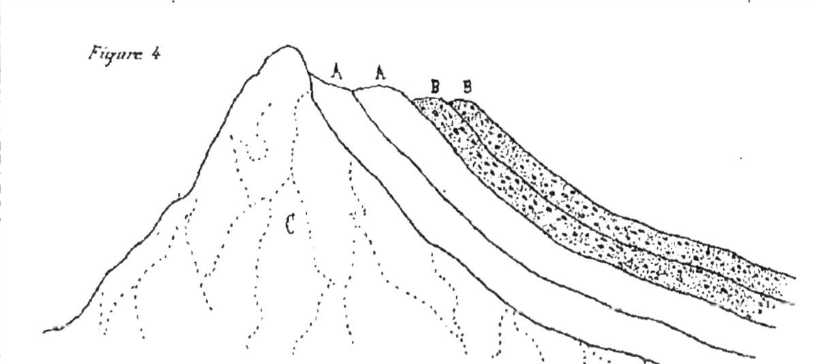

Le soulèvement de la masse C a dérangé la stratification des couches d'âge et de nature différents; or, puisque les couches B B, bien plus modernes que les autres ont été redressées, il s'ensuit que le soulèvement est moderne, et que les couches anciennes A A n'ont été dérangées que longtemps après leur dépôt.

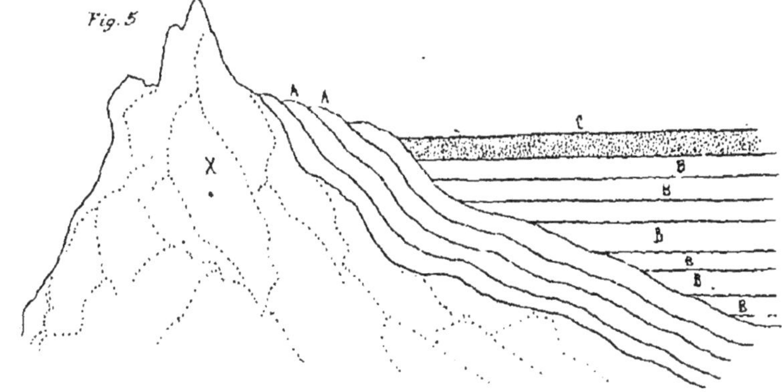

Le soulèvement de la montagne X a redressé les couches A A qui primitivement étaient horizontales; les couches B C ont donc été déposées postérieurement au redressement des couches A A, ainsi le soulèvement X a nécessairement eu lieu entre le dépôt des couches A A et des couches B.B.

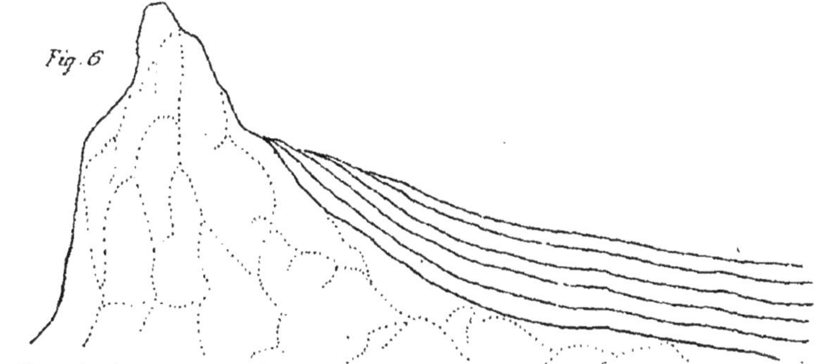

Dans la figure précédente, la stratification est ce qu'on appelle discordante, puisque les couches horizontales viennent appliquer leurs tranches sur une couche verticale. Cette seule circonstance prouve qu'il y a eu discontinuité de dépôt entre les deux sortes de couches. Le soulèvement a séparé deux époques géologiques. Dans la figure ci-contre il y a concordance de stratification; les couches redressées deviennent peu à peu horizontales, ce qui donne lieu de croire que le soulèvement a eu lieu pendant le dépôt, et qu'il ne l'a pas interrompu.

PLANCHE III.

Figure 7.

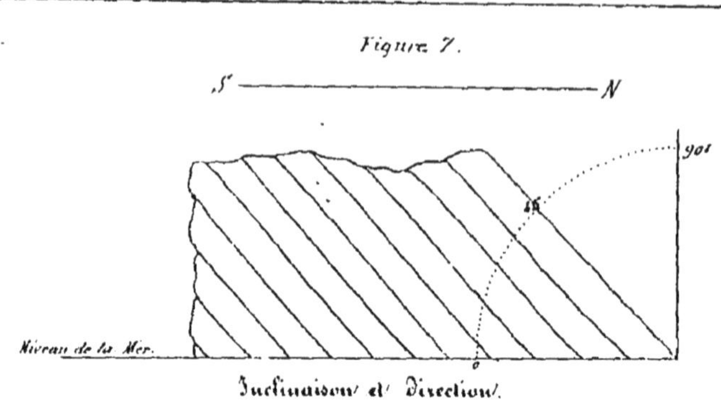

Inclinaison et Direction.

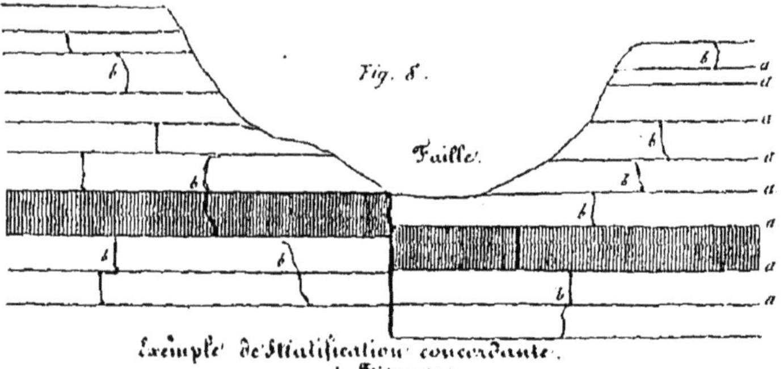

Exemple de Stratification concordante.

b. Fissures.

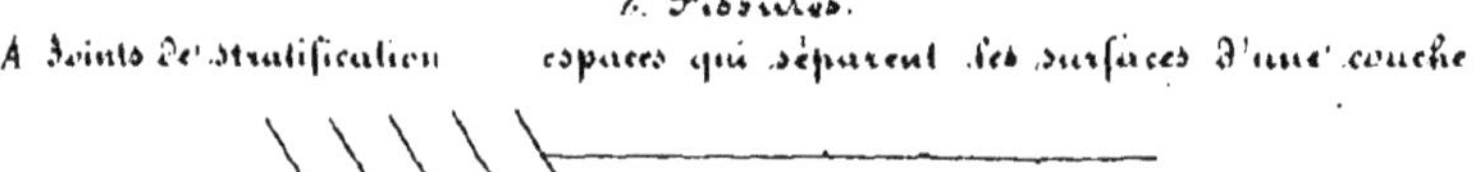

A Joints de stratification espaces qui séparent les surfaces d'une couche.

Fig. 9

Fig. 10.

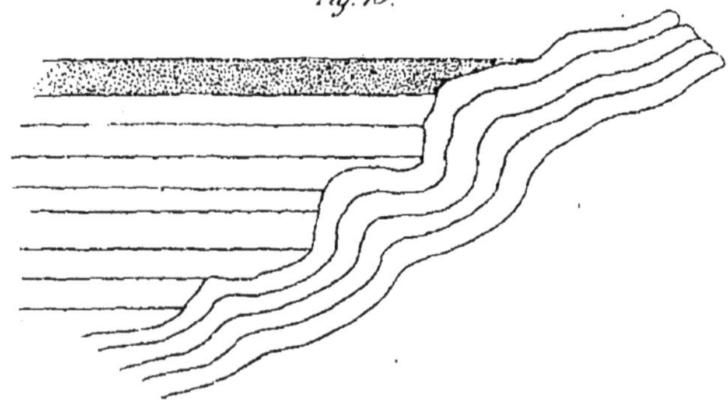

Fig. 9 et 10 Stratification Discordante ou transgressive.

Figure 11

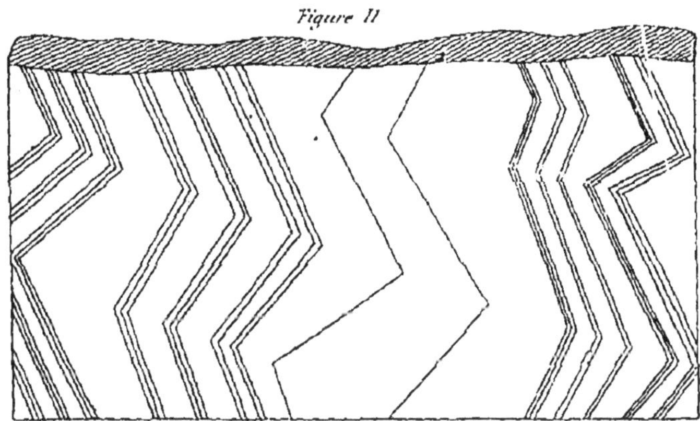

Strates en Zigzags.

Fig. 12.

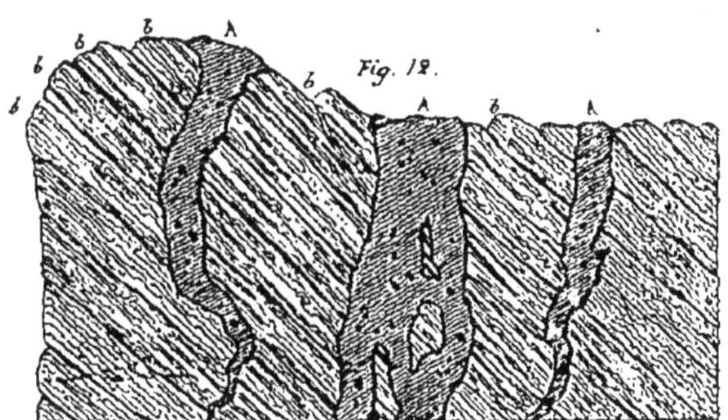

A Filons. B Affleurements.

Fig. 13.

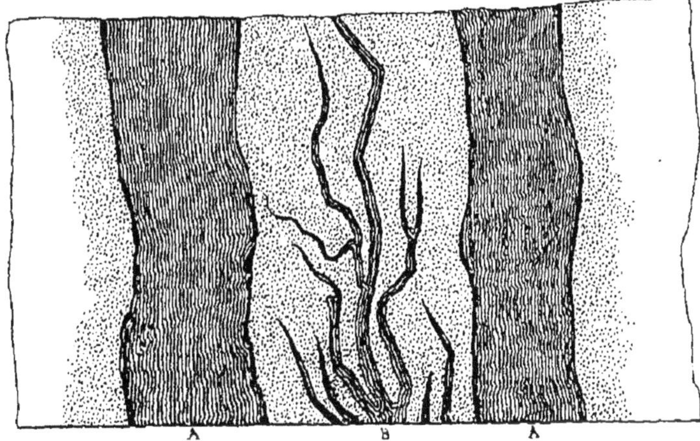

A A. Dykes B Veines.

PLANCHE V.

Fig. 14.
Fig. 15.
Fig. 16.
Fig. 17.
Fig. 18.
Fig. 19.
Fig. 20.
Fig. 21.
Fig. 22.
Fig. 23.

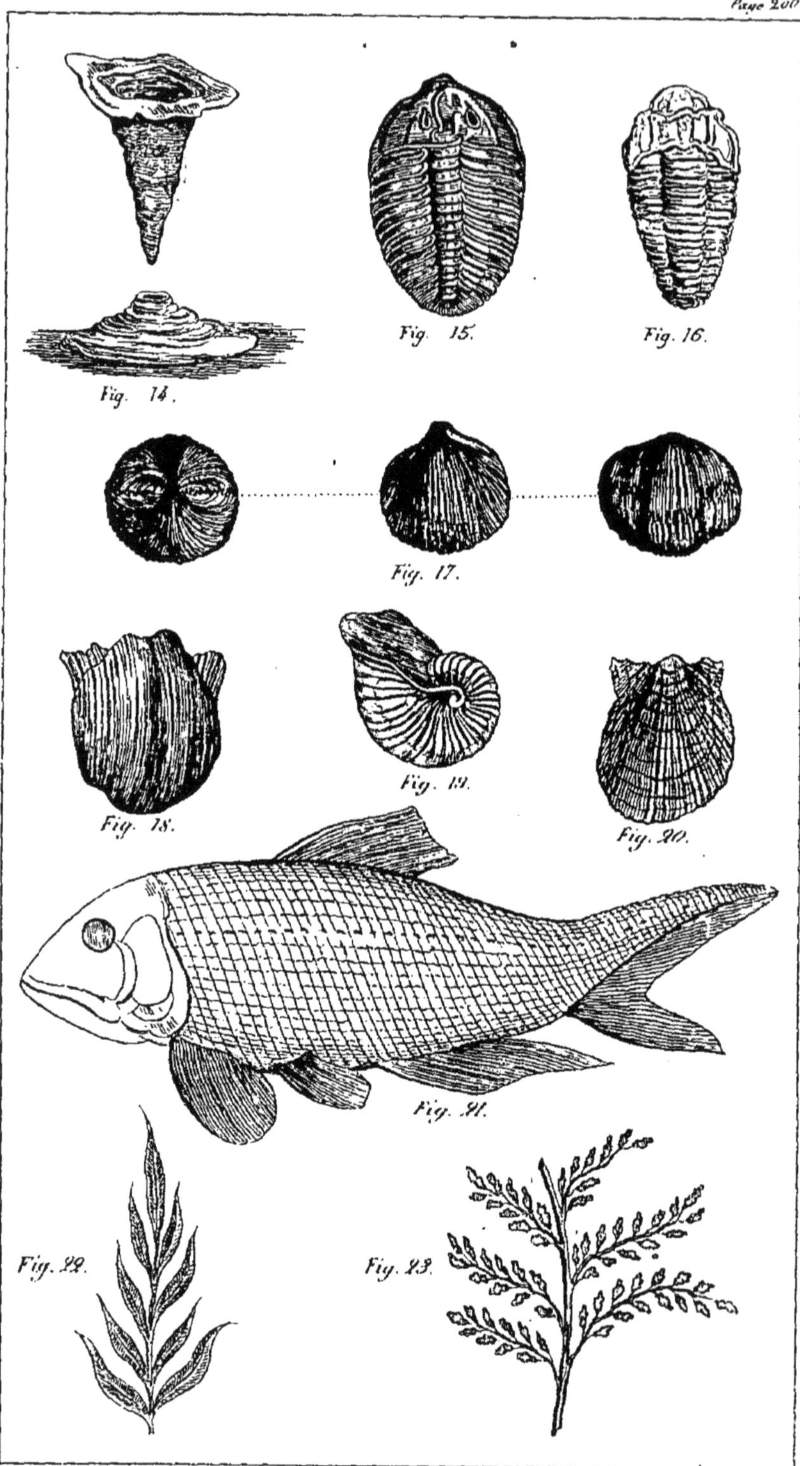

PLANCHE VI.

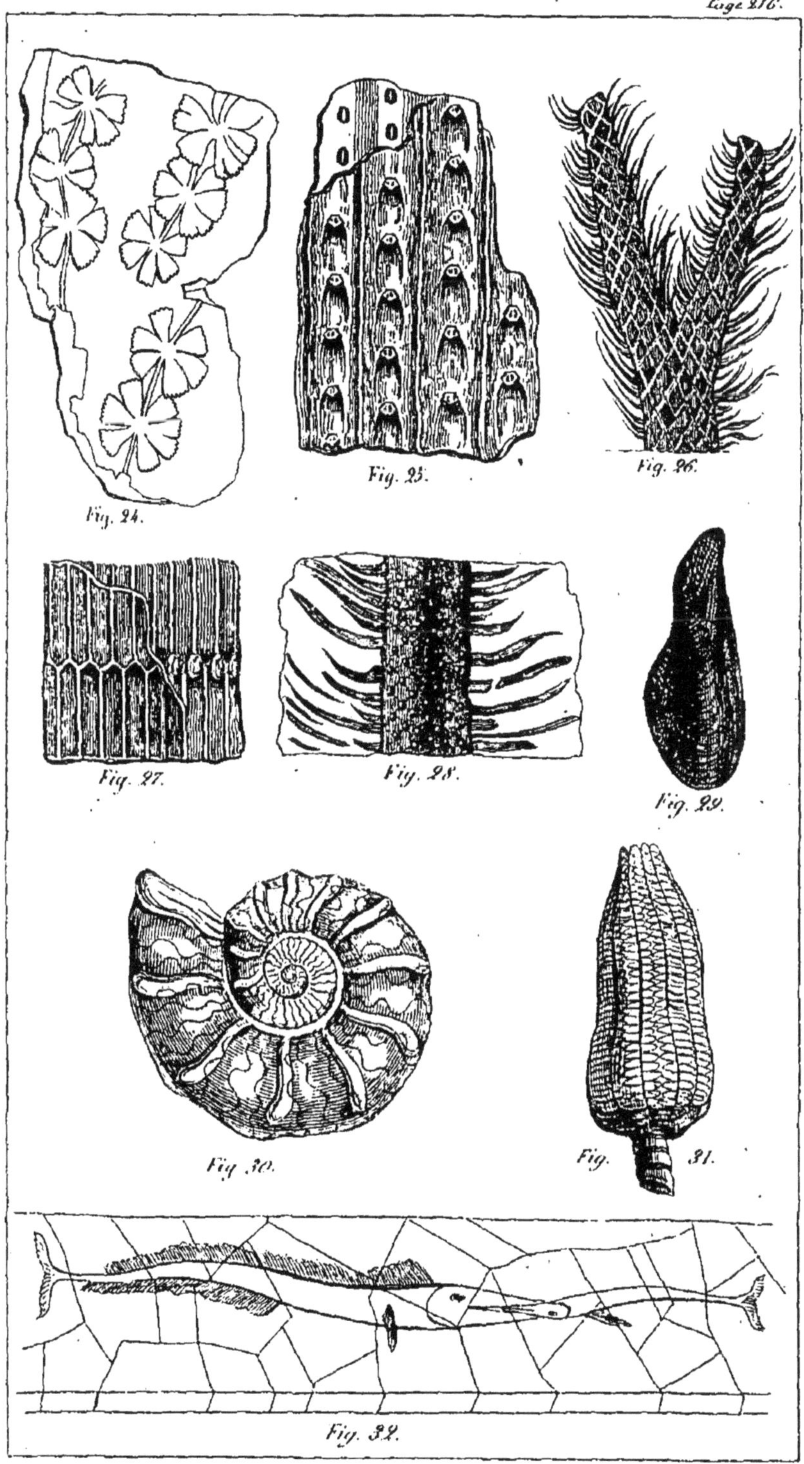

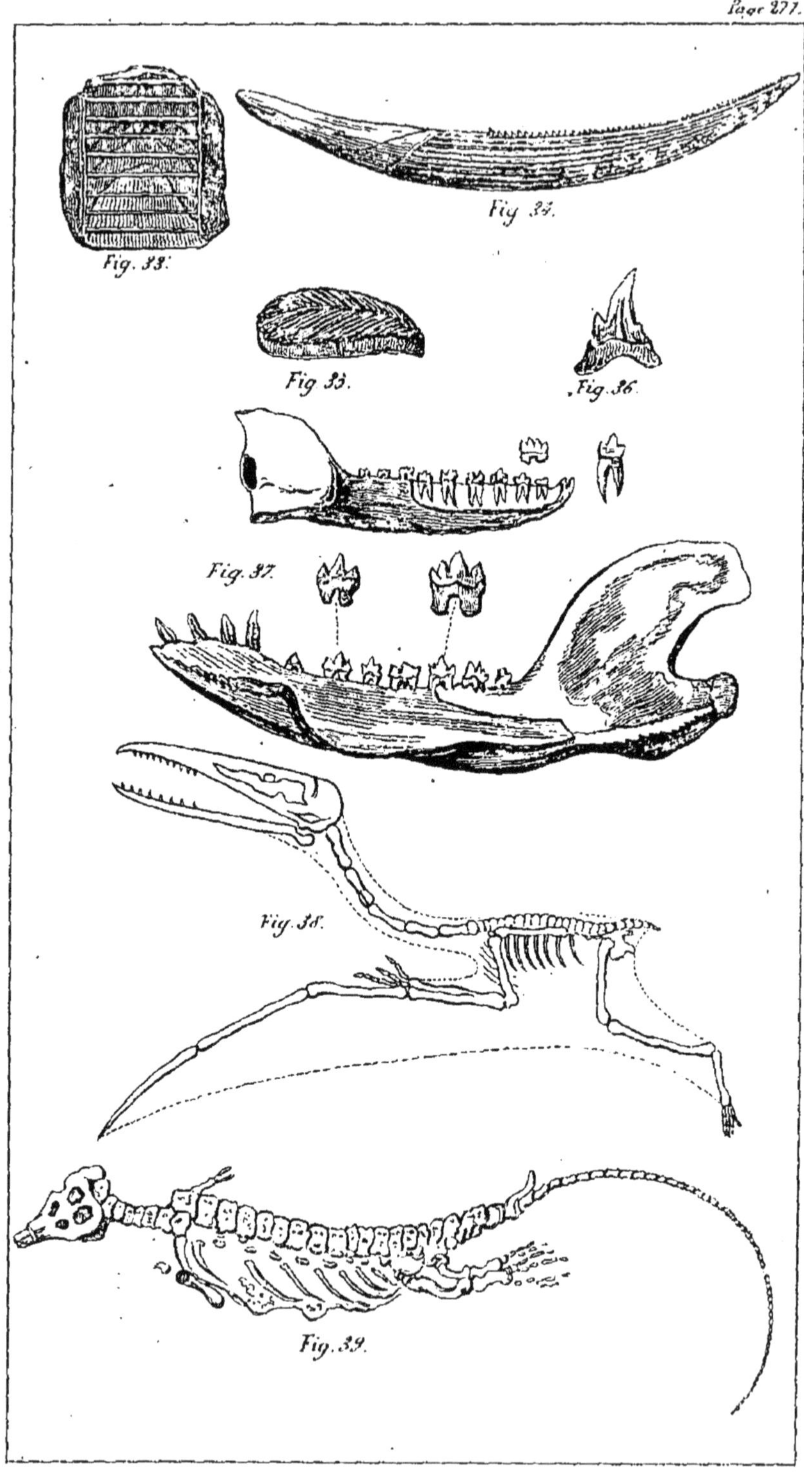

Fig. 33. Fig. 34. Fig. 35. Fig. 36. Fig. 37. Fig. 38. Fig. 39.

PLANCHE VIII.

Page 267.

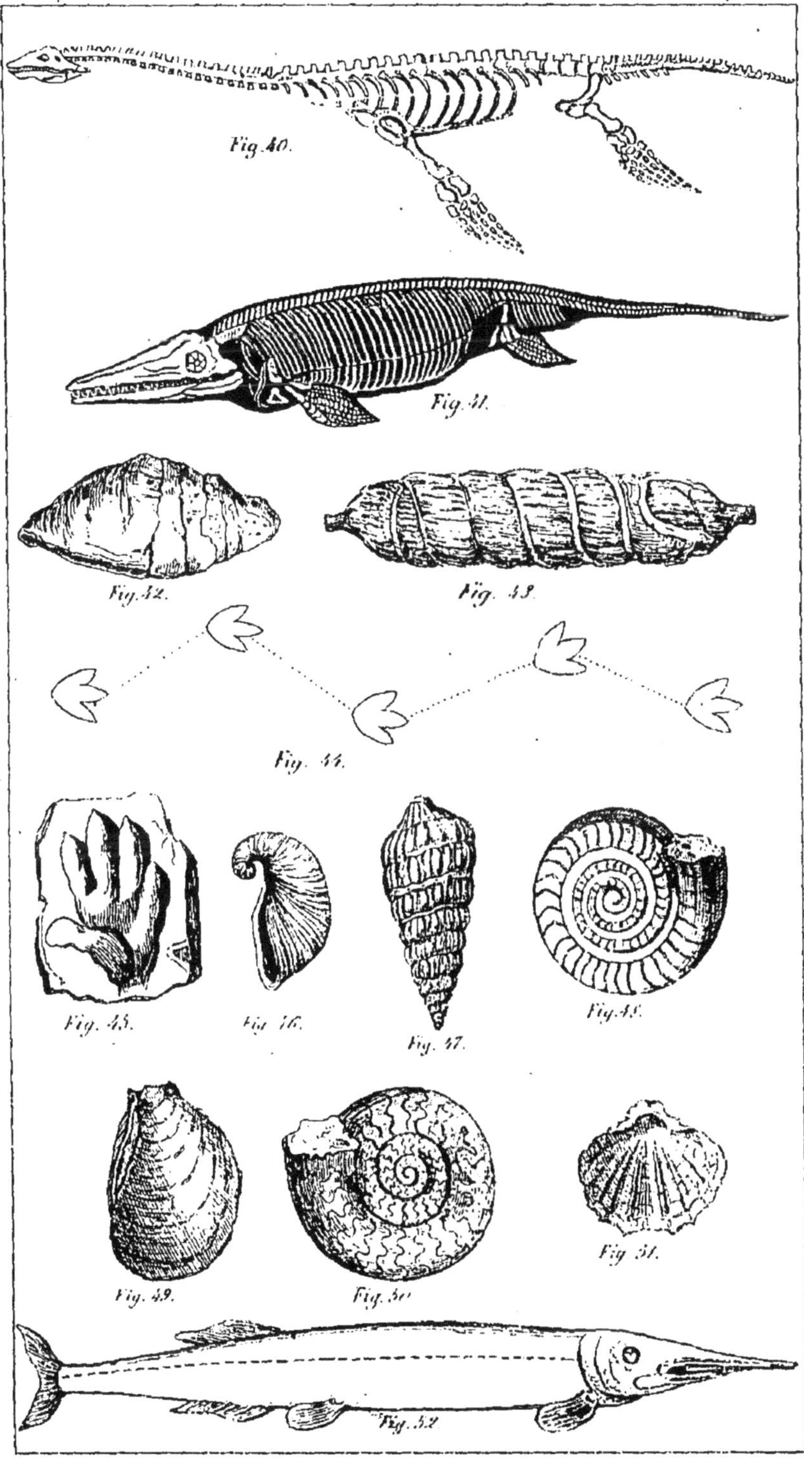

PLANCHE IX.

Page 267.

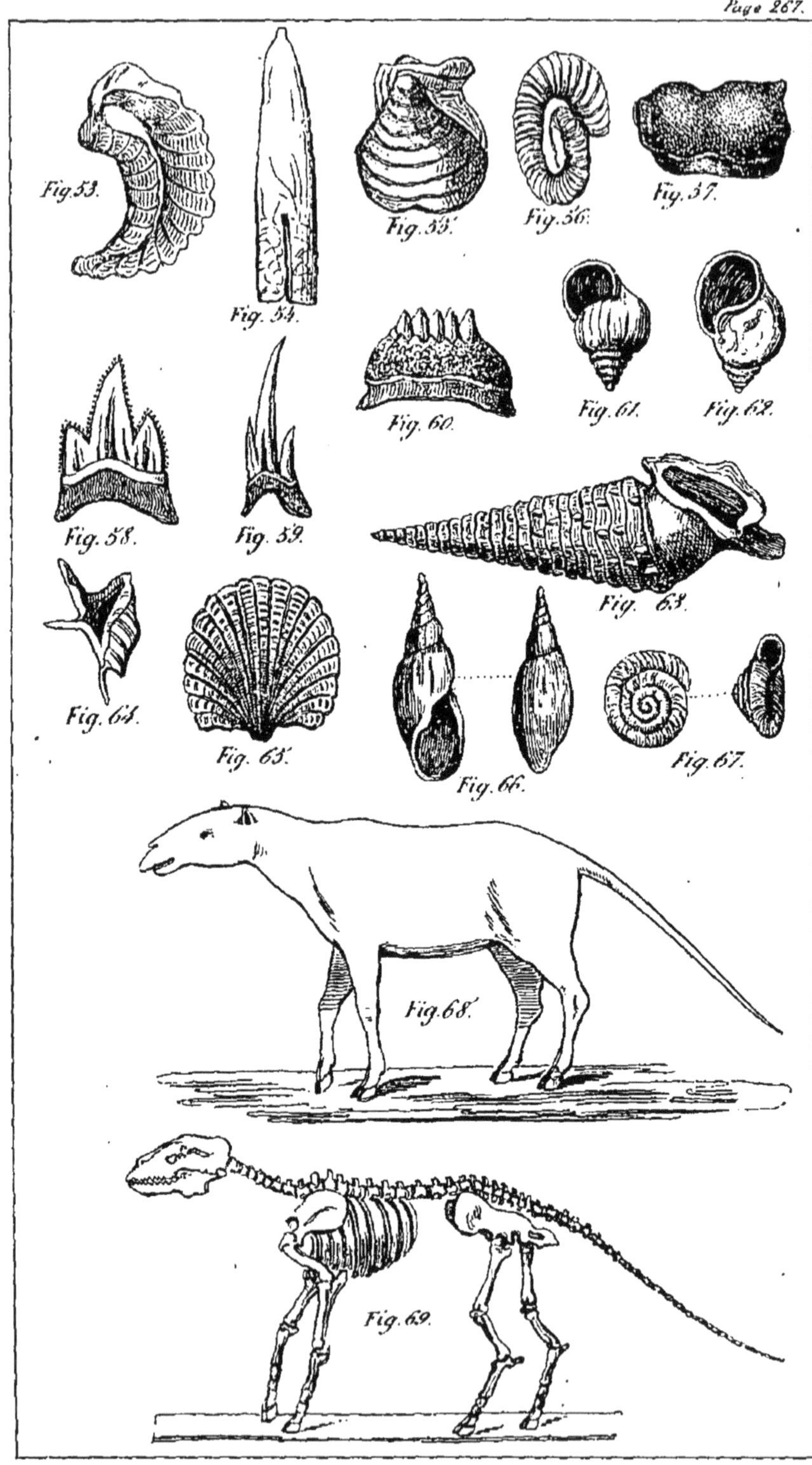

PLANCHE X.

Page 301

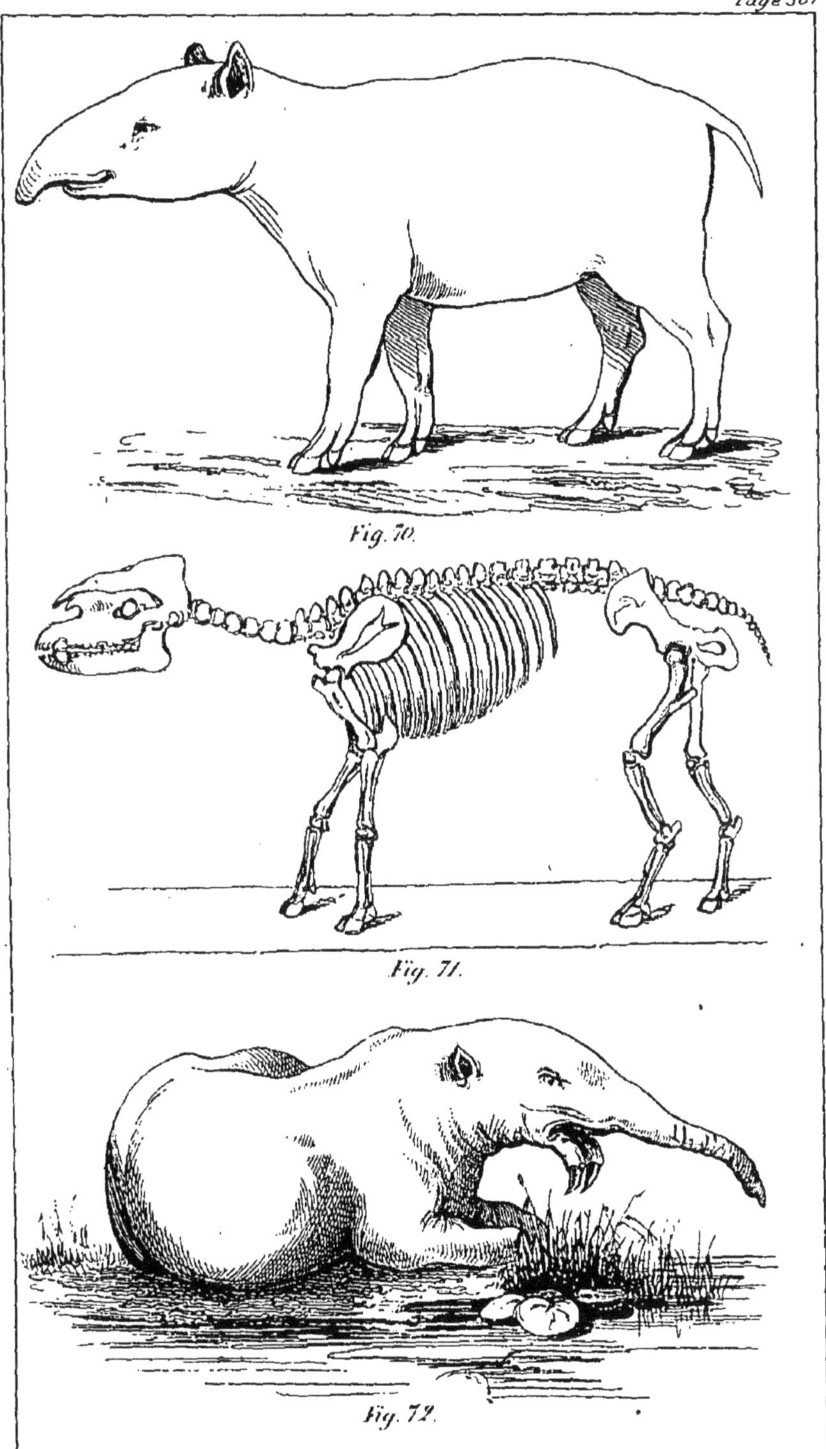

Fig. 70.

Fig. 71.

Fig. 72.

Page 334

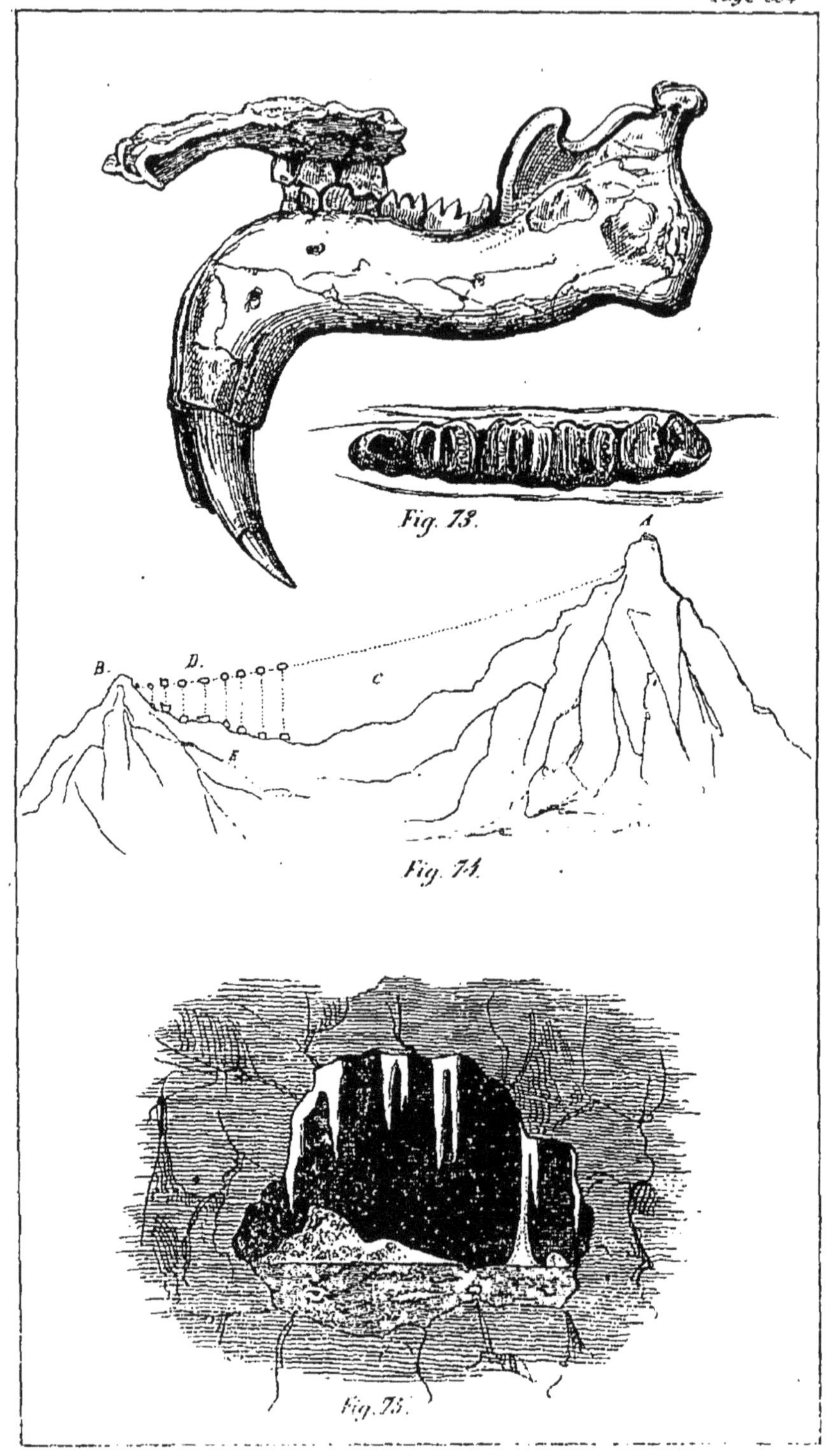

Fig. 73.

Fig. 74.

Fig. 75.

PLANCHE XII.

Page 378.

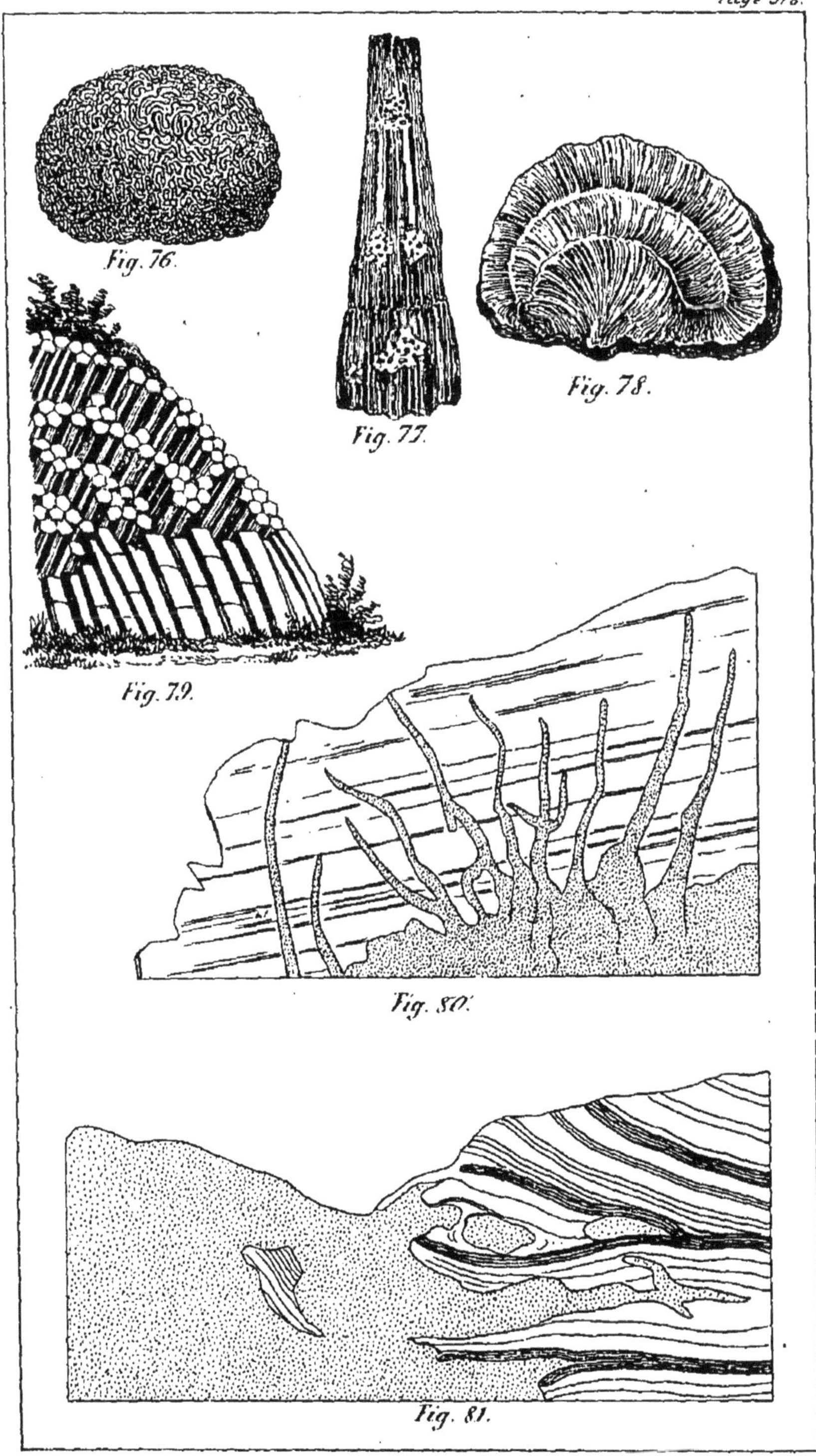

Fig. 76. Fig. 77. Fig. 78. Fig. 79. Fig. 80. Fig. 81.

www.ingramcontent.com/pod-product-compliance
Ingram Content Group UK Ltd.
Pitfield, Milton Keynes, MK11 3LW, UK
UKHW020608230726
13926UKWH00005B/2260

9 782013 474672